低碳钢表面化学复合镀工艺和性能研究

赵丹　徐博　万德成　著

北京
冶金工业出版社
2017

内 容 提 要

本书介绍了低碳钢表面化学复合镀技术工艺和性能的研究，具体包括低碳钢在应用环境中的腐蚀与防护，低碳钢表面化学镀 Ni-P-纳米 SiO_2复合镀层的工艺性能，低碳钢表面化学镀 Ni-Zn-P-纳米 SiO_2复合镀层的工艺和性能，化学镀双层 Ni 基复合镀层（中磷 Ni-P/高磷 Ni-P 双层镀层和 Ni-P/Ni-Zn-P 双层复合镀层）的制备工艺、复合镀层表面和断面分析以及耐腐蚀性能，典型的镍基化学复合镀层。本书内容侧重基础理论研究和解决实际问题相结合，具有一定的理论价值和实用价值。

本书可供钢铁腐蚀与防护领域和化学镀领域的研究、生产、设计和教学人员参考与使用。

图书在版编目(CIP)数据

低碳钢表面化学复合镀工艺和性能研究/赵丹，徐博，万德成著. —北京：冶金工业出版社，2017. 7

ISBN 978-7-5024-7505-5

Ⅰ. ①低… Ⅱ. ①赵… ②徐… ③万… Ⅲ. ①低碳钢—化学镀—研究 Ⅳ. ①TG174. 4

中国版本图书馆 CIP 数据核字（2017）第 095249 号

出 版 人　谭学余

地　　址　北京市东城区嵩祝院北巷 39 号　邮编　100009　电话　(010)64027926

网　　址　www. cnmip. com. cn　电子信箱　yjcbs@ cnmip. com. cn

责任编辑　常国平　美术编辑　吕欣童　版式设计　孙跃红

责任校对　郑　娟　责任印制　李玉山

ISBN 978-7-5024-7505-5

冶金工业出版社出版发行；各地新华书店经销；固安华明印业有限公司印刷

2017 年 7 月第 1 版，2017 年 7 月第 1 次印刷

169mm×239mm；10. 5 印张；206 千字；158 页

42. 00 元

冶金工业出版社　投稿电话　(010)64027932　投稿信箱　tougao@ cnmip. com. cn

冶金工业出版社营销中心　电话　(010)64044283　传真　(010)64027893

冶金书店　地址　北京市东四西大街 46 号(100010)　电话　(010)65289081(兼传真)

冶金工业出版社天猫旗舰店　yjgycbs. tmall. com

前　言

低碳钢作为一种重要的功能结构钢铁产品，广泛应用于生活、化工、冶金、电子信息等领域。但是由于低碳钢活性高且硬度低，导致其表面很容易发生腐蚀、断裂和磨损等失效破坏。其中腐蚀对低碳钢的影响尤为重要，钢材的腐蚀不仅影响其外观，而且改变其结构组织、化学成分及表面状态等，使材料性能下降，导致材料更易于断裂和磨损。例如 Q235 钢，广泛应用于石油化工、机械、建筑、金属加工业等方面，具有碳含量低、强度高、韧性好、价廉等优点，一些煤气、自来水管道，也广泛地使用 Q235 钢。但是 Q235 钢在大气、土壤、海水等自然环境中会发生腐蚀破坏，需要采取有效的防护措施。

近年来，化学镀技术受到国内外越来越多的关注和重视。在表面处理行业中的地位日益提高，该项技术在电子、计算机、机械、交通运输、能源、化学化工、航空航天等各个工业部门获得了广泛的应用，是目前发展最快的表面处理技术之一。化学镀镍能改善钢铁表面的耐蚀性、耐磨性、可焊性，使镀件获得良好的性能。目前钢铁表面化学镀类型虽然很多，但是随着科技的发展和对钢铁表面高性能的需求，开发新的复合材料化学镀和研制高性能的化学镀层是钢铁表面化学镀技术今后的发展方向之一。

材料的复合化是材料发展的必然趋势之一，而化学复合镀作为一种材料复合的方法已经得到了较为广泛的应用，它是用化学镀的方法使金属与固体颗粒共沉积以获得复合镀层的工艺。最早的化学复合镀是 1966 年由德国的 Metzger 研究成功的 Ni-P-Al_2O_3 化学复合镀。自 20 世纪 60 年代，由于高新技术的发展，对材料性能提出了越来越高的要求，单质材料很难满足性能的综合要求和高指标要求，这促使复合镀得到了迅速的发展。化学复合镀由于设备简单，不需电源和辅助电极，不受基材形状影响，可在材料的各部位均匀沉积，且镀层具有高硬度、致密的优点，故目前已成为复合镀的重要方法和发展方向。它通过改变基质金属和分散微粒，可获得具有高硬度、耐磨性、自润滑、耐热性、耐蚀性或特殊装饰性的镀层，在航空、机械、化工、冶金及核工业等方面都有广泛的应用。

化学复合镀是目前解决高温腐蚀、高温强度以及磨损等问题的有效方法之一，也是一种获取复合材料的先进方法。因此，在表面工程技术的研究领域中，化学复合镀的相关研究和开发应用一直是其中较为活跃的一部分。

本书根据作者十多年研究工作所取得的研究成果撰写而成，围绕低碳钢表面化学复合镀的工艺和性能，详细介绍了低碳钢表面化学镀Ni-P-纳米 SiO_2 复合镀层和 Ni-Zn-P-纳米 SiO_2 复合镀层的工艺和性能，化学镀双层镍基复合镀层（中磷 Ni-P/高磷 Ni-P 双层镀层和 Ni-P/Ni-Zn-P 双层复合镀层）的制备工艺、复合镀层表面和断面分析以及耐腐蚀性能，典型的镍基化学复合镀层。全书共6章，第1章由徐博撰写，第6章由万德成撰写，赵丹撰写其余章节并进行统稿。本书在写作过程中得到了华北理工大学冶金与能源学院各位老师和研究生李羚、李子潇、杨立根、徐旭仲的帮助，在此表示感谢！

由于作者水平所限，书中难免存在不足之处，敬请广大读者批评、指正。

作 者

2017年4月于华北理工大学

目　　录

1 绪　论

碳钢价格低廉、强度高、供应方便、易于制造。碳钢作为最重要的结构材料，应用面最广，几乎遍及所有工业。它不仅广泛应用于建筑、桥梁、铁道、车辆、船舶和各种机械制造工业，而且在近代的石油化学工业、海洋开发等方面也得到大量使用，常用于制造船舶、采油平台、码头、管线、海底装置等，是海洋环境中应用最广泛的材料。

碳钢在强腐蚀介质、大气、海水、土壤中都不耐腐蚀，绝大多数酸、碱、盐的水溶液对碳钢均有很强的腐蚀性。然而，钢铁的使用离不开环境，在使用过程中产生的腐蚀问题给人类带来了巨大的经济损失和社会危害[1]。因此，钢铁材料的腐蚀与防护研究，对于减少经济损失、社会危害、资源和能源的浪费，以及提高使用的经济效益有着非常重要的意义。

1.1　低碳钢在自然环境中的腐蚀与防护

低碳钢作为一种重要的功能结构钢铁产品，广泛应用于生活及化工、冶金、电子信息等生产领域。但是由于低碳钢活性高且硬度低，导致其表面很容易发生腐蚀、断裂和磨损等失效破坏[2~4]。其中腐蚀对低碳钢的影响尤为重要，钢材的腐蚀不仅影响其外观，而且改变它的结构组织、化学成分及表面状态等，使材料性能下降，导致材料更易于断裂和磨损[5]。例如 Q235 钢，广泛应用于石油化工、机械、建筑、金属加工业等领域，具有碳含量低、强度高、韧性好、价廉等优点，一些煤气、自来水管道，也广泛地使用 Q235 钢[6]。但是 Q235 钢在大气、土壤、海水等自然环境中会发生腐蚀破坏，需要采取有效的防护措施。

1.1.1　低碳钢在大气中的腐蚀

大气腐蚀是指金属在大气环境下，发生化学或者电化学反应而失效的过程。金属的大气腐蚀是范围最广、破坏性最大的一种腐蚀，而钢铁是在自然环境中使用最普遍的金属材料。据统计，由于大气腐蚀而损失的金属约占总腐蚀量 50%以上，而在大气中使用的钢材量一般超过其生产总量的 60%。美国因金属腐蚀的直接损失占当年国民经济总产值的 4%。我国由于腐蚀造成的经济损失同样严重，每年有 1000 吨钢材因腐蚀变成废弃物[7,8]。

金属大气腐蚀的本质，实际上是金属上覆盖的一层薄液膜或者吸附薄液膜中的复杂化学/电化学反应。对于室外金属腐蚀，液膜厚度随着日常干湿循环经历几个数量级的变化。对于室内一些金属容器、电路和电子器件等制品的腐蚀，虽然空气相对湿度较低，但相对湿度低至40%时金属表面仍会覆盖一层几个分子厚的液膜[9]。一些研究者通过控制湿度或者干湿循环变化改变金属上液膜的厚度，研究金属在被污染的大气中的腐蚀行为[10]。

影响大气腐蚀的因素除钢自身的结构、成分及表面状态外，还有大气成分、湿度、温度等，其中大气成分为主要因素。对腐蚀有较大影响的大气成分有大气中的氯化钠盐粒（海洋大气）、二氧化硫（工业大气）及氧、二氧化碳、水蒸气、污染物（硫化氢、氮氧化物等）等[11,12]，这些因素互相协同或减弱，形成较为复杂的腐蚀环境。大气环境中的 SO_2、CO_2、NH_3、H_2S、NO_2 等污染物含量的增多，进一步加快了金属材料的腐蚀[13]。

肖葵、董超芳等[14]在实验室模拟含有 5×10^{-6}（体积分数）SO_2 和 1%（体积分数）CO_2 污染成分的大气环境，采用增重法研究沉积 NaCl 的 Q235 钢的初期大气腐蚀规律，用扫描电镜和 X 射线衍射分析腐蚀产物。结果显示：（1）当 Q235 钢表面沉积 NaCl 时，在 SO_2、CO_2 和 NaCl 的协同作用下，导致 Q235 钢发生严重腐蚀，腐蚀产物主要是 Fe_3O_4，其次为 γ-Fe_2O_3，还存在有 γ-FeOOH；（2）在 Q235 钢大气腐蚀的初期，Q235 钢表面沉积 NaCl 发生严重腐蚀，远大于在相同环境中表面没有沉积 NaCl 的 Q235 钢的腐蚀，NaCl 在各种污染物中是具有非常强腐蚀性的污染物。

何建新、秦晓洲等[15]采用 Q235 钢在海南万宁距海岸 95m、25m 和海洋平台 3 个暴露点进行了半年大气腐蚀暴露试验，同时持续监测各暴露点空气中的氯离子含量，结果显示：（1）不同暴露点处的样品朝阳面和背阳面锈层中所含物相成分基本相同，25m 处样品锈层中 γ-FeOOH 含量相对较低；（2）样品的朝阳面和背阳面腐蚀形貌存在较大差异，各暴露点样品腐蚀深度与各点空气中及锈层中的氯离子含量密切相关，腐蚀产物的主相为 γ-FeOOH 和 Fe_3O_4、次相为 α-FeOOH 和 δ-FeOOH；（3）半年腐蚀深度为 150 ~330μm，距海岸 25m 处腐蚀最严重；（4）3 个暴露点处空气中氯离子半年的平均含量为 2 ~ 5mg/(100cm^2·d)，距海岸 25m 处空气中氯离子含量最高，3 处氯离子含量高低顺序与各处样品腐蚀量大小顺序一致；（5）不同暴露点样品锈层中氯离子含量范围为 5 ~ 15 mg/g，样品背阳面锈层中氯离子含量均大于朝阳面锈层，距海岸 25m 处锈层中氯离子含量最高。

Nishimura 等[16]对碳钢在各类大气中腐蚀速率的研究表明，在不同成分类型的大气环境中，又以工业大气和海洋大气对碳钢的腐蚀最为严重。工业大气的特征是污染物中主要组成为硫氧化物（SO_2），SO_2 水化后生成的亚硫酸根极易被氧化，与金属形成硫酸盐，从而引起腐蚀产物自催化的加速腐蚀作用[17,18]。许多金属的腐蚀速率与大气中SO_2的浓度几乎呈线性比例。Oesch[19]将低碳钢在实验室内暴露在含有多种污染物（SO_2、NO_2、NO 和 O_3）的潮湿空气中，发现SO_2对腐蚀行为的影响最为显著。Özcan 等[20]研究发现，SO_2能破坏镀 Zn 钢板表面的有机涂层和镀锌层。Abdel 等[21]利用极化电位和电化学阻抗测量研究了低碳钢在含 S 的 3.5%NaCl 溶液中的腐蚀行为，发现低碳钢的耐点蚀和冲刷腐蚀性能随着溶液中的 S 含量升高而降低。Peter 等[22]对钢在含有硫酸盐、氯化物和硫化氢的混合腐蚀溶液中的腐蚀行为进行了数学建模。空气中的SO_2和NO_2造成的酸雨已经成为全球性的重要环境污染问题之一。张学元等[23]根据传统的经验方法和 Uhlig 方法保守估计中国 1999 年酸雨对材料造成的直接经济损失约为 30 亿元，而其引起的间接损失更是无法估量。安百刚等[24]研究了酸雨 pH 值和降雨强度对A_3钢的腐蚀和冲刷行为造成的影响。

国外对于钢铁腐蚀机理的研究开展较早，主要观点认为低碳钢是铁素体与渗碳体的混合物，由于电极电位高低不同，当存在电解质溶液和氧时，会形成铁素体为阳极、渗碳体为阴极的微电池并由此产生电流，其中阳极反应为 Fe 的溶解，而阴极反应根据溶液环境 pH 值的不同而表现为氧的还原或氢的析出[25]。而 Evans 等[26]提出了含有硫化物的腐蚀环境下铁锈的氧化-还原自催化概念，认为锈蚀产物的还原应考虑作为阴极反应，这一观点得到了较多认可。许多学者利用干湿交替方法加速模拟大气腐蚀以便进行机理研究。Nishikata 等[27,28]使用两电极体系监测干湿交替过程中的阻抗变化，以此研究金属的大气腐蚀。Katayama 等[29]通过控制环境因素如温度、相对湿度等，在实验室中成功模拟了碳钢的大气腐蚀。董杰等[30]利用循环干湿加速腐蚀实验方法研究了低碳钢的锈蚀演化规律，指出了锈蚀初期与后期锈层在组成、结构以及电化学行为上的差异。但对于酸雨大气环境下阴极反应的具体演化特征，目前还没有明确的研究结论。

近一个世纪以来，钢在自然环境下的大气腐蚀已取得大量的科研成果，然而，在很多方面还有待于进一步研究，如钢锈层的结构、组成和保护机理都不甚明了；钢的大气腐蚀预测精度还有待提高，适用范围有待扩展。因此仍需加大研究力度，继续积累各种钢种，包括已有钢种和新开发钢种在自然环境中的腐蚀数据；并在使现有的试验方法和手段不断规范和成熟的基础上，尝试和开发新的研究方法和领域，如利用计算机模拟描述大气腐蚀，利用一些新的分析手段——原子显微镜、石英晶体微天平、红外反射和吸收光谱仪以及开尔文探针，获取越来越多的钢在自然环境大气暴露的表面原位信息，使研究内容不断丰富和深入。

1.1.2 低碳钢在土壤中的腐蚀

土壤是人类赖以生存和发展的最基本的自然环境。土壤腐蚀是指地下设施和构筑物等因受土壤中的水分、溶盐、氧和微生物等的侵蚀而发生的腐蚀破坏现象[31]。随着国民经济的发展，特别是能源工业的发展，以及西部大开发的推进和东北老工业基地的振兴，还将会有大量的地下管道、钢桩、套管、储罐和电缆等地下设施投入建设和使用。这些地下构筑物常因遭受土壤腐蚀而给国民经济建设造成巨大的损失，建立、完善和发展土壤腐蚀的研究方法具有重要的科学意义和经济价值。

土壤是由土粒、水溶液、气体、有机物、带电胶粒和黏液胶体等多种成分构成的极为复杂的不均匀多项体系。土壤胶体带有电荷，并吸附一定数量的阴离子，当土壤中存在少量水分时，土壤即成为一个腐蚀性的多相电解质，土壤中金属的腐蚀过程主要是电化学过程。金属材料在土壤中腐蚀受多种因素的影响，这些因素主要包括土壤的盐分、酸度、湿度、电场、有机质、微生物等[32,33]，这些因素的综合作用导致土壤中金属设施的腐蚀。因此，研究土壤腐蚀规律，寻找有效的防蚀途径具有很重要的意义。

李文涛、林晶[34]应用现代表面分析技术研究了 Q235 钢在硫酸盐还原菌（SRB）环境中的腐蚀行为，结果显示：（1）SRB 总是先以单个菌吸附在碳钢表面，然后形成菌落在表面聚集，随着微生物膜的形成，腐蚀产物膜也很快形成，SRB 的代谢产物更容易在试样表面吸附与金属离子形成腐蚀产物膜，开始的微生物膜和腐蚀产物膜都比较致密，具有一定的保护作用，然后变得疏松多孔，失去保护作用，并且在试片表面形成浓差电池加速腐蚀；（2）微生物膜和硫化物膜在金属表面分布不均匀，进而形成浓差电池引起腐蚀，Q235 钢的微生物腐蚀主要以点蚀形式发生，腐蚀产物膜的化合物组成以 FeS 为主。

于国才、王振尧等[35]根据 Q235 钢在海南地区第一年的土壤腐蚀试验结果，以及对各试验站土壤化学成分的分析，讨论土壤化学成分与 Q235 钢腐蚀失重的相关关系，结果显示：（1）在土壤的诸多化学成分中，对 Q235 钢腐蚀影响较大的是 Ca^{2+} 和全氮量；（2）Ca^{2+} 与 Q235 钢腐蚀失重呈负相关；（3）全氮量与 Q235 钢腐蚀失重呈正相关。砖红壤酸性强、结构疏松、全氮量高，Q235 钢腐蚀较重，多发生局部腐蚀；沙壤呈中性、结构紧密、全氮量低，腐蚀较轻，以均匀腐蚀为主。

高立群、李洪锡等[36]在实验室中通过模拟装置对 Q235 钢在土壤中的宏电池腐蚀行为进行了研究。结果显示：在含盐量为 0.5%的模拟土壤的条件下，Q235 钢在垂直方向的宏电池中水位线以下试样均为宏电池阳极，水位线以上的试样均为阴极。水位线以下第一个试样是腐蚀最严重的部分，其腐蚀速度是相同条件下自然埋藏试样的 11 倍多，水位线以上试样的腐蚀速度均有所降低。土壤的电阻率可以较大地影响垂直方向宏电池电流的分布，电流随电阻率增大，趋向某一区域集中。

李国华、孙成等[37]研究了阴极保护对土壤中 Q235 钢硫酸盐还原菌腐蚀的影响，结果显示：（1）随着阴极极化电位负移的增大，有菌及灭菌土壤中Q235钢的平均腐蚀速率逐渐减小，阴极保护效率逐渐增大，在相同的阴极极化电位下，灭菌土壤中的阴极保护效率均大于接菌土壤，有菌土壤中Q235钢的平均腐蚀速率均大于灭菌土壤。（2）有菌及灭菌土壤中Q235钢试件周围土壤逐渐呈碱性，有菌土壤中Q235钢试件周围土壤中硫酸盐还原菌数量逐渐减少，当阴极极化电位为-1050mV时，Q235钢试件周围土壤中硫酸盐还原菌仍能够存活。在不同的阴极极化电位下，随着试验时间的增长，所需施加的电流密度逐渐减小并趋于稳定，而且随着阴极极化电位负移的增大，所需施加的电流密度稳定值越大，在相同的阴极极化电位下，有菌土壤中Q235钢所需要的阴极极化电流密度均大于灭菌土壤。

赵晓栋、吴鹏等[38]从钢基体与腐蚀产物界面的角度，深入研究了海泥中硫酸盐还原菌对Q235钢腐蚀行为的影响，结果显示：微生物代谢产物的产生改变了钢表面的局部环境，以及腐蚀产物的转变导致产物膜的破裂，为点蚀的形成和扩展提供了有利条件。点蚀是微生物腐蚀的主要形式，其位置一般发生在晶界和珠光体区，并沿晶界或珠光体进行扩展，进而形成闭塞区电极加速腐蚀。在含有硫酸盐还原菌的海泥中，钢基体表面最初所形成的腐蚀产物为铁的（水合）氧化物，与钢基体界面间结合较为紧密，在硫酸盐还原菌代谢活动的影响下，腐蚀产物由内而外硫元素含量增高，氧化物逐渐向贫硫，进而向富硫的铁硫化物转化。由于后者晶体缺陷较多且结构疏松，不能阻挡Fe^{2+}的扩散和侵蚀性离子的渗入，导致腐蚀加速。

孙成、韩恩厚[39]研究了在土壤水分的自然蒸发过程中，Q235钢在接菌及灭菌土壤中的腐蚀行为，结果显示：（1）随着土壤中水分的自然蒸发，土壤中含氧量随土壤湿度降低而增大，土壤中硫酸盐还原菌逐渐减少，土壤含水量逐渐减少；（2）Q235钢在接菌及灭菌土壤中自然腐蚀电位也逐渐往正方向偏移，Q235钢在接菌土壤中的电位比灭菌土壤中负一些，接菌及灭菌土壤中Q235钢的腐蚀速率逐渐增大，其中在接菌土壤中的腐蚀速率增幅更大。

周书峰、尹秀峰等[40]研究了在同一类型不同Cl^-含量的土壤中，硫酸盐还原菌对Q235钢腐蚀的影响规律，结果显示：（1）不同Cl^-含量土壤中SRB菌量在23000~35000个/克土之间，Cl^-的加入并没有显著影响硫酸盐还原菌的生长。随着Cl^-的加入土壤中硫酸盐还原菌的菌量有增大的趋势。（2）随着土壤中Cl^-含量的增大，Q235钢腐蚀电位往负方向偏移，而且在接菌土壤中的腐蚀电位比在灭菌土壤中负移幅度更大。（3）随着土壤中Cl^-含量的增大，Q235钢腐蚀速率及点蚀速率基本上随着土壤中Cl^-含量的增加而增大，当土壤中Cl^-含量增大到0.5%时，腐蚀速率达到最大，然后腐蚀速率随着土壤中Cl^-含量的增加而减小，土壤中Cl^-含量高于1%时，接菌土壤与灭菌土壤中Q235钢腐蚀速率相差不大。

(4) 在土壤中 Cl^- 含量低于 1%时，接菌土壤中 Q235 钢腐蚀速率明显大于灭菌土壤，这说明在土壤中 Cl^- 含量低于 1%时，硫酸盐还原菌增大了土壤的腐蚀性。
(5) 点蚀速率在不同 Cl^- 含量的土壤中的变化规律与腐蚀速率的变化有所不同，基本上点蚀速率随着土壤中 Cl^- 含量的增加而增大，而且接菌土壤中的点蚀速率大于灭菌土壤。

伍远辉、蔡铎昌等[41]利用极化曲线技术、电化学阻抗测试技术、扫描电镜和表面能谱等方法，研究了 Q235 钢在同湿度的两种青海盐湖边盐渍土壤中的腐蚀行为，结果显示：(1) 盐渍土湿度对 Q235 钢的腐蚀影响显著，在中低湿度时，腐蚀速度随着湿度的增加而增大，当达到临界湿度后，腐蚀速度又降低，对于盐湖盐渍土壤来说，其最大腐蚀速度出现在 10%~15%的湿度时；(2) 盐含量不同的盐渍土在同一湿度下，腐蚀速度有所差异，盐含量高的土壤腐蚀较快。

1.1.3 低碳钢在海水环境中的腐蚀

海洋占地球表面积的 70%，海洋不仅是拥有着丰富资源的宝库，还是人类生存与发展不可缺少的空间环境，是解决人口剧增、资源匮乏、环境恶化三大难题的希望所在[42~44]。我国是一个海洋大国，拥有约 300 万平方公里的管辖海域、长达 1.8 万公里大陆海岸线和 6500 多个岛屿，这为我国发展海洋蓝色经济提供了十分广阔的天地。随着国际形势的变化和我国综合国力的增长，开发海洋资源、发展海洋经济，对我国经济建设和社会发展具有重大的战略意义[42~44]。

随着海洋资源的开发，船舶、海洋平台、港口设施和海滨电厂等建设工程蓬勃发展，需要使用大量的金属材料。为了防止金属在海水中的腐蚀破坏，希望能广泛使用性能良好的耐蚀材料，如不锈钢、铜及其合金、铝及其合金、含铬、镍的合金及钛合金等。但典型的几种不锈钢对孔蚀和缝隙腐蚀敏感、铜及其合金在污染海水中特别是硫化物作用下易生成硫化铜、铝及其合金易产生局部腐蚀和电偶腐蚀，而且这类材料价格昂贵、成本高、加工不便。综合比较，碳钢价格低廉、加工工艺性能好、使用经验丰富，因此在海水中碳钢及低合金钢不仅能用而且目前仍是应用最广泛的，占海洋用金属材料的 80%以上[45]。

材料的腐蚀破坏过程是一个极其复杂的电化学过程，受物理、化学、生物等多种因素的影响和控制。铁在海水中的腐蚀主要由局部电池的作用引起，它属于电化学腐蚀。我们知道，钢铁本身性质，如组织的不同及不均匀性、加工的残余应力、非金属夹杂物等组织缺陷，表面氧化膜、结晶的方向性等因素以及海水的溶解氧、离子浓度、流速、温度、pH 及海洋中微生物的附着等的不同而使钢铁产生电位差，从而在钢铁表面形成大量的腐蚀微电池，在腐蚀微电池的阳极区所进行的铁的离子化反应使得钢铁受到腐蚀。

在有水的情况下或电解质溶液中，如果两种金属互相接触，则电极电位低的金属比较活泼，成为腐蚀电流的阳极，加速了自身的腐蚀；而电极电位较高的金属就成为阴极，受到了保护。例如汽轮机，在同一电解质中构成宏电池，产生宏观电偶；叶轮毂和叶片分别由不同材质制成，与此同时叶轮表面的化学组成不同、金相结构不均一，如碳钢表面有铁素体又有渗碳体、铸铁表面有铁素体又有石墨等杂质，这些杂质的电位往往高于金属本身，是微电池的阴极，促使叶轮金属发生微电池腐蚀或微观电偶。

海洋环境具有极强而且复杂的腐蚀性的特点，金属材料在海水中常常发生特别严重的腐蚀[46,47]。暴露于海洋环境中的钢构造物中的钢铁与周围介质发生电化学反应等而受到严重腐蚀[48~59]，并且海洋中的风、浪、流、潮汐等水体循环运动也使其同时承受交变载荷的作用。由于海洋环境的复杂性，金属材料的海洋环境腐蚀形式多种多样，包括电化学腐蚀、电化学与机械作用协同产生的腐蚀、电化学与生物作用协同产生的腐蚀。金属材料一旦发生腐蚀，其力学性能将会降低，材料的塑性、强度和硬度等性能也会随之而丧失，进而会破坏材料的结构，最终导致材料完全失效。据统计，每年因腐蚀问题而造成的直接经济损失大约占世界各国国民生产总值的3%，其中有1/3是由于海水腐蚀而造成的。迄今为止，海洋腐蚀一直是困扰海洋产业的重大难题。因此，采取适当的腐蚀控制技术，防止或减缓腐蚀破坏具有重要的实际意义。

1.1.3.1 海洋环境的特点和腐蚀规律

海洋环境非常复杂，海水是一种腐蚀性很强的天然电解质，含有多种盐分，电阻性阻滞很小，当异种金属接触时能造成显著的腐蚀效应。研究表明，当体系中存在侵蚀性很强的氯离子（Cl^-）时，由于Cl^-半径小，能够优先吸附在金属及合金表面氧化膜上，对氧化膜产生渗透破坏作用，并与金属元素生成具有溶解性的氯络合物，加速金属及合金的溶解，使氧化膜失去对基体的保护作用，因此海水对有、无钝化膜保护的金属及合金都有很强的腐蚀性[60,61]。

从海洋环境对腐蚀问题影响的角度考虑，沿垂直方向将海洋环境划分为5个不同特性的腐蚀区带，海洋大气区、海洋飞溅区、海水潮差区、海水全浸区和海底泥土区[42~44]。由于各个区带温度、阳光、水流、盐度、溶解氧量等的不同，金属在不同的区带会有不同的腐蚀类型。

将海平面平均高潮线以上的区域称为海洋大气区[48~50]，该区域金属常年不接触海水。影响腐蚀的主要因素是大气环境中的含盐粒子会在金属表面沉积，这里面吸湿性较强的氯化物容易在表面形成湿膜。此外，影响海洋大气区腐蚀行为的因素还有温度、雨量、降露周期、距离海面的高度、太阳照射、尘埃、季节、风速、风向和污染等。

位于海平面平均高潮线附近的称为海洋飞溅区，金属处于干湿交替中。海水飞溅可以喷到金属表面，而且不会因为涨潮而将金属全部浸没。由于该区含盐粒子量大，在海水飞溅形成干湿交替的海水气泡冲击金属时，材料表面的腐蚀速率会大大加快，腐蚀反应的阳极电流比在海水中的还要大，相应的腐蚀速率是各个腐蚀区中最大的。

海水潮差区定义为海水平均高潮线与平均低潮线之间[42~44]的区域，金属在海洋潮差区会因为潮汐的升降而发生周期性的干湿变化。该区金属材料的腐蚀也很严重，其原因是氧气充足，并且存在海洋生物的附着污损。

海水全浸区是海洋腐蚀中比较复杂的部分之一[42~44]。海水的成分、流速、电阻率、盐度、温度以及氧气含量和硫酸盐还原菌（SRB）等微生物等多种因素均能影响钢材的腐蚀行为。每个因素的变化都会引起腐蚀的相应变化，并且这些因素并不是单独作用的，而是同时影响的。海水全浸区金属常年浸泡在海水中，造成该区金属腐蚀的主要因素是海水中含有高浓度的溶解氧和氯离子。海洋表层一方面能从大气中获取丰富的氧气，另一方面海洋植物在光合作用下也产生大量的氧气，因而使得近表层的海水含氧量最高，但含氧量随着水深的增加而减小，不过到达海底时，来自极地的高含氧水使得海底的含氧量又有所升高。因此，金属材料在浅海区域的腐蚀程度较重，而在深海区的腐蚀程度较轻。除此之外，对金属材料的腐蚀产生重要影响的因素还有海水流动、海洋水温、海洋污染和海洋生物污损等。

海底泥土区[42~44,62]由海水和海底沉积物组成，位于海底。该区情况复杂，一方面，金属材料表面同时接触海水和海泥；另一方面，该区蕴含丰富的微生物，微生物的活动产生较多腐蚀性气体，如氨气和硫化氢，这些腐蚀性气体的产生使得金属材料的腐蚀行为更加复杂。

1.1.3.2 钢铁材料海洋环境腐蚀的研究现状

海洋环境的腐蚀问题影响因素众多、涉及面广泛，国内外众多腐蚀科学工作者针对不同海洋环境中金属材料的腐蚀问题，已经开展了大量广泛而深入地研究。

张万灵等[63]在试验室内采用人造海水和3%的NaCl溶液对海洋潮差区钢材试样的腐蚀行为进行了模拟研究，同时研究了干湿交替试样与全浸试样间的电偶电流。试验结果表明，潮差区受到阴极保护，但与Ca、Mg离子沉淀和氧浓差电池无关，而是由海潮涨落引起的干湿交替现象所导致的。

宋诗哲等[64]研制了一种可用于海水浪花飞溅区的腐蚀监检测的电化学传感器，通过该传感器可以模拟并且测试腐蚀试验装置架中浪花飞溅部位的电化学噪声特征。通过对不同部位的噪声电阻 R_n 值的比较，证明涂覆清漆部位的耐腐蚀性能明显优于未涂覆清漆的部位。

穆鑫等[65]通过研制的一种海水腐蚀模拟装置来模拟海洋潮差区腐蚀环境，同时对海水全浸区及海水潮差区不同位置的Q235B低碳钢的腐蚀过程进行了原位监测，并借助电化学工作站和电化学仪器研究了Q235B低碳钢在潮差区不同位置时的腐蚀规律。实验结果表明，在长期潮差腐蚀过程中，铁层的厚薄状态对低碳钢开路电位的变化规律有直接的影响。

李琳等[66]采用极化曲线测量和周期浸润加速腐蚀试验研究了不同热处理工艺的桥梁钢在3.5%NaCl溶液中和人工海水中的腐蚀行为。试验结果表明，在周期浸润加速腐蚀试验中，锈层能对钢基体起到一定的保护作用，然而轧态粒状贝氏体组织钢内锈层的α-Fe较高，外锈层中FeOOH的α/γ比较低，锈层保护性较差。

杨延涛等[67]通过室内全浸加速腐蚀试验对船用10CrNiCu钢和E36钢的自然腐蚀电位进行了测试。试验结果表明，10CrNiCu钢具有较低的平均腐蚀速率和较高的电位值，具有较好的耐海水腐蚀性能，将两种材料连接后，由于阴极保护作用，10CrNiCu钢受到E36钢的阳极保护，其腐蚀速率降低。

杜敏等[68]研究了海水环境中碳钢/Ti和碳钢/Ti/海军黄铜的电偶腐蚀规律。试验结果表明，阳极的腐蚀速率随着阴/阳极面积比的增大存在着一个极限值，当阴阳极面积比超过500时，阳极失重速率就会降低。

王佳、孟洁[69]研究了深海环境中钢材的腐蚀行为的评价技术。通过人工神经网络、数据库和电化学等方法研究了深海环境中5种海洋工程钢材的非现场的腐蚀行为。结果表明：评价深海环境中钢材的海水腐蚀行为的主要介质参数有溶解氧、温度、pH值和盐度。

侯建等[70]研究了深海环境因素对碳钢的腐蚀行为的影响；对盐度、溶解氧以及温度等腐蚀因素的特点和变化规律进行了系统的总结，分析了不同深海环境因素下碳钢的腐蚀行为以及它们之间的作用关系；建立了金属腐蚀速率和海洋环境参数之间的数学表达式，对于不同深度条件下金属材料的腐蚀速率的预测取得了很好的结果。

赵丹等[71]研究了Q235钢在海水全浸区的耐蚀性和腐蚀机理。采用静态浸泡方法，研究了Q235钢的腐蚀速率、腐蚀形貌、断面形貌，对腐蚀层成分进行分析，获得Q235钢在海水全浸区的腐蚀规律和腐蚀机理。

R. E. Melchers[72]通过实验验证了碳钢和低合金钢等结构钢在淡水和海水中的腐蚀行为。实验结果表明，水温、pH、盐度、碳酸盐含量、周围自然环境、地理位置以及营养物质等都会对结构钢的腐蚀行为产生影响。S. Hara等[73]等对近海海域不同地理位置的海洋大气环境下的腐蚀产物进行了研究。David A. Shifler[74]对海水环境中影响材料寿命的因素进行了研究，同时探讨了有效提升材料服役寿命的方法。

R. Venkateshan等[75]研究了印度洋中不同深度海水环境下碳钢的腐蚀行为。通过实海挂片方法研究表明，氧浓度是影响深海环境中碳钢腐蚀过程的主要因素。随着氧浓度的降低，碳钢在深海环境中的腐蚀速率逐渐减小。试验研究了不同金属与合金在深海区域的腐蚀行为，试验结果表明，钢材的腐蚀速度与氧含量呈线性关系。除此之外，他们还对碳钢在阿拉伯海深处海域浸泡一年的腐蚀行为进行了跟踪与研究。结果表明，碳钢在深海环境中的腐蚀速度随深度的变化小于在浅海环境中的变化速率。

V. S. Sinyavskii 等[76]对不同气候的海洋环境下铝合金暴露后的腐蚀数据进行了统计和分析。结果表明，铝合金具有较强的耐蚀性是因为海水中存在的硫化氢可以促进铝合金的钝化过程，使其腐蚀速率降低。不过，在深海区，铝合金表面由于硫化氢的存在而抑制微生物污染而发生严重的剥蚀。

E. Reguera 等[58]对铜合金在不同海洋环境下的腐蚀情况进行了跟踪研究。结果表明，全浸区中铜合金的腐蚀特征基本相似，而在潮差区域铜合金的腐蚀速度最大，这是因为暴露在空气中与氧接触的有效面积会随着金属表面的腐蚀产物被海水冲刷掉而增大，进而影响金属的海水腐蚀过程。采用各种分析试验手段分析了铜绿的成分。结果表明，副氯铜是海水全浸区和海水飞溅区生成的铜绿的主要成分；在轻度污染的海洋大气环境中，铜合金铜绿的主要成分是绿盐铜，当二氧化硫的浓度上升到一定值时，铜合金表面会形成二价铜基氯化物、二价铜基硫酸盐以及混合物的铜绿，铜绿逐步向附着性差且多孔的氧化亚铜进行转化，造成了铜合金在全浸和水线区的腐蚀速率加快。

1.1.3.3 海洋环境中金属材料的腐蚀防控技术

由于海洋腐蚀环境的复杂性与多变性，如不同海域的海水 pH 值、温度、含盐量、海洋生物、潮流等条件不同，对于同一海域，存在着大气区、浪花飞溅区、潮差区、海水全浸区和海泥区等不同部位，即使是同一部位，由于季节变化将会导致气温、湿度、日照等条件发生变化，从而导致金属及合金材料的腐蚀情况存在着较大差异，这就决定了海洋结构物的腐蚀防控是复杂的问题。对于海洋结构物的腐蚀防控来讲，要具体问题具体分析，从而采取恰当有效的科学防腐蚀措施。目前，关于海洋结构物的防腐措施众多，总体来说可归纳为以下几种：

(1) 合理选材及结构设计优化。选用性能优异的金属及合金材料是提高海洋结构物耐腐蚀性能的有效措施，如镍铝青铜、锰青铜、海军黄铜、含钼不锈钢、蒙乃尔合金以及钛合金等材料在海洋环境下都具有良好的抗腐蚀性能[77~79]。此外，通过对海洋结构物进行结构设计优化，减少海水及腐蚀介质在其表面的积存，并使其利于实现腐蚀防护，也是提高海洋结构物耐腐蚀性能的措施[80]。

(2) 采用防护涂层及包覆防腐技术。利用金属镀层（如电镀、热浸镀、渗镀、化学镀、喷镀等）或有机涂层（如油漆、塑料、树脂涂层等）覆盖在金属及合金材料表面，形成保护性覆盖层，避免金属及合金与腐蚀介质直接接触，从而达到防腐目的[81~83]。此外，采用表面包覆技术是海洋结构物在浪花飞溅区的有效防腐措施，如包覆防腐绷带、有机聚合物、蒙乃尔合金以及钛合金等[84]。

(3) 添加缓蚀剂。在相对封闭的海洋环境中，通常可以采取添加缓蚀剂的方法来抑制金属及合金材料的腐蚀，如在海水循环系统和海底管线中添加缓蚀剂以防腐。缓蚀剂是具有抑制金属腐蚀功能的一类无机物质和有机物质的总称，主要包括钼酸盐、锌盐、铝系金属盐、葡萄糖酸盐、咪唑啉及其衍生物、胺类、醛类及季铵盐等[85,86]。

(4) 采用电化学阴极保护。金属及合金材料的腐蚀主要是由于其在所形成的微观腐蚀电池中处于阳极地位，因而发生溶解腐蚀。阴极保护就是通过给被保护金属及合金通入足够的阴极电流，使其电极电位变负，降低其溶解速度，以达到材料防腐的目的。目前，阴极保护主要有牺牲阳极法和外加电流法[81]。牺牲阳极法是利用电位更负的金属（镁及镁合金、锌及锌合金、铝及铝合金）作为阳极与被保护金属及合金互相连接，形成宏观腐蚀电池，通过阳极的不断溶解给被保护金属及合金提供保护电流，使其得到阴极极化而受到保护[87,88]。外加电流法是将外加直流电源的负极接在被保护金属上，正极接在附加惰性电极上，使被保护金属及合金通入所需的保护电流，获得阴极极化而受到保护。阴极保护防腐措施不但能控制全面腐蚀，而且能有效抑制局部腐蚀，其技术可靠，使用年限长，是海洋结构物的有效防腐手段之一。但是阴极保护通常仅适用于海洋结构物水下部位的防腐。

针对不同的环境特点，以上4种方法往往各有侧重，如海洋大气区通常采用涂层保护法；浪花飞溅区可以采用涂层与包覆联合防腐技术；潮差区可以采用涂层与阴极保护联合防腐技术；海水全浸区和海泥区可以采用阴极保护法，也可采用涂层与阴极保护联合防腐技术。总之，上述的腐蚀防控技术在工业上都有广泛应用，为减缓、防止金属及合金材料在海洋环境中的腐蚀做出了较大贡献。

1.1.3.4 展望

在能源日益紧张、高能耗和外向型经济增长方式难以为继的今天，海洋经济的发展无疑为中国社会可持续发展提供了新的机遇和挑战。海洋事业的发展直接关系到21世纪中国经济和社会的兴衰，而海洋开发如何进行，如何有效地进行，关键在于科技。因此，开展海洋环境下金属材料的腐蚀研究，制定海洋腐蚀研究的发展战略具有重大的现实意义。在海洋腐蚀研究的方向上，其未来发展应该主要集中在两个方面：一是在充分利用现有防腐技术的基础上，大力研制防腐新材料以及新方法；二是利用计算机、微电子和人工神经元等高新技术实现金属及合金材料在海洋环境中腐蚀情况的实时监测，掌握其腐蚀规律，预测材料的剩余寿命，避免由于腐蚀破坏而造成重大事故。

1.1.4 低碳钢在工业溶液中的腐蚀

在石油、矿业、化纤及其他许多工业生产部门及生产过程中，都与酸、碱、盐等介质有关。这些介质对金属设备的腐蚀作用各异，因此，研究其对金属的腐蚀规律，对延长设备的使用寿命、保证安全生产至关重要。

郭稚弧、朱超等[89]在中原油田某油区现场注水系统进行腐蚀试验，利用人工神经网络技术对 Q235 钢在油田注水系统中的腐蚀及影响因素进行了研究。结果显示：(1) 当选用学习样本适当，并且其数据的质量较高时，将人工神经网络技术应用于 Q235 钢在油田现场注水系统中腐蚀预测与腐蚀因素研究是可行的；(2) 发现 Q235 钢在该试验水中腐蚀时，Cl^-离子、HCO_3^-离子、溶解 O_2 和 TGB 是影响腐蚀的主要因素。

李君、董超芳等[90]用电化学法和浸泡法研究 Q235/304L 电偶对在 3 种不同浓度的 Na_2S 溶液中的电偶腐蚀行为，用 SEM 观察试样的表面形貌，结果显示：(1) 在实验所选溶液体系中，304L 的阴阳极过程均为电化学活化步骤控制，而 Q235 钢的阳极过程表现出典型的阳极浓差极化与电化学活化混合控制特征；(2) 偶接后 Q235 钢表面阳极金属的溶解过程与阴极过程同时进行，阳极溶解电流大于电偶电流；(3) Q235/304L 电偶对在相同含硫环境下，电偶腐蚀效应随阴阳极面积比的增大而增大；(4) 随着 S^{2-}浓度的升高，电偶对中 Q235 钢的腐蚀速率减小，电偶腐蚀效应也随之降低。

1.1.5 金属材料的防腐蚀方法

为了使金属结构避免腐蚀破坏，人们寻求了很多种防腐方法，目前常见的金属结构防腐方法主要包括以下三种[91]：电化学保护法、缓蚀剂法、隔离法。

(1) 电化学保护法。电化学保护原理是通过对被腐蚀金属施加外部电流，使其电位发生变化，以起到减缓或抑制金属腐蚀的目的。电化学保护方法又可以细分为阴极保护和阳极保护两种。阴极保护是向被保护的金属表面通足够的阴极电流，使其发生阴极极化，由于基体电位变负而停止金属的腐蚀溶解。根据电流来源不同，阴极保护又可以分为牺牲阳极法和外加电流法。前者是将易发生腐蚀的金属与电位更低的阳极相连，构成电池闭合回路，使金属表面发生阴极极化，起到保护的作用；后者是将被保护的金属与外加电源的负极连接，利用辅助阳极构成电流闭合回路，使金属发生阴极极化。阳极保护则是向金属表面通入足够大的阳极电流，使金属表面电位变正，发生阳极极化，并使基体处于钝化状态，从而减缓金属溶解；利用船上装载的 ICCP 系统向船体施加电流，并使电流均匀扩散到船体四周的海水中，适时自动调整船体的电位（相对氢标准电极电位保持在 -0.500~-0.534mV 之间）；把化学活性高于铁的金属锌加在船体的表面，相对提高船体电位可以减缓船体的腐蚀。这些都是目前船体防止腐蚀发生的比较有效的方法[92]。

（2）缓蚀剂法。缓蚀剂是一种以适当的浓度和形式存在于环境介质中，可以防止或减缓腐蚀的化学物质或几种化学物质的混合物。缓蚀剂的作用原理是通过改变金属的表面状态，或起催化剂作用，改变腐蚀过程的反应机理，从而提高反应的活化能位垒，使反应速率常数减少，降低整个腐蚀过程的反应速率，达到减缓腐蚀的目的。在腐蚀环境中，加入少量缓蚀剂就可以和金属表面发生物理化学作用，显著地降低金属材料腐蚀。按化学成分分类，缓蚀剂可分为有机型、无机型和复合型三类。有机缓蚀剂包括有机胺类缓蚀剂、含磷有机缓蚀剂等；无机缓蚀剂包括锌盐、钼酸盐、铬酸盐、磷酸盐和聚磷酸盐等；复合缓蚀剂包括锌系复合缓蚀剂、硅酸盐系（硅系）复合缓蚀剂、磷酸盐系（磷系）复合缓蚀剂、钼酸盐系（钼系）复合缓蚀剂、铬酸盐系（铬系）复合缓蚀剂、全有机缓蚀剂等。通常，不同的防腐方法运用在不同的金属材料表面，而最为常见的方法，则是在金属材料表面上制备可以防止腐蚀发生的保护层，阻断引发金属腐蚀的各种条件和金属基体之间的接触联系，起到防腐的效果。

（3）隔离法。造成金属腐蚀的主要原因是微电池作用，电池的构成需要同时具备阴极和阳极。隔离法就是将介质（阴极）和金属（阳极）隔离开，从而无法形成微电池。防腐中应用最为广泛的方法就是隔离法，大量的复合材料涂层、金属镀层、高分子涂层，都可以起到保护基体不受腐蚀的破坏。金属元件长期处于恶劣的环境中，通常用热浸镀、热喷涂、电泳涂装、粉末涂料等方法在其表面形成无机、有机、有机/无机复合保护层，防止表面发生腐蚀[93]。不过由于各种喷涂会对环境造成不同程度的危害，这种方法在实际应用中逐渐被淘汰。随着人们对环保要求的提高，开发新型的金属表面处理工艺和技术成为热门的话题。在金属表面进行硅烷化处理，利用硅烷试剂硅醇与金属（Me）表面结合及硅醇自身发生的交联反应，在金属表面形成一层致密的保护层，能够大幅度地提高金属的防腐性能，已经成为一种比较理想的表面防护处理技术。其过程中用到的试剂合成简单，并且对环境友好[94]。虽然已经有很多学者对化学镀进行了研究，但化学镀简单方便的优点依旧吸引很多学者研究[95]。

1.2 化学复合镀技术

材料复合化是材料发展的必然趋势之一，而化学复合镀将常用的钢铁材料和合金镀层复合的方法已经得到了较为广泛的应用。自 20 世纪 60 年代，由于高新技术的发展，对材料性能提出了越来越高的要求，单质材料不能满足性能的综合要求和高指标要求，使复合镀得到了迅速的发展。化学复合镀具有以下优点：可在材料的各部位均匀沉积，镀层具有高硬度、致密。因此，化学复合镀已成为复合镀的重要部分和发展方向。该技术通过改变基质金属和分散微粒，可获得具有高硬度、耐磨性、自润滑、耐热性、耐蚀性或特殊的镀层，在航空、航海、机械、化工、冶金等方面有广泛的应用。

化学复合镀是在化学镀液中添加固体微粒，在搅拌力的作用下，这些固体微粒与金属或合金共沉积，从而获得一系列具有独特的物理、化学和力学性能的复合镀层。这些固体微粒是元素周期表中Ⅳ、Ⅴ、Ⅵ族的金属氧化物、碳化物、氮化物、硼化物以及有机高分子微粒等。化学复合镀层既具有镀层金属（或合金）的优良特性，又具有固体微粒的特殊功能，从而满足人们对镀层性能的特定要求[96]。

目前化学复合镀层已广泛用于汽车、电子、模具、冶金、机械、石化等行业。按用途将目前开发出的镀层进行分类，可分为三类：自润滑镀层、耐磨镀层及脱模性镀层[97]。已经实现的镍基复合镀层有如下几种：Al_2O_3、Cr_2O_3、Fe_2O_3、TiO_2、ZrO_2、ThO_2、SiO_2、CeO_2、BeO_2、MgO、CdO、SiC、WC、VC、ZrC、TaC、Cr_3C_2、B_4C、BN、ZrB_2、TiN、Si_3N_4、WSi_2、PTFE、MoS_2、WS_2、CaF_2、$BaSO_4$、$SrSO_4$、ZnS、CdS、TiH_2等[97]。

化学复合镀的优点与特点如下[98]：

（1）用热加工法制造复合材料，一般需要用500~1000℃或更高的温度处理或烧结。因此很难使用有机物来制取金属基复合材料。此外，由于烧结温度高，基质金属与夹杂于其中的固体颗粒之间会发生相互扩散作用及化学反应等，这往往会改变它们各自的性能，出现一些人们并不希望出现的现象。用化学复合镀法制造复合材料时，大多都是在水溶液中进行，温度很少超过95℃。因此，除了目前已经大量使用的耐高温陶瓷颗粒外，各种有机物和其他一些遇热易分解的物质，也完全可以作为不溶性固体颗粒分散到镀层中，制成各种类型的复合材料。在这种情况下，基质金属与夹杂物之间基本上不发生相互作用，而保持它们各自的特性。但是，如果需要复合镀层中的基质金属与固体颗粒之间发生相互扩散，则可在化学复合镀之后，再进行热处理，从而使它们获得更大的主动权。

（2）化学复合镀的设备投资少，操作比较简单，易于控制，生产费用低，能源消耗少，原材料利用率比较高。所以，通过化学沉积来形成复合材料，是一个比较方便而且经济的方法。采用热加工法制备复合材料时，不但需要比较复杂的生产设备，而且还需要采用保护性气体等附加措施。

（3）同一基质金属可以方便地镶嵌一种或数种性质各异的固体颗粒；同一种固体颗粒也可以方便地镶嵌到不同的基质金属中，制成各种各样的复合镀层。而且改变固体颗粒与金属共沉积的条件，可使颗粒在复合镀层中从零到50%或更高的范围内变动，镀层性质也会发生相应的变化。因此，人们可以根据使用中的要求，通过改变镀层中颗粒含量来控制镀层性能。这样，化学复合镀技术为改变和调节材料的机械性能、物理性能和化学性能，提供了极大的可能性和多样性。

(4) 很多零部件的功能，如耐磨、减磨、抗划伤、抗高温氧化等均是由零部件的表层体现出来的。因此，在很多情况下可以采用某些具有特殊功能的复合镀层取代用其他方法制备的整体实心材料。也就是说，可用廉价的基体材料镀上复合镀层，代替由贵重原材料制造的零部件。因此，其经济效益是非常大的。

1.2.1 纳米复合镀

表面复合镀技术是现在表面工程中发展比较快的一种表面强化技术。复合镀从20世纪60年代开始投入实际使用以来，对其关注度越来越高。目前，通过电镀的方法电沉积得到的复合镀层也在快速发展，可以利用化学复合镀技术制备一些具有特殊性能的镀层，满足某些特殊环境中的使用[99,100]。

化学复合镀层和复合电刷镀层都是在普通镀覆工艺基础上形成的，其形成的条件均是复合粒子必须以某种方式与基质金属实现共沉积[101,102]。所谓的纳米镀技术使用的纳米材料是粒径在0.1~100nm的粉体材料，把纳米粒子加入传统化学镀镀液中得到的纳米复合镀层，具有纳米粒子自身的一些特性，所以复合镀层具有硬度高、耐蚀性好、耐磨性等优良的性能，因此，在许多工业领域都有应用。早期的复合镀层中主要添加微米级的不溶固体粒子，形成复合镀层，常见的是Al_2O_3、SiO_2颗粒等形成抗磨镀层；还有为了减少摩擦，在镀液中加入PTFE、MoS_2等晶格易滑移的软颗粒形成减磨复合镀层[103,104]。

纳米材料具有许多奇特的性能，它的引入对复合镀工艺产生了重大影响，因此纳米复合镀工艺已成为研究热点之一[105]。由于纳米颗粒具有独特的物理及化学性能，采用纳米化学复合镀技术能够得到优良的性能[106]。目前，国内Ni-P基纳米复合化学镀主要是往镀液中添加非金属单质或化合物粉体纳米粒子，如SiC、SiO_2、Al_2O_3、ZnO和TiO_2及金属纳米粒子等，所得纳米复合化学镀镍层硬度高、耐蚀性能也有所增强[107]。一些具有高耐磨性的纳米复合镀层已经成功运用于工业生产。

由于纳米复合镀技术的发展历史比较短，纳米复合镀层的沉积机理还没有形成一个专门的理论体系[108,109]。纳米复合镀是一种新的表面处理技术，由于其优良的性能，具有广阔的发展前景。关于纳米复合镀技术的研究已经成为热点[110~112]。

1.2.2 化学镀双层复合镀层

单层Ni-P二元合金镀层是一种封闭性保护层，只有在合金镀层完好无损的情况下，即镀层没有孔隙，才会对钢铁材料起到保护作用。如果镀层表面存在孔隙等缺陷，则镍磷镀层就会和有缺陷的钢铁基体形成腐蚀电池，使得镀层孔隙处的小面积钢铁基体有着密度较大的电流，导致镍磷镀层不但不能够保护基体，反而加速基体的腐蚀发生。较厚镀层的孔隙等缺陷较少，耐腐蚀性能较好，但增加单种镀层的厚度无疑会增加生产成本。相比之下，相同镀层厚度下，化学镀双层或多层 Ni-P 合金的耐腐蚀性、耐磨性强于化学镀单层 Ni-P 合金[113]。

目前报道最多的双层镀镍技术是利用两种镀层在电化学性质和硬度方面的差异，通过优化其工艺组合，得到镀层厚度不大，但仍具有优异耐蚀性或耐磨性的镀层。在生产成本不增加的情况下，采用双层或多层化学镀镍工艺，可以降低孔蚀的发生几率，是一种比较经济适用的表面处理工艺。美国于 1995 年率先开始了双层镀镍工艺的研究[114]，我国在 2000 年前后也陆续展开了相关研究[115~128]。

化学复合镀是目前解决高温腐蚀、高温强度以及磨损等问题的有效方法之一，也是一种获取复合材料的先进方法。因此，在表面工程技术的研究领域中，化学复合镀的相关研究和开发应用一直是其中较为活跃的一部分[129]。

参 考 文 献

[1] 蔡元兴，刘科高，郭晓斐．常用金属材料的耐蚀性能 [M]. 北京：冶金工业出版社，2011.
[2] 崔忠圻，覃耀春．金属学与热处理 [M]. 北京：机械工业出版社，2007.
[3] 黄希祜．钢铁冶金原理 [M]. 北京：冶金工业出版社，2002.
[4] 钟培道．断裂失效分析 [J]. 理化检验（物理分册），2005（10）.
[5] 伊文思，华保定．金属腐蚀与氧化 [M]. 北京：机械工业出版社，1976.
[6] 刘焱，马东凤，伍远辉．Q235 钢在大气、土壤、溶液中的腐蚀及防护研究进展 [J]. 遵义师范学院学报，2008，10（5）：66~70.
[7] 柯伟．中国腐蚀调查报告 [M]. 北京：化学工业出版社，2003.
[8] Leygraf C，Graedel T. 大气腐蚀 [M]. 韩恩厚，等译．北京：化学工业出版社，2005.
[9] Dean S W，Rhea E. Atmospheric corrosion of metals：a symposium [J]. American Society for Testing and Materials，1982.
[10] Rice D W. In Door Atmospheric Corrosion [M]. New York：Wiley，1982.
[11] Sereda P J. Atmospheric factors affecting the corrosion of steel [J]. Industrial& Engineering Chemistry，1960，52（2）：157~160.
[12] Vernon W H J. A Laboratory study of the atmospheric corrosion of metals. Part II Iron：the primary oxide film. Part III The secondary product or rust（influence of sulphur dioxide，carbon dioxide，and suspended particles on the rusting of iron [J]. Transactions of the Faraday Society，1935，31（1）：1668~1700.
[13] Wang G Y，Wang H J，Li X L，et al. Corrosion Protection in Natural Environment [M]. Beijing：Chemical Industry Press，1997.

[14] 肖葵，董超芳，李晓刚，等. NaCl 颗粒沉积对 Q235 钢早期大气腐蚀的影响 [J]. 中国腐蚀与防护学报，2006，26（1）：26~29.

[15] 何建新，秦晓洲，易平，等. Q235 钢海洋大气腐蚀暴露试验研究 [J]. 表面技术，2006，35（4）：21~23.

[16] Nishimura T，Katayama H，Noda K，et al. Effect of Co and Ni on the corrosion behavior of low alloy steels in wet/dry environments corrosion [J]. Corrosion Science，2000，42（9）：1611~1621.

[17] Friel J J. Atmospheric corrosion products on Al，Zn and Al-Zn metallic coatings corrosion [J]. Corrosion，1986，42（7）：422~426.

[18] Munier G B，Psota L A，Reagor B T，et al. Contamination of electronic equipment after an extended urban exposure [J]. J Electrochem Soc，1980，127（2）：265~272.

[19] Oesch S. The effect of SO_2，NO_2，NO and O_3 on the corrosion of unalloyed carbon steel and weathering steel-the results of laboratory exposures [J]. Corrosion Science，1996，38（8）：1357~1368.

[20] Özcan M，Dehri I，Erbil M. EIS study of the effect of high levels of SO_2 on the corrosion of polyester-coated galvanised steel at different relative humidities [J]. Prog Org Coat，2002，44（4）：279~285.

[21] Abdel S H，Butt D P，Ismail A A. Electrochemical impedance impedance studies of sol-gel based ceramic coatings systems in 3.5% NaCl solution [J]. Electrochim. Acta，2007，52（9）：3310~3316.

[22] Peter S，Sudipta R，David S，et al. A model for the corrosion of steel subjected to synthetic produced water containing sulfate，chloride and hydrogen sulfide [J]. Chem Eng Sci，2011，66（23）：5775~5790.

[23] 张学元，韩恩厚，李洪锡. 中国的酸雨对材料腐蚀的经济损失估算 [J]. 中国腐蚀与防护学报，2002，22（5）：316~319.

[24] 安百刚，张学元，韩恩厚，等. A_3钢在模拟降雨环境下的腐蚀和冲刷行为研究 [J]. 金属学报，2002，38（7）：755~759.

[25] J. C. 斯库里，李启中，译. 腐蚀原理 [M]. 北京：水利电力出版社，1984.

[26] Evans U R，Taylor C A J. Mechanism of atmospheric rusting [J]. Corros Sci，1972，12（3）：227~246.

[27] Nishikata A，Yamashita Y，Katayama H，et al. An electrochemical impedance study on atmospheric corrosion of steels in a cyclic wet-dry condition [J]. Corros Sci，1995，37（12）：2059~2069.

[28] Nishikata A，Ichihara Y，Hayashi Y，et al. Influence of electrolyte layer thickness and pH on the initial stage of the atmospheric corrosion of iron [J]. J Electrochem Soc，1997，144（4）：1244~1252.

[29] Katayama H，Noda K，Masuda H，et al. Corrosion simulation of carbon steels in atmospheric environment [J]. Corros Sci，2005，47（10）：2599~2606.

[30] 董杰，董俊华，韩恩厚，等．低碳钢带锈电极的腐蚀行为［J］．腐蚀科学与防护技术，2006，18（6）：414~417.

[31] 张淑泉，孙成，李洪锡，等．我国土壤腐蚀性调查概况［J］．全国环境腐蚀网站通讯，2000，235：7.

[32] 李长荣，屈祖玉，汪轩义，等．土壤腐蚀性关键因素的评价与选取［J］．北京科技大学学报，1996，18（2）：174~178.

[33] 金名惠，黄辉桃．金属材料在土壤中的腐蚀速度与土壤电阻率［J］．华中科技大学学报，2001，29（5）：103~106.

[34] 李文涛，林晶．微生物膜下 Q235 钢腐蚀行为的表面分析［J］．装备环境工程，2007，4（6）：19~22.

[35] 于国才，王振尧，韩薇．海南土壤化学成分对 Q235 钢腐蚀的影响［J］．腐蚀与防护，2002，23（8）：331~334.

[36] 高立群，李洪锡，孙成，等．Q235 钢在土壤中宏电池腐蚀行为的研究［J］．腐蚀与防护，2000，21（1）：12~26.

[37] 李国华，孙成，齐文元，等．含硫酸盐还原菌土壤中阴极保护对 Q235 钢腐蚀的影响［J］．腐蚀科学与防护技术，2005，17（6）：379~383.

[38] 赵晓栋，吴鹏，姜江，等．硫酸盐还原菌对海泥中 Q235 钢腐蚀界面的影响［J］．材料研究学报，2007，21（3）：230~233.

[39] 孙成，韩恩厚．土壤湿度变化对 Q235 钢的硫酸盐还原菌腐蚀影响［J］．中国腐蚀与防护学报，2005，25（5）：307~311.

[40] 周书峰，尹秀峰，周卫国，等．在不同 Cl^- 含量土壤中硫酸盐还原菌对 Q235 钢腐蚀的影响［J］．腐蚀科学与防护技术，2004，16（4）：199~202.

[41] 伍远辉，蔡铎昌．Q235 钢在不同湿度的青海盐湖盐渍土壤中的腐蚀行为［J］．商丘师范学院学报，2005，21（2）：98~101.

[42] 侯保荣．海洋腐蚀与防护［M］．北京：科学出版社，1997.

[43] 侯保荣．海洋腐蚀环境理论及其应用［M］．北京：科学出版社，1999.

[44] 侯保荣．腐蚀研究与防护技术［M］．北京：科学出版社，1998.

[45] 中国腐蚀与防护学会．自然环境的腐蚀与防护［M］．北京：化学工业出版社，1997.

[46] Laque F L. Marine corrosion: causes and prevention [M]. Corrosion monograph series. United States New York: John Wiley and Sons, Inc., 1975.

[47] Corvo F, Perez T, Dzib L R, et al. Outdoor-indoor corrosion of metals in tropical coastal atmospheres [J]. Corrosion Science, 2008, 50 (1): 220~230.

[48] Syed S. Atmospheric corrosion of hot and cold rolled carbon steel under field exposure in Saudi Arabia [J]. Corrosion Science, 2008, 50 (6): 1779~1784.

[49] Rivero S, Chico B, De la Fuente D, et al. Atmospheric corrosion of low carbon steel in a polar marine environment. Study of the effect of wind regime [J]. Revista De Metalurgia, 2007, 43 (5): 370~383.

[50] Mikhailov A, Strekalov P, Panchenko Y. Atmospheric corrosion of metals in regions of cold and

extremely cold climate (a review) [J]. Protection of Metals, 2008, 44 (7): 644~659.

[51] Voevodin N, Jeffcoate C, Simon L, et al. Characterization of pitting corrosion in bare and sol-gel coated aluminum 2024-T3 alloy [J]. Surface and Coatings Technology, 2001, 140 (1): 29~34.

[52] Kamimura T, Nasu S, Segi T, et al. Corrosion behavior of steel under wet and dry cycles containing Cr^{3+} ion [J]. Corrosion Science, 2003, 45 (8): 1863~1879.

[53] Fajardo G, Valdez P, Pacheco J. Corrosion of steel rebar embedded in natural pozzolan based mortars exposed to chlorides [J]. Construction and Building Materials, 2009, 23 (2): 768~774.

[54] Jeffrey R, Melchers R E. Corrosion of vertical mild steel strips in seawater [J]. Corrosion Science, 2009, 51 (10): 2291~2297.

[55] Jönsson M, Persson D, Thierry D. Corrosion product formation during NaCl induced atmospheric corrosion of magnesium alloy AZ91D [J]. Corrosion Science, 2007, 49 (3): 1540~1558.

[56] Kuroda T, Takai R, Kobayasb Y, et al. Corrosion rate of shipwreck structural steels under the sea. International Conference OCEANS 2008 and MTS/IEEE Kobe Techno-Ocean08. 2008, Kobe, JAPAN: Ieee.

[57] Bruun P. North sea offshore structures [J]. Ocean Engineering, 1976, 3 (5): 361~368.

[58] Nunez L, Reguera E, Corvo F, et al. Corrosion of copper in seawater and its aerosols in a tropical island [J]. Corrosion Science, 2005, 47 (2): 461~484.

[59] Brouillette C V, Hanna A E. Corrosion survey of steel sheet piling: Defense Technical Information Center, 1960, 12~27, 74.

[60] 孙淼，国大鹏，杨滨．熔铸-原位合成 TiC/7075 复合材料的腐蚀性能 [J]. 热加工工艺，2012，41 (8)：112~116.

[61] Pardo A, Otero E, Merino M C, et al. Influence of pH and chloride concentration on the pitting and crevice corrosion behavior of high alloy stainless steel [J]. Corrosion, 2000 (56): 411~418.

[62] 李言涛，侯保荣．钢在不同海底沉积物中的腐蚀研究 [J]．海洋与湖沼，1997，28 (2)：179~184.

[63] 张万灵，刘建容，黄桂桥．E36 钢的海水腐蚀模拟试验研究 [J]．材料保护，2009，42 (11)：27~29.

[64] 常安乐，宋诗哲．模拟海洋环境浪花飞溅区的金属构筑物腐蚀监检测 [J]．中国腐蚀与防护学报，2012，32 (3)：247~250.

[65] 穆鑫，魏洁，董俊华．低碳钢在模拟海洋潮差区的腐蚀行为的电化学研究 [J]．金属学报，2012，48 (4)：420~426.

[66] 李琳，徐小连，陈义庆，等．显微组织对桥梁钢模拟海洋潮差区腐蚀行为的影响 [J]．腐蚀与防护，2012，33 (4)：307~310.

[67] 杨延涛，曲占元，刘刚．船用 E36 钢和 10CrNiCu 钢耐海水腐蚀性能研究 [J]．材料开发

与应用，2013，28（4）：22~25.
[68] 杜敏，郭庆锟，周传静．碳钢/Ti 和碳钢/Ti/海军黄铜在海水中电偶腐蚀的研究［J］. 中国腐蚀与防护学报，2006，26（5）：263~266.
[69] 王佳，孟洁．深海环境钢材腐蚀行为评价技术［J］. 中国腐蚀与防护学报，2007，7（1）：2~7.
[70] 侯健，郭为民．深海环境因素对碳钢腐蚀行为的影响［J］. 装备环境工程，2008，125（6）：82~101.
[71] 赵丹，李羚，李子潇．Q235 钢在模拟海水全浸区腐蚀行为的研究［J］. 热加工工艺，2015，44（12）：108~111.
[72] Melchers R E. Modelling immersion corrosion of structural steels in natural fresh and brackish waters［J］. Corrosion Science，2006，48（4）：174~201.
[73] Kamimura T，Hara S，Miyuki H，et al. Composition and protective ability of rust layer formed on weathering steel exposed to various environments［J］. Corrosion Science，2006，48（2）：799~812.
[74] David A. Shifler. Understanding material interactions in marine environments to promote extended structural life［J］. Corrosion Science，2005，47（2）：335~352.
[75] Venkateshan R，Venkatasamy M A，Bhaskaran T A，et al. Corrosion of ferrous alloys in deep sea environments［J］. Br Corros J，2002，37（4）：257~266.
[76] Sinyavskii V S，Kalinin V D. Marine corrosion and protection of aluminum alloys according to their composition and structure［J］. Protection of metals，2005，41（4）：317~328.
[77] 张智强，郭泽亮，雷竹芳．铜合金在舰船上的应用［J］. 材料开发与应用，2006，21（5）：43~46.
[78] 夏兰廷，王录才，黄桂桥．我国金属材料的海水腐蚀研究现状［J］. 中国铸造装备与技术，2002（6）：1~4.
[79] 贺毅强．海洋工程金属基复合材料的分类与制备［J］. 热加工工艺，2011，40（14）：74~77.
[80] Groshart E. Design for finishing［J］. Metal Finishing，1986（4）：63~65.
[81] 夏兰廷，韦华．海洋腐蚀环境下钢铁有机防护涂层的设计原则［J］. 太原重型机械学院学报，2004，25（2）：110~114.
[82] 侯保荣．海洋环境中的腐蚀问题［J］. 世界科技研究与发展，1998，20（4）：72~76.
[83] 王斐斐，李惠琪，孙玉宗，等．等离子束表面冶金 Fe-Cr-Ni-B-Si-C 涂层耐海水腐蚀性研究［J］. 热加工工艺，2007，36（15）：54~56.
[84] 陈君，黄彦良，侯保荣．低碳钢在浪花飞溅区的腐蚀防护研究进展［J］. 腐蚀科学与防护技术，2012，24（4）：342~344.
[85] 杜敏，高荣杰．海水介质中缓蚀剂研究的回顾和展望［J］. 材料保护，2002(3)：7~10.
[86] 郭学辉，王东，赵怡．海水缓蚀剂的研究［J］. 辽宁化工，2012，41（1）：15~17.
[87] 尚用甲，李彦胜，刘荣坤，等．海洋平台用 Al-Zn-In-Mg-Ti 牺牲阳极的电化学性能研究［J］. 热加工工艺，2012，41（10）：61~62.

[88] 华建社，韩巍，刘长瑞．环境温度对 Zn 合金牺牲阳极性能的影响［J］. 热加工工艺，2011，40（14）：32~34.

[89] 郭稚弧，朱超，楚喜丽，等．Q235 钢在油田注水系统中的腐蚀及其影响因素的研究[J]. 腐蚀与防护，1999，20（4）：151~153.

[90] 李君，董超芳，李晓刚，等．Q235-304L 电偶对在 Na_2S 溶液中的电偶腐蚀行为研究[J]. 中国腐蚀与防护学报，2006，26（5）：308~314.

[91] Örnek D，Wood T K，Hsu C H，et al. Pitting corrosion control of aluminum 2024 using protective biofilms that secrete corrosion inhibitors［J］. Corrosion，2002，58（9）：761~767.

[92] 张树琴．镁基合金牺牲阳极保护在船舶上应用［J］. 科技信息，2006(12)：231~233.

[93] 宋秀索，石绍辉，史英祥．金属构件表面防护技术及工艺浅析［J］. 选煤技术，2007，2（2）：65~67.

[94] 刘京，胡吉明，张鉴清．金属表面硅烷化防护处理及其研究现状［J］. 中国腐蚀与防护学报，2006，26（1）：59~64.

[95] 徐旭仲，赵丹，万德成，杨立根．钢铁表面化学镀的研究进展［J］. 电镀与精饰，2016，38（3）：27~32.

[96] 郭忠诚，杨显万．化学镀镍原理及应用［M］. 昆明：云南科学技术出版社，1982.

[97] 李宁，袁国伟，黎德育．化学镀镍基合金理论与技术［M］. 哈尔滨：哈尔滨工业大学出版社，2000.

[98] 闫洪．现代化学镀镍和复合镀新技术［M］. 北京：国防工业出版社，1999.

[99] 黄新民，吴玉程，郑玉春，等．分散方法对纳米颗粒化学复合镀层组织及性能的影响［J］. 电镀与精饰，1999，21（5）：12~15.

[100] 郭鹤桐．复合镀层-复合材料中的一支新军［J］. 材料保护，1990，23（2）：55~57.

[101] 许乔瑜，何伟娇．化学镀镍-磷基纳米复合镀层的研究进展［J］. 电镀与涂饰，2010，29（10）：23~26.

[102] 刘圆圆．Ni-P/WC 纳米复合镀层的制备与性能研究［D］. 大连：大连理工大学，2007.

[103] Huang X M，Deng Z G. A wear-resistant composite coating［J］. Plating and Surface Finishing，1993，80（2）：62~65.

[104] 于光．化学镀（Ni-P）-MoS_2复合镀层的工艺及镀层性能［J］. 表面技术，1996（4）：12~14.

[105] Li C，Wang Y，Pan Z. Wear resistance enhancement of electroless nanocomposite coatings via，incorporation of alumina nanoparticles prepared by milling［J］. Materials and Design，2013，47（9）：443~448.

[106] 王健，孙建春，丁培道，等．纳米复合镀工艺的研究现状［J］. 表面技术，2004，33（3）：1~3.

[107] 金辉，王一雍，郎现瑞，等．纳米化学复合镀镍-磷-氧化铝工艺［J］. 电镀与涂饰，2014，33（3）：115~117.

[108] 常京龙，吴庆利．纳米化学复合镀技术概述［J］. 电镀与精饰，2013，35（9）：

24~28.

[109] 史丽萍，赵世海．Ni-P 基纳米化学复合镀层的研究进展 [J]. 电镀与精饰，2014，36 (11)：15~19.

[110] Reade G W，Kerr C，Barker B D，et al. The importance of substrate surface condition in controlling the porosity of electroless nickel deposits [J]. Transactions of the Institute of Metal Finishing，1998，76 (4)：149~155.

[111] 黄新民，吴玉程．表面活性剂对复合镀层中 TiO_2 纳米颗粒分散性的影响 [J]. 表面技术，1999 (6)：10~12.

[112] 曹茂盛．纳米材料导论 [M]. 哈尔滨：哈尔滨工业大学出版社，2001.

[113] 何焕杰，詹适新，王永红，等．双层化学镀镍技术—用于油管及井下工具防腐的可行性 [J]. 表面技术，1995，24 (6)：29~31.

[114] Tyler J M. Automotive applications for chromium [J]. Metal Finishing，1995，93 (10)：11~14.

[115] 陈咏森，沈品华．多层镀镍的作用机理和工艺管理 [J]. 表面技术，1996，25 (6)：40~45.

[116] 于光，黎永钧，陈菊香，等．化学镀 Ni-Cu-P/Ni-P 双层合金的工艺及镀层结合力研究 [J]. 机械工程材料，1994，18 (4)：13~15.

[117] 朱立群，刘慧丛，吴俊．化学镀镍层封孔新工艺的研究 [J]. 电镀与涂饰，2002，21 (3)：29~33.

[118] 伍学高．化学镀技术 [M]. 成都：四川科学技术出版社，1985.

[119] 成少安，李志章，姚天贵，等．化学镀牺牲阳极复层的研制及其抗蚀特性和机理的研究 [J]. 浙江大学学报，1993，27 (4)：67~77.

[120] 刘景辉，刘建国，吴连波，等．Ni-P/Ni-W-P 双层化学镀的研究 [J]. 热加工工艺，2005 (6)：72~74.

[121] Zhong Chen，Alice Ng，Jianzhang Yi，et al. Multi-layered electroless Ni-P coatings on powder-sintered Nd-Fe-B permanent magnet [J]. Journal of Magnetism and Magnetic Materials，2006，302 (1)：216~222.

[122] 王冬玲，陈焕铭，王憨鹰，等．化学镀镍磷合金的研究进展与展望 [J]. 材料导报：网络版，2006 (2)：10~12.

[123] Gu C，Lian J，Li G，et al. High corrosion-resistant Ni-P/Ni/Ni-P multilayer coatings on steel [J]. Surface & Coatings Technology，2005，197 (1)：61~67.

[124] Narayanan T S N S，Krishnaveni K，Seshadri S K. Electroless Ni-P/Ni-B duplex coatings：preparation and evaluation of microhardness，wear and corrosion resistance [J]. Materials Chemistry & Physics，2003，82 (3)：771~779.

[125] Wang Y，Shu X，Wei S，et al. Duplex Ni-P-ZrO_2/Ni-P electroless coating on stainless steel [J]. Journal of Alloys & Compounds，2015 (630)：189~194.

[126] 高荣杰，杜敏，孙晓霞，等. 双层 Ni-P 化学镀工艺及镀层在 NaCl 溶液中耐蚀性能的研究 [J]. 腐蚀科学与防护技术，2007，19（6）：435~438.

[127] 张会广. 双层 Ni-P 镀层及 Ni-P/PTFE 复合镀层的制备及性能研究 [D]. 成都：西南交通大学，2010.

[128] 张翼，方永奎，张科. 酸性 Ni-Mo-P/Ni-P 双层化学镀工艺研究 [J]. 中国表面工程，2003，16（1）：34~37.

[129] 江茜. 化学复合镀 Ni-P/Ni-P-PTFE 的工艺优化及镀层性能研究 [D]. 武汉：武汉理工大学，2012.

2 低碳钢表面化学镀 Ni-P-纳米 SiO_2 复合镀层

随着人们对镀层性能的要求越来越高，传统的化学镀 Ni-P 合金镀层不能满足要求，化学复合镀随着人们的需求发展起来[1~3]。化学复合镀不仅有传统 Ni-P 合金镀层的优点，如深镀性能好、镀层均匀致密，还可以满足许多单金属和合金镀层不能满足的地方。纳米技术的发展为复合镀的研究带来了新的研究方向和发展前景，纳米复合镀能够使复合镀层的表面组织得到改善，给予基体良好的性能[4,5]。

相对其他复合镀层而言，纳米复合镀层硬度更大、耐磨性增强、抗高温氧化能力和耐腐蚀能力更强，同时还具有电催化性、光催化性等多方面的优良特性[6]，但纳米粒子化学复合镀的研究与应用仍然处于起步阶段，受到许多条件的制约，到目前为止，许多复合镀工艺方面的问题还没有解决，如纳米粒子与金属离子的共沉淀机理以及纳米颗粒在镀液及镀层中的均匀分布[7]。总的来讲，纳米复合镀层具有许多优良的性能，发展前景广阔，但是这种技术还处于研究阶段，在理论方面和制备工艺方面有待更加深入的研究。

G. W. Reade 等[8]研究了基质金属表面状况对复合镀层性能的影响。该研究表明，为了制备优良的纳米复合镀层，需要保持基体表面清洁光滑，并且具有足够的活化点，所以在施镀前必须对基体进行镀前预处理工序。

黄新民等[9]研究了分散方法对纳米颗粒化学复合镀层性能的影响。纳米粒子在镀液中分散越均匀，镀层中沉积的纳米粒子就会越多，纳米粒子的特性就会在镀层中得到更好的体现，镀层的耐蚀性、耐磨性将会提高。

曹茂盛等[10]研究纳米颗粒加入量，镀液的 pH 值及施镀温度对 Ni-P/Si 纳米颗粒复合镀层性能影响。研究表明，纳米粒子的加入可以提高镀层的硬度并且使镀层的耐蚀性提高，镀层具有良好的耐蚀性。

由于纳米复合镀技术的发展历史比较短，纳米复合镀层的沉积机理还没有形成一个专门的理论体系[6,11]。纳米复合镀是一种新的表面处理技术，由于其优良的性能，因此具有广阔的发展前景。关于纳米复合镀技术的研究，国内外处于刚刚起步的阶段，还有很多的问题亟待解决，必须做进一步的研究工作[12~15]。

2.1 试验材料与方法

2.1.1 试验材料

Q235 钢是一种高强度低合金钢，价格低廉，生产工艺比较简单，并且易于加工制造，在实际生活中的应用非常的广泛。本试验使用 Q235 钢，其主要成分见表 2-1。

表 2-1 Q235 钢化学成分 (%)

元素	C	Si	Mn	P	S	Cr	Ni	Cu
含量	0.16	0.19	0.62	0.03	0.014	0.031	0.012	0.013

2.1.2 试验材料的制备

本次试验采用的 Q235 钢尺寸为 20mm×25mm×0.9mm。试样的一端用打孔机进行打孔，孔的大小为 ϕ3mm。试样准备完成后，先用粗砂纸进行磨边，然后分别用 500 号、800 号、1000 号、1200 号、1500 号砂纸打磨试样。试样制备结束，施镀前必须对试样进行预处理。

Ni-P 合金的沉积发生在基体材料的表面，镀层与基体的结合力等物理特性会受到基材表面光洁程度、粗糙度等的影响。复合镀层沉积速率及镀层的表面状态、镀层的致密度等，不仅与镀层本身的性质和基质材料的性质有关，而且与基质材料的表面状态有密切关系。因此，在施镀前对试样表面进行镀前处理是必不可少的。基体材料的预处理工艺一般包括除油、酸洗和活化。

对试样进行砂纸打磨处理后，试样表面会残留一部分油脂，所以有必要进行碱液除油。将制备好的试样在 60~80℃ 的除油液中处理 10~15min，然后用 70℃ 的热水清洗，超声振荡 10min，接着依次用温水、蒸馏水冲洗，最后冷风吹干，结束施镀前的除油工序。除油液用蒸馏水配制，其组成及浓度见表 2-2。

表 2-2 除油溶液的组成及浓度 (g/L)

成 分	NaOH	Na_2CO_3
浓 度	40	20

在试样的存放过程中，虽然采用脱脂棉和无水硅胶在干燥器中保存，尽量防止试样表面发生氧化生锈，但在试样表面还是会有少量锈斑出现，所以，必须对试样进行酸洗除锈。

本试验中，采用 5%稀盐酸溶液对试样进行酸洗。在对试样进行碱液除油清洗后，将试样放置于室温的酸洗溶液中，时间大约 1min，当试样表面有均匀气泡产生且试样有少许变灰时，取出，用去离子水水洗，结束酸洗。酸洗的时间不能太长，酸洗时间过长，将会对基体材料造成损伤，影响施镀过程。

活化是为了使试样表面在加工过程中产生的变形层剥落，试样在活化前的处理过程中会产生氧化膜，酸洗可以去除氧化膜，使试样的基体组织暴露出来，产生活化点，以便镀层金属在其表面生长。活化工序对镀层与基体材料的结合起着至关重要的作用。操作失误，将会对镀层的表面致密度产生严重影响，出现漏镀等现象。配制质量浓度 10%HCl 的活化液，将试样活化处理 1.5~2min 后，立即清洗并进行下一步的化学镀。

2.1.3　试验方法

采用化学镀设备在试样表面施镀 Ni-P 镀层和 Ni-P-纳米 SiO_2 复合镀层，镀液配方试剂为 $NiSO_4 \cdot 6H_2O$、$NaH_2PO_2 \cdot H_2O$、苹果酸、丁二酸钠、十二烷基硫酸钠和纳米 SiO_2。用 NaOH 调节镀液 pH 值为 5.1，施镀温度为 85℃，搅拌转速 400r/min，连续搅拌。将上述预处理好的试样放入镀液中施镀 1h 制备镀层。施镀结束后取出试样，用清水清洗 1~2min，然后使用无水酒精在超声清洗仪中清洗 1~3min，取出吹干，将试样放入干燥器中备用。

2.1.4　分析方法

利用蔡司显微镜和场发射扫描电镜对镀层的表面形貌进行分析。蔡司显微镜可以对镀层的表面形貌进行简单的观察，对镀层的致密度和镀层晶胞的大小进行初步观察，在镀层工艺的优化过程中起重要的作用。扫描电子显微镜（Scanning Electron Microscope，SEM）是观察和研究物质微观形貌的重要工具。

采用能谱分析（EDS）对镀层表面成分进行分析。

本试验中采用 HV-1000Z 型显微硬度计测定镀层的截面硬度，把试样放在试样台上压平，之后放到显微硬度计的载物台上进行显微观察，选好位置后，换压头加载，载荷选用 100g，加载时间为 10s，金刚石角锥体压头压入镀层会残留压痕，卸载后改换物镜观察，通过测量压痕两条对角线的长度求出试样的硬度，分别在镀有 Ni-P 合金镀层、0.2g/L SiO_2、0.5g/L SiO_2、1g/L SiO_2、2g/L SiO_2、4g/L SiO_2 纳米复合镀层的样品上测不同位置的 3 个点的硬度值，取其平均值。

本试验采用静态挂片方法测试 Ni-P 镀层和 Ni-P-纳米 SiO_2 复合镀层在 H_2SO_4 和 NaCl 水溶液中的耐蚀性。

2.2　缓冲剂对 Ni-P 镀层组织和成分的影响

镀液中加入缓冲剂是为了稳定镀液中的的 pH 值，保证在施镀过程中，镀液的 pH 值基本稳定在设定的值不变，抑制氢等副产物的产生，使镀层的沉积速率稳定。在试验过程运用较多的缓冲剂有邻苯二甲酸、乙酸、丙酸、丁二酸钠等。本试验采用酸性镀液，根据缓冲剂对 pH 值的缓冲范围选择合适的缓冲剂，本试验 pH 值为 4.8~5.2，所以选择丁二酸钠为缓冲剂[12,13]。

本次试验在其他试验参数不变的前提下通过改变丁二酸钠的用量，探究丁二酸钠对 Ni-P 镀层的影响。丁二酸钠对镀层的表面形貌及镀层中的磷含量有重要影响，通过对镀层的组织进行分析以及对镀层中磷含量的检测，探究镀液中丁二酸钠的最佳浓度，为下一步的纳米复合镀奠定基础。

2.2.1 镀液成分及工艺条件

施镀时使用的试验参数见表 2-3。

表 2-3 施镀时使用的试验参数

名 称	1	2	3	4	5
硫酸镍（$NiSO_4 \cdot 6H_2O$）/$g \cdot L^{-1}$	20	20	20	20	20
次亚磷酸钠（NaH_2PO_2）/$g \cdot L^{-1}$	24	24	24	24	24
苹果酸（$C_4H_6O_5$）/$g \cdot L^{-1}$	16	16	16	16	16
丁二酸钠（$C_4H_4Na_2O_4$）/$g \cdot L^{-1}$	6	10	14	18	22
十二烷基硫酸钠（$CH_3(CH_2)_{11}OSO_3Na$）/$mg \cdot L^{-1}$	0.1	0.1	0.1	0.1	0.1
pH 值	5.1	5.1	5.1	5.1	5.1
施镀时间/h	1	1	1	1	1
温度/℃	85	85	85	85	85

为了探究丁二酸钠对镀层组织和成分的影响，本试验采用控制单一变量的方法，镀液其他成分的浓度保持不变，镀液的 pH 值为 5.1，温度控制在 85℃，施镀均采用 100mL 烧杯，搅拌转速 400r/min，搅拌有利于镀层沉积，但搅拌速度过快会对镀层产生影响，使镀层的孔隙率增加。

按照表 2-3 配制 100mL 镀液，按照浓度比例称量试剂，用去离子水依次溶解药品。先将络合剂苹果酸与主盐硫酸镍混合均匀，再将丁二酸钠与表面活性剂十二烷基硫酸钠加入混合液中，最后将还原剂次亚磷酸钠加入其中，混合均匀。镀液配制完成。在镀液配制过程中要注意几个问题：（1）镀液的混合顺序，切记不能将硫酸镍和次亚磷酸钠直接混合，这样镍盐和还原剂将直接反应，所以一定要在加入络合剂之后再加入还原剂。（2）要保证镀液纯净，用去离子水配制镀液，避免杂质的引入。任何杂质的引入将会严重影响镀液的稳定性，造成镀液分解，影响施镀过程。

2.2.2　试验过程

试验简单流程如下：砂纸打磨—去离子水水洗—除油—去离子水水洗—除锈—水洗—活化—水洗—化学施镀—水洗—烘干。

配置好镀液并且对试样进行预处理后施镀。施镀过程如下：

（1）用弱碱溶液调节镀液pH值为4.8~5.2，本试验用稀NaOH溶液调节pH值。

（2）将配制好的镀液放入恒温加热磁力搅拌器中加热到85℃。

（3）调节转速为400r/min。

（4）将酸洗活化后的试样放入镀液中，进行施镀。

（5）施镀60min后取样，去离子水水洗，烘干。用脱脂棉包好试样，在密封袋中加入少许硅胶粒后密封，放入干燥器中保存。

试样在施镀过程中有以下几点需注意：

（1）碱洗除油和酸洗活化的时间必须与规定相一致，若时间过长，会引入较大的误差。

（2）处理后的试样不能用手触碰，尽量保持试样表面清洁。

（3）施镀温度必须严格控制在要求温度，镀液加热到指定温度再将试样放入。

（4）试样不可暴露于空气中，以免表面形成氧化膜，导致结合力下降。

2.2.3　结果与讨论

2.2.3.1　Ni-P合金镀层的表面组织形貌

用金相显微镜对不同丁二酸钠含量的镀层表面进行观察，镀层的表面形貌如图2-1所示。从放大500倍的金相组织可以看出，当丁二酸钠的含量较低时，组织不均匀，组织不均匀表现为较多的粗大晶粒。当丁二酸钠含量达到14g/L时，组织有所改善。当含量为18g/L时，组织虽然也有粗大晶粒出现，但是出现较少，且分布比较均匀。继续提高丁二酸钠的含量达到22g/L时，组织出现了严重的问题，晶粒更加粗大。所以，从5组试验可以初步断定，Ni-P镀层的最佳配方中丁二酸钠的含量为14~18g/L。

为了更清楚地观察镀层的表面组织形貌，用SEM对镀层进行观察，如图2-2所示。

从图2-2中也可以看出：当丁二酸钠的浓度在6g/L和10g/L时，镀层连续致密，呈现胞状组织，但是表面不平整；浓度为14g/L时，镀层连续致密，表面较平整，但是胞状组织大小不均匀；当浓度达到18g/L时，镀层连续致密，表面平整，胞状组织尺寸也较小；浓度提高到22 g/L时，镀层质量严重下降，出现

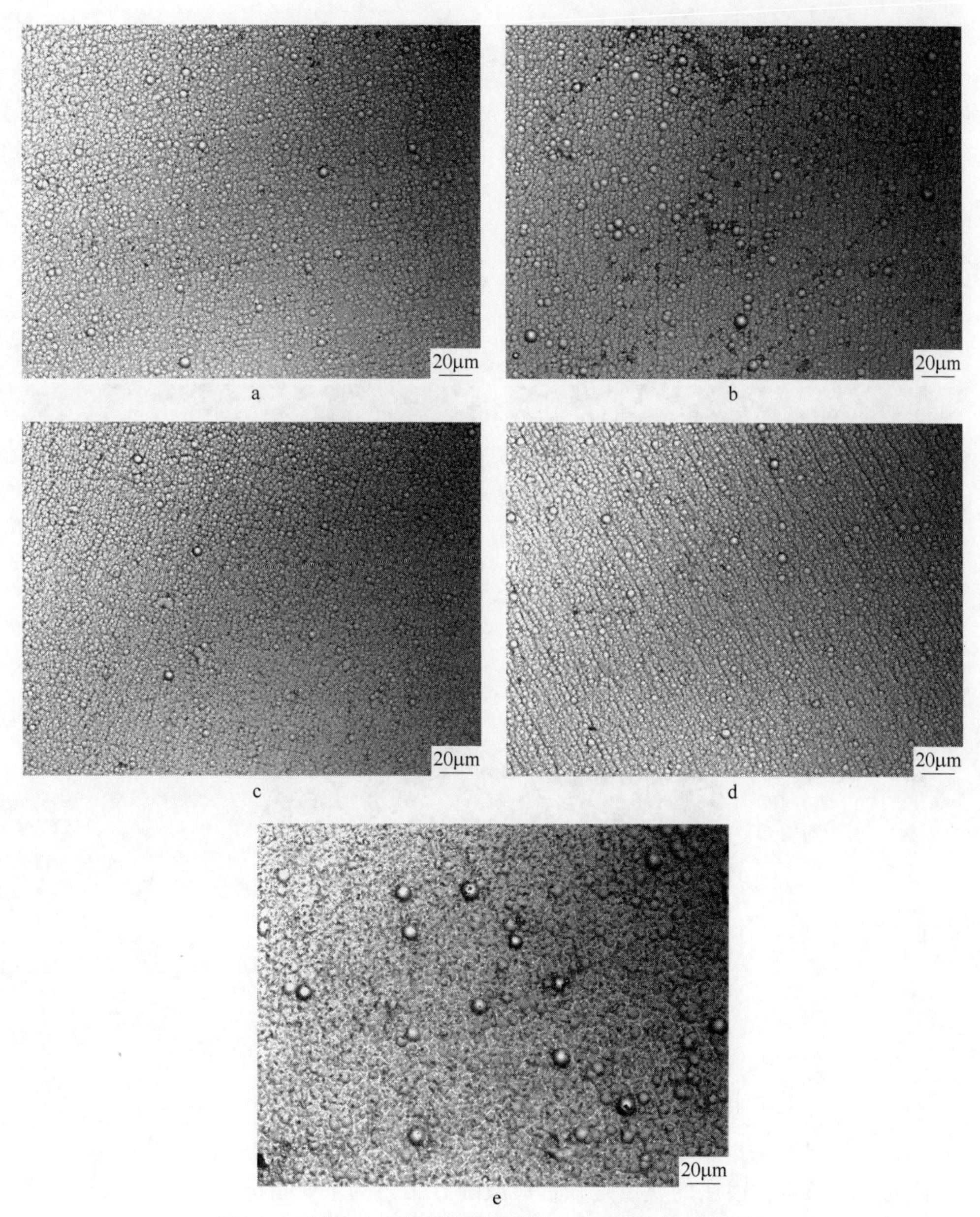

图 2-1 不同丁二酸钠浓度得到的 Ni-P 镀层金相组织图

a—6g/L；b—10g/L；c—14g/L；d—18g/L；e—22g/L

明显的孔洞（如图 2-2e 中箭头所示），说明镀层不致密、孔隙率高。所以丁二酸钠浓度为 18g/L 时，镀层的质量最好。

2.2.3.2 丁二酸钠对镀速的影响

镀层的沉积速率是检验镀液配方好坏的重要指标之一，沉积速率对镀层的质

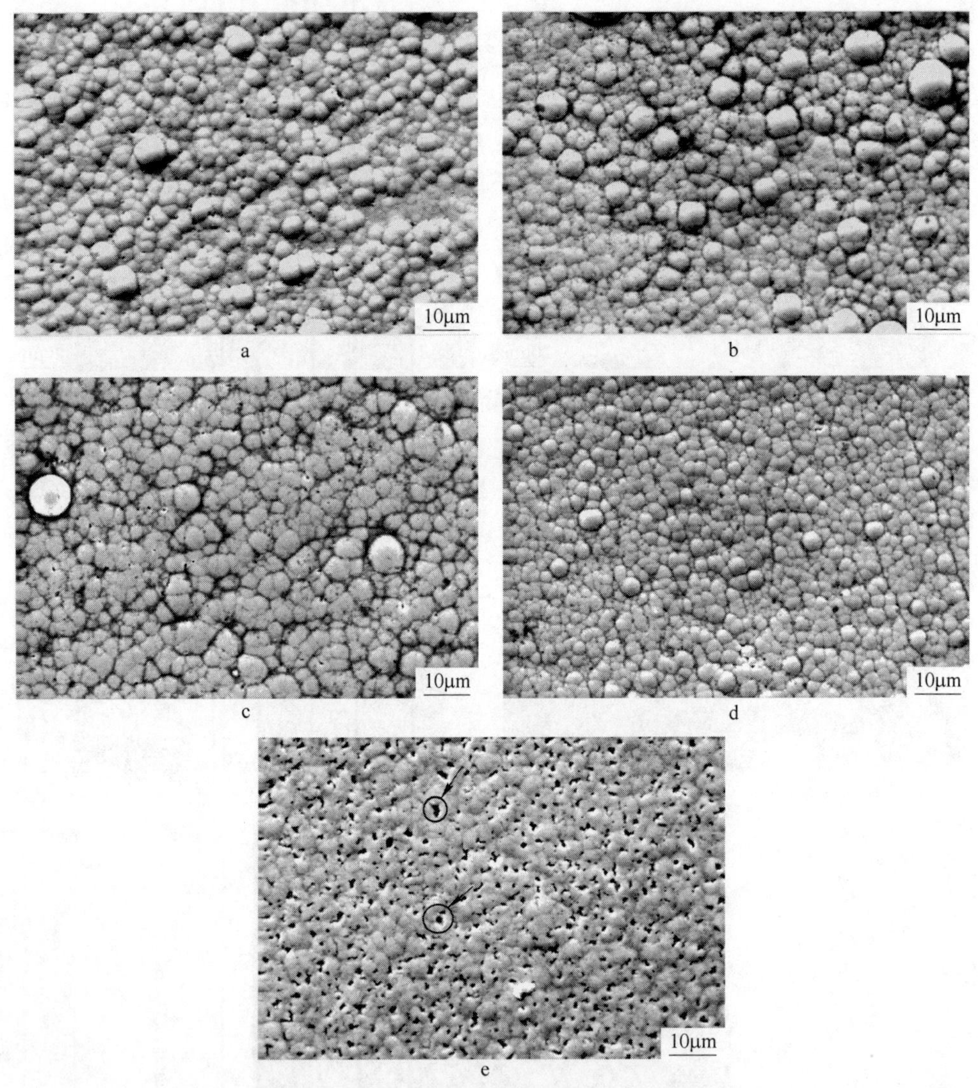

图 2-2　不同丁二酸钠浓度得到镀层的扫描电镜图

a—6g/L；b—10g/L；c—14g/L；d—18g/L；e—22g/L

量有重要的影响，镀层的质量是筛选镀液配方工艺的主要指标。

镀层的沉积速率主要与试验的工艺条件、镀液的成分、镀前预处理工艺等有关。一般镀液的 pH 值、温度越高，镀层的沉积速率也就越来越快，但是如果 pH 值和施镀温度越高，镀液就越容易发生分解。同样，镀前预处理工序中酸洗活化的操作越好，时间控制越好，基体表面的活化点就越多，镀层越容易在基体沉积，因此沉积速率也越快，镀层更加均匀、致密。

由于本试验的工艺条件 pH 值为 5.1，温度 85℃是恒定不变的，并且镀前预处理工艺也是固定不变的，镀液配方中，只改变了丁二酸钠的用量，其他试剂的含量均保持不变，这样就排除了其他因素的影响。因此，沉积速率的快慢主要与镀液配方有关，沉积速率的比较也就是试验镀液配方的比较，也就是镀液中丁二酸钠用量的比较，沉积速率快，可以间接地表明这组试验的镀液配方较好。

本试验采用单位时间内所获得的镀层的厚度来表示镀层的沉积速率，也就是化学镀镀层的镀覆速率（简称镀速）。采用称重法测量 Ni-P 合金镀层的沉积速率 v(μm/h)，计算公式见式（2-1）：

$$v = \frac{m_1 - m_0}{St\rho} \times 10000 \tag{2-1}$$

式中 v——镀层的沉积速率，μm/h；

m_1——施镀后试样质量，g；

m_0——施镀前试样质量，g；

ρ——镀层平均密度，取 7.9g/cm^3；

S——施镀面积，cm^2；

t——施镀时间，h。

根据式（2-1）计算出不同丁二酸钠浓度下的镀层沉积速率，结果见表 2-4。

表 2-4 不同丁二酸钠浓度下的镀层沉积速率

丁二酸钠浓度/g · L^{-1}	m_0/g	m_1/g	S/cm^2	T/h	v/μm · h^{-1}
6	3.427	3.496	10	1	8.734
10	3.736	3.810	10	1	9.367
14	3.488	3.575	10	1	11.013
18	3.563	3.664	10	1	12.785
22	3.446	3.538	10	1	11.646

丁二酸钠浓度对镀层沉积速率（镀速）的影响如图 2-3 所示。镀层的沉积速率的变化规律大致呈抛物线。随着丁二酸钠用量的增加，镀层的沉积速率逐渐增加，当丁二酸钠用量达到 18g/L 时，镀速达到最大值 12.785μm/h。随后，随着丁二酸钠的增加，镀速将降低。由于镀速的快慢反映了配方工艺的好坏，结合镀层的表面形貌和镀层

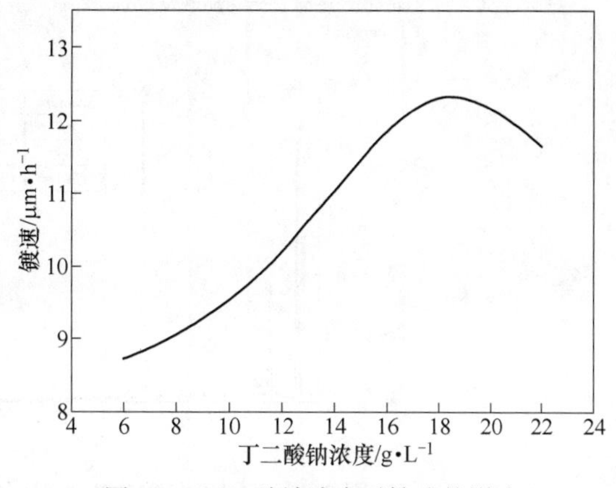

图 2-3 丁二酸钠浓度对镀速的影响

沉积速率分析，镀液配方的较优工艺为硫酸镍 20g/L、次亚磷酸钠 24g/L、苹果酸 16g/L、丁二酸钠 18g/L。

2.2.3.3　丁二酸钠用量对镀层磷含量的影响

镀层中磷的含量取决于镀液的组成及施镀时的工艺参数，在控制其他工艺参数及镀液中其他成分的浓度不变的情况下，改变镀液中缓冲剂丁二酸钠的浓度，镀层中磷含量会发生变化。采用能谱仪对镀层进行成分分析，结果见图 2-4 和表 2-5。表 2-5 为镀层成分及含量。从表 2-5 中可以看出，当丁二酸钠用量达到 14g/L 后，随着丁二酸钠用量的增加，镀层中磷的含量趋于稳定，磷含量稳定在 10.80%~10.90%之间。

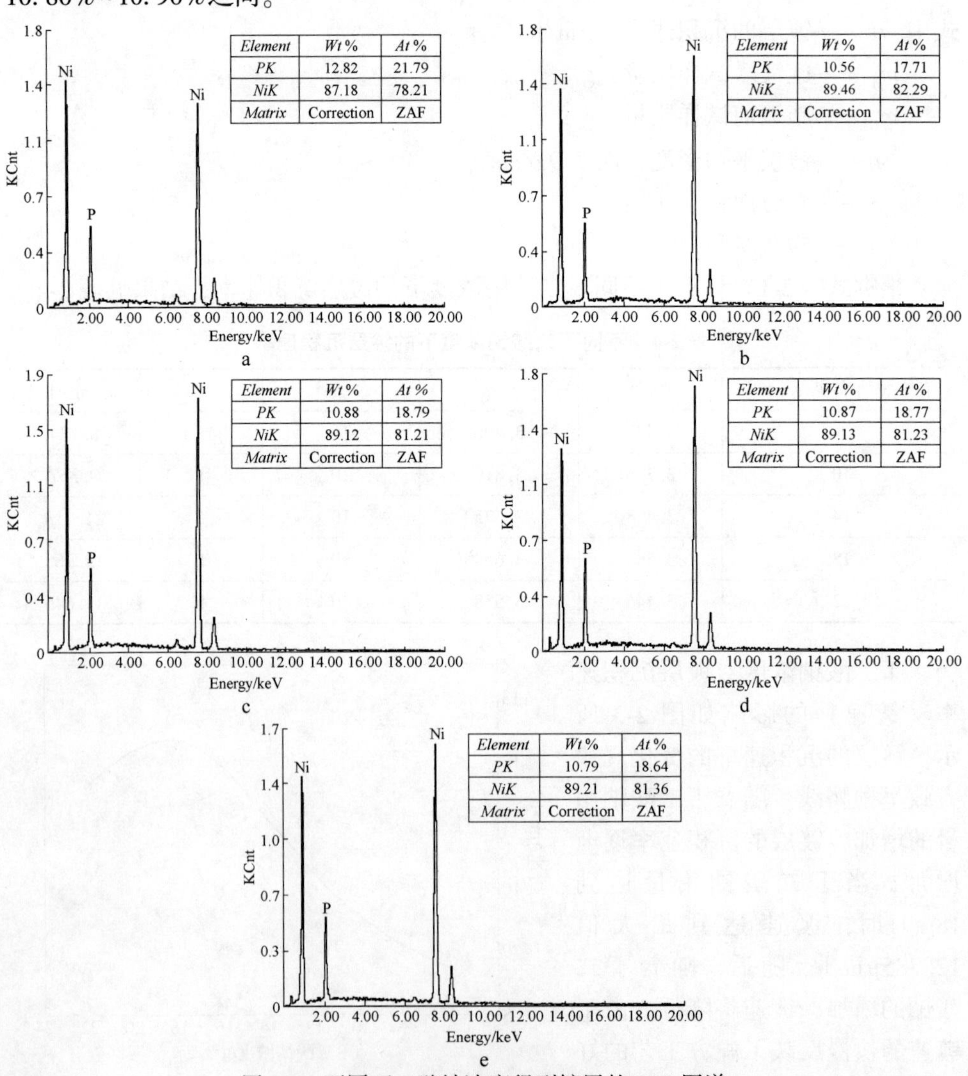

图 2-4　不同丁二酸钠浓度得到镀层的 EDS 图谱

a—6g/L；b—10g/L；c—14g/L；d—18g/L；e—22g/L

表 2-5 不同丁二酸钠浓度得到镀层表面成分及其含量

丁二酸钠浓度/$g \cdot L^{-1}$	$w(P)/\%$	$w(Ni)/\%$
6	12.82	87.18
10	10.56	89.46
14	10.88	89.12
18	10.87	89.13
22	10.79	89.21

丁二酸钠用量对镀层中磷含量影响的变化趋势如图 2-5 所示。从图 2-5 中可以看出，随着丁二酸钠用量的增加，镀层中的磷含量呈现下降的趋势。当丁二酸钠浓度从 6g/L 增加到 10g/L 时，镀层中的磷含量迅速下降；当丁二酸钠浓度达到 14g/L 以后，镀层中的磷含量趋于稳定。

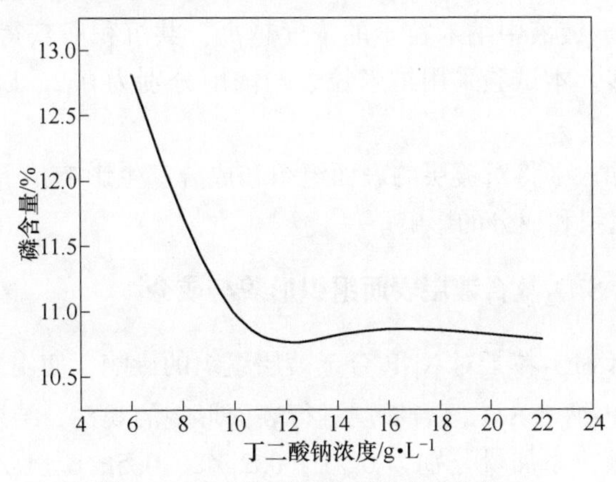

图 2-5 丁二酸钠浓度对磷含量的影响

2.2.3.4 小结

本次试验在其他试验参数不变的前提下，通过改变缓冲剂丁二酸钠的用量，探究丁二酸钠对 Ni-P 镀层组织形貌和成分的影响，得到如下结论：

（1）当丁二酸钠的浓度在 6g/L 和 10g/L 时，镀层连续致密，呈现胞状组织，但是表面不平整；浓度为 14g/L 时，镀层连续致密、表面较平整，但是胞状组织大小不均匀；当浓度达到 18g/L 时，镀层连续致密、表面平整、胞状组织尺寸也较小；浓度提高到 22g/L 时，镀层不致密、孔隙率高。丁二酸钠浓度为 18g/L 时，镀层的质量最好。

（2）随着丁二酸钠浓度的增加，镀速变化规律大致呈抛物线。当丁二酸钠浓度达到 18g/L 时，镀速达到最大值 12.785μm/h。

（3）随着丁二酸钠浓度的增加，镀层磷含量迅速降低，直到丁二酸钠浓度达到 14g/L 时，随着丁二酸钠浓度的增加，镀层中的磷含量趋于稳定，磷含量稳定在 10.80%~10.90%之间。

(4) 结合镀层的表面形貌、镀层沉积速率和镀层磷含量的分析，较优镀液配方为硫酸镍 20g/L、次亚磷酸钠 24g/L、苹果酸 16g/L、丁二酸钠 18g/L。

2.3 纳米 SiO_2 对 Ni-P 合金镀层组织和成分的影响

SiO_2 是一种耐磨、耐高温并且高强度的材料，其硬度值可以达到很大的数值。所以，在镀液中添加纳米 SiO_2 可以使镀层的硬度提高，从而提高镀层的耐磨性。本研究选取纳米 SiO_2 为第二相粒子加入镀液中制备纳米化学复合镀层，为了得到质量高的纳米化学复合镀层，就要使纳米颗粒在镀液中呈单分散态[9]。

本试验将纳米 SiO_2 机械搅拌 6~8h，然后再将纳米 SiO_2 按照浓度比例加入配制好的镀液中，最后将混合好的镀液超声分散 30min，使纳米颗粒在镀液中均匀分布。在施镀过程中，为了避免纳米粒子的团聚，采用机械搅拌，转速为 400r/min。一般情况下，镀液中纳米粒子的浓度越高，共沉积所获得的镀层中的纳米粒子的量也就越多。本试验采用纳米粒子的浓度分别为 0.2g/L、0.5g/L、1g/L、2g/L、4g/L。

纳米粒子的加入必将对镀层的表面组织和成分产生影响，下面主要研究纳米 SiO_2 对合金镀层组织和成分的影响。

2.3.1 Ni-P-纳米 SiO_2 复合镀层表面组织形貌与成分

为了研究纳米 SiO_2 粒子对 Ni-P 合金镀层组织的影响，使用蔡司显微镜对 Ni-P 合金镀层和 Ni-P-纳米 SiO_2 复合镀层进行表面形貌的观察，结果如图 2-6 所示。

镀液中纳米颗粒添加量分别为 0g/L、0.2g/L、0.5g/L、1g/L、2g/L、4g/L。从图 2-6 中可以看出，基体完全被镀层覆盖，没有发现漏镀等明显缺陷存在，镀层表面连续致密，由胞状组织构成。对比不同纳米颗粒含量的复合镀层形貌可以发现，Ni-P 镀层的胞状组织之间有缝隙、组织疏松、胞状组织尺寸较大；在镀液中添加纳米粒子后，镀层的表面组织发生了明显的变化，添加纳米颗粒后所制备的复合镀层变得平整、致密。

为了更加清晰地观察复合镀层的形貌，对镀液中添加不同量纳米粒子制得的 Ni-P-纳米 SiO_2 复合镀层用 SEM 进行形貌分析，如图 2-7 所示。

镀液中纳米颗粒添加量分别为 0g/L、0.2g/L、0.5g/L、1g/L、2g/L、4g/L。对比不同纳米颗粒含量的复合镀层形貌可以发现，Ni-P 镀层的胞状组织之间有缝隙、组织疏松，而复合镀层表面胞状大小均匀且排列更加紧凑，镀层更为平整、致密。这是因为在一定范围内，纳米颗粒的浓度越高，弥散分布在镀层中的纳米颗粒也越多，镀层在沉积过程中的形核点增加，提高了镀层的形核率，从而在一定程度上细化了晶粒[15]。

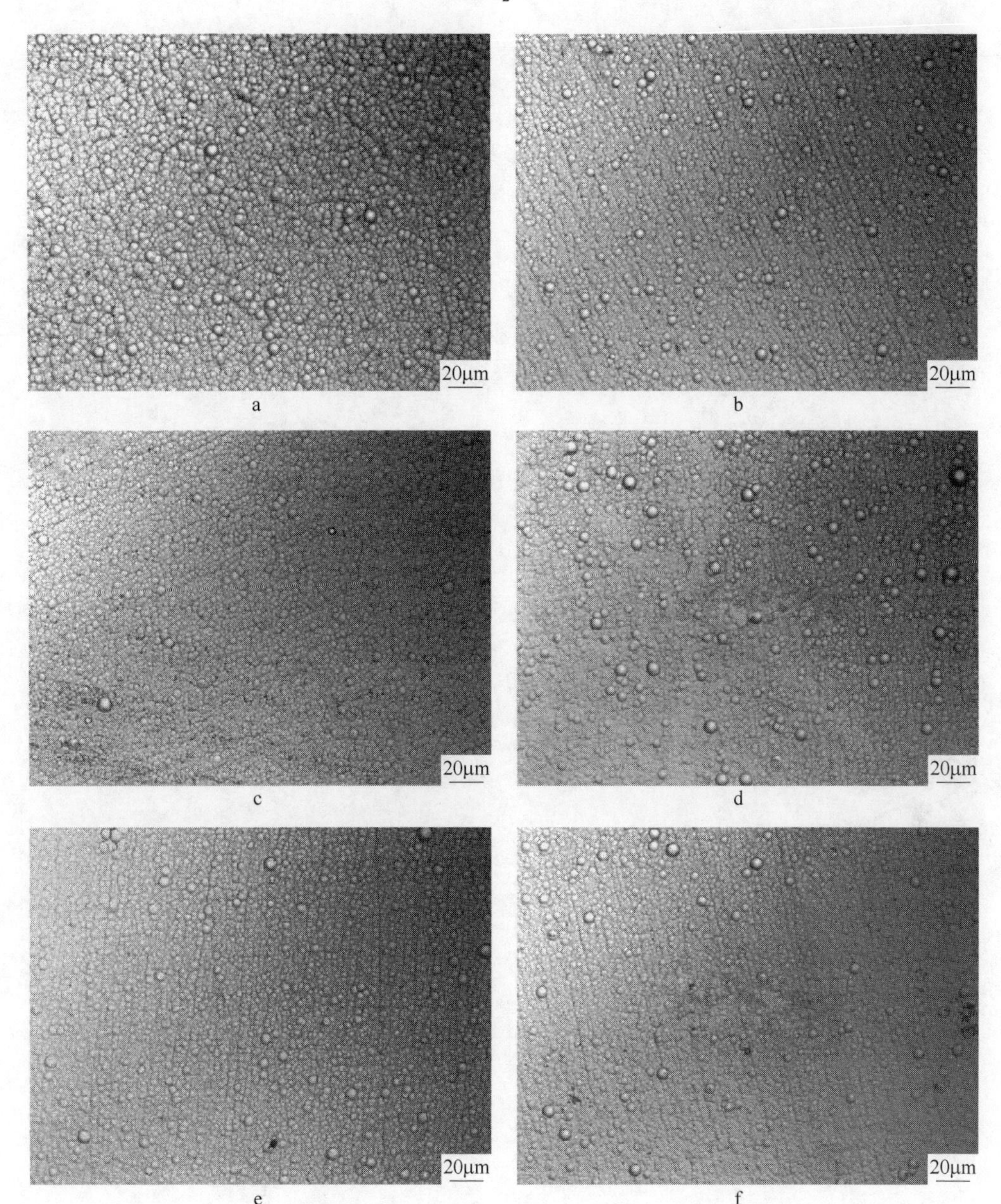

图 2-6 添加不同量纳米 SiO_2得到的 Ni-P-纳米 SiO_2复合镀层表面金相图

a—0g/L；b—0.2g/L；c—0.5g/L；d—1g/L；e—2g/L；f—4g/L

添加纳米粒子 SiO_2后用 EDS 对镀层表面成分进行分析，结果见图 2-8 和表 2-6。

镀层表面各元素的含量见表 2-6。在施镀后试样的保存过程中，试样表面可能会发生轻微的氧化，表面会出现氧元素。由于纳米粒子可能不是均匀地分布在试样表面，当纳米粒子含量非常低时，扫描电镜所取的点可能没有 Si 元素出现，

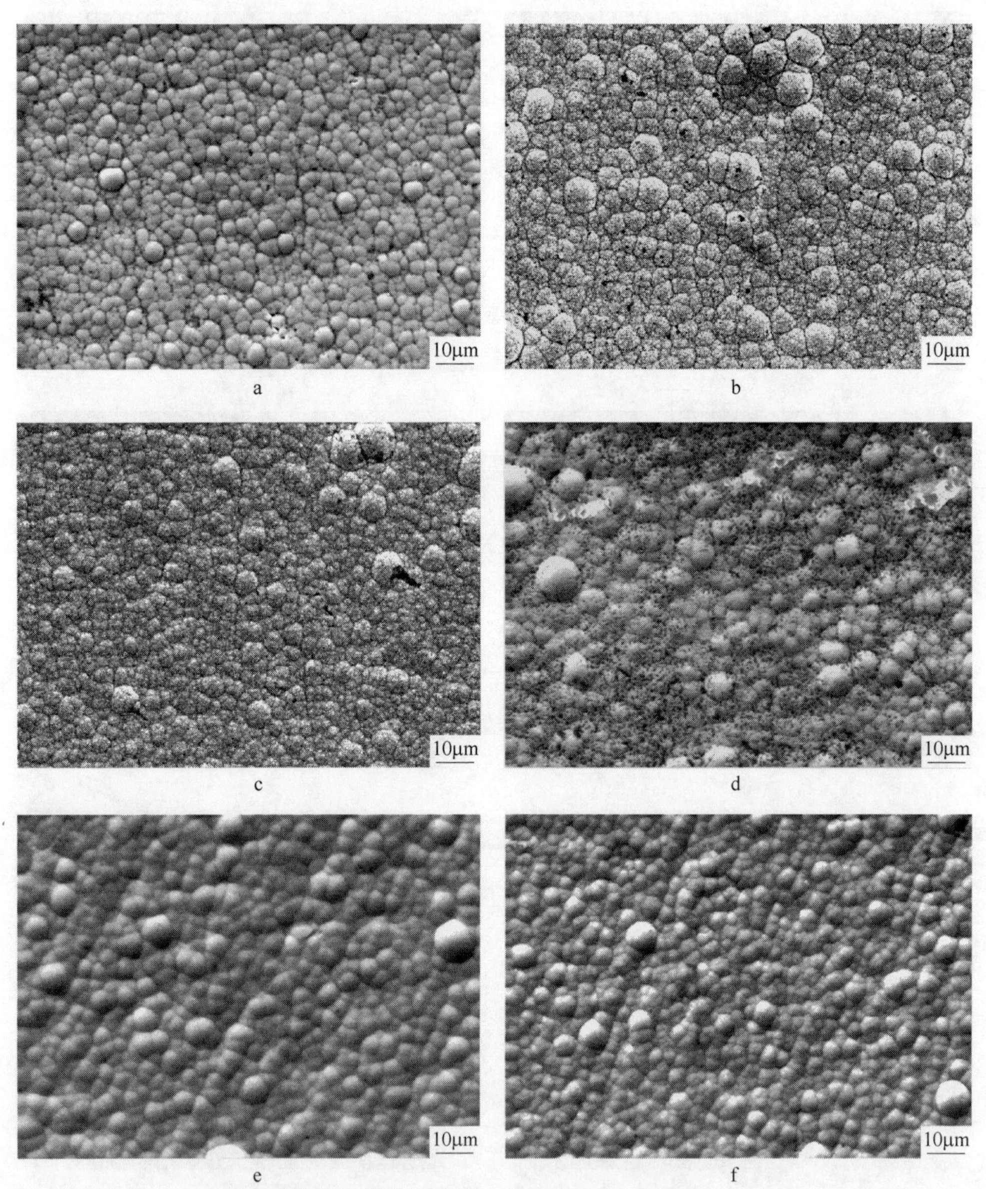

图 2-7　添加不同量纳米 SiO_2 得到的 Ni-P-纳米 SiO_2 复合镀层表面 SEM 图

a—0g/L；b—0.2g/L；c—0.5g/L；d—1g/L；e—2g/L；f—4g/L

只出现 Ni 和 P 元素；本次试验中只在纳米粒子浓度为 0.5g/L 和 1g/L 的镀层表面检测到了 Si 元素。在纳米粒子浓度 0.2g/L 时没有检测到 Si 元素，可能由于纳米粒子含量太低 EDS 无法检测到；而在纳米粒子浓度为 2g/L 和 4g/L 时没有检测到 Si 元素，可能由于在施镀后期，镀速变慢，纳米 SiO_2 发生沉降，导致施镀后期镀层表面沉积的纳米粒子非常少而无法检测到。

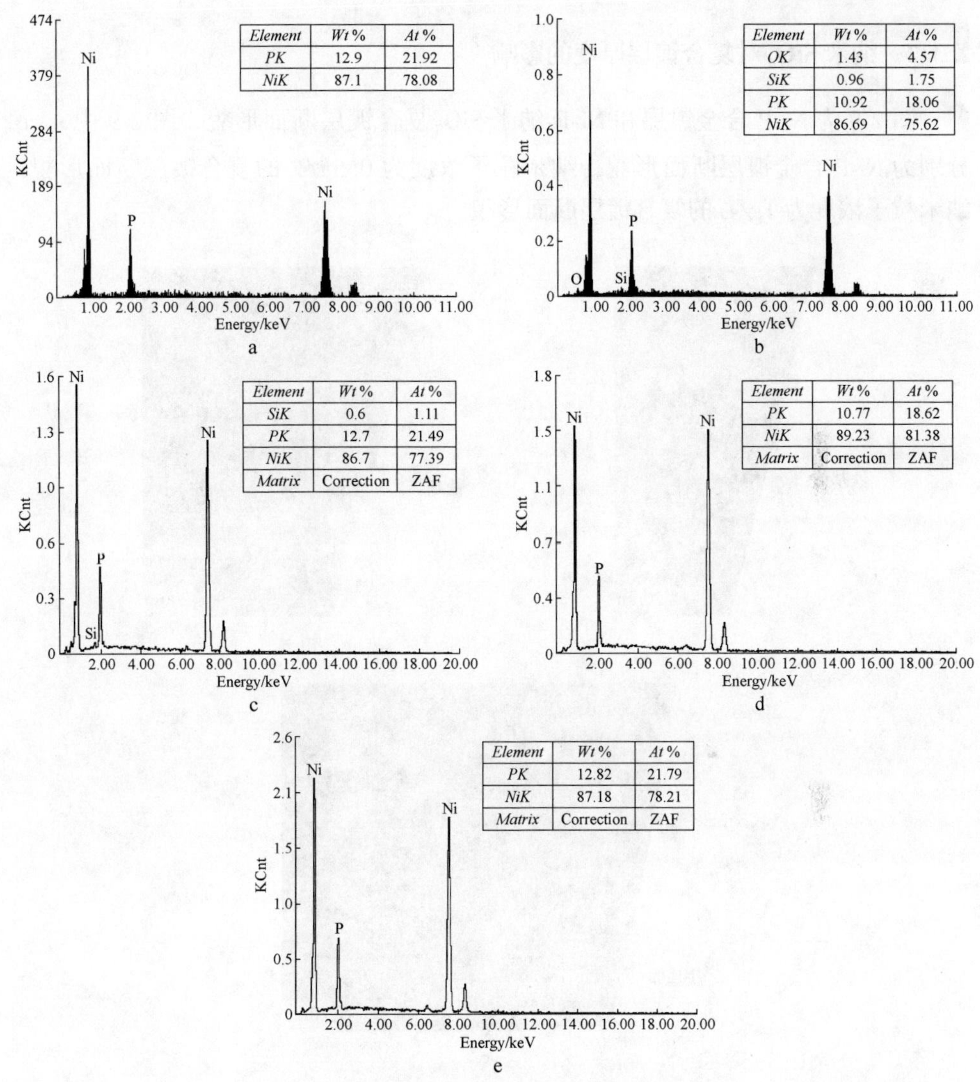

图2-8 添加不同量纳米SiO_2得到的Ni-P-纳米SiO_2镀层EDS图

a—0.2g/L；b—0.5g/L；c—1g/L；d—2g/L；e—4g/L

表2-6 Ni-P-纳米SiO_2镀层表面各元素的含量

纳米SiO_2浓度/$g \cdot L^{-1}$	w（O）/%	w（Si）/%	w（Ni）/%	w（P）/%
0.2	—	—	87.10	12.90
0.5	1.43	0.96	86.69	10.92
1	—	0.60	86.70	12.70
2	—	—	89.23	10.77
4	—	—	87.18	12.82

2.3.2　纳米 SiO_2 对复合镀层厚度的影响

图 2-9 为 Ni-P 合金镀层和 Ni-P-纳米 SiO_2 复合镀层断面形貌。图 2-9 中 a～c 分别为 Ni-P 合金镀层断面形貌，纳米粒子浓度为 0.5g/L 的复合镀层断面形貌，纳米粒子浓度为 1g/L 的复合镀层断面形貌。

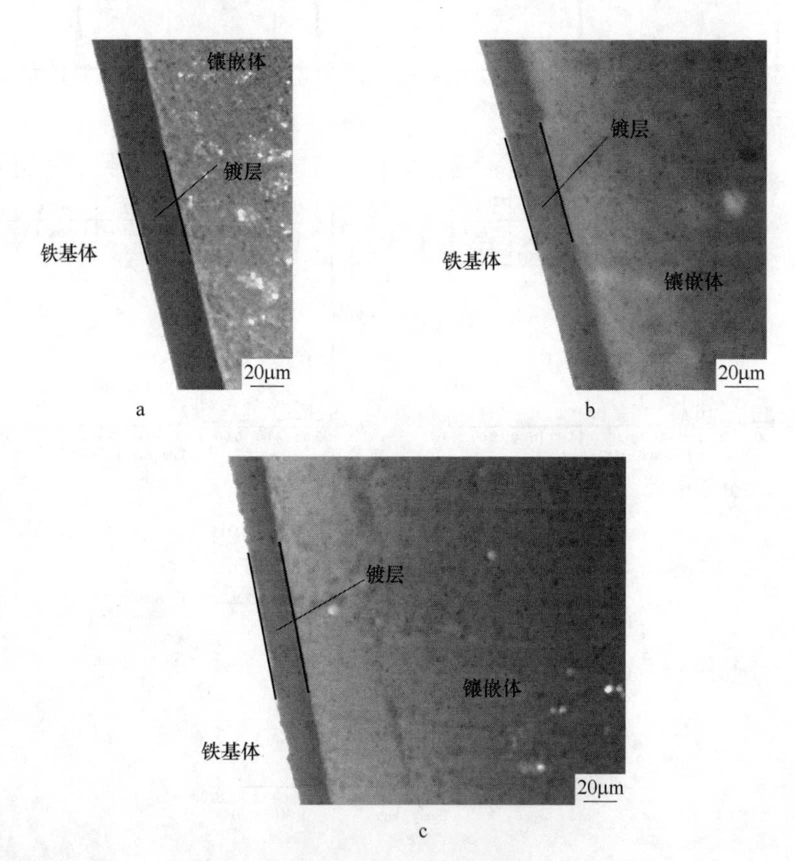

图 2-9　镀层的断面形貌
a—Ni-P 合金镀层；b—纳米 SiO_2 浓度为 0.5g/L；
c—纳米 SiO_2 浓度为 1g/L

从图 2-9 中可以看出，三种镀层比较均匀致密，且与基体结合紧密，镀层厚度均匀，没有局部断裂和不连续现象等明显缺陷。通过对镀层厚度的观察，可得出，Ni-P 合金镀层的厚度最大，厚度约有 20μm，添加纳米粒子后，镀层厚度明显下降，当纳米粒子浓度为 0.5g/L 时，镀层的厚度约为 18μm，纳米粒子浓度为 1g/L 时，镀层厚度约为 15μm。可以得出，在一定纳米粒子浓度范围内，随着纳米粒子浓度的增加，镀层厚度逐渐减小。

2.3.3 小结

通过在镀液最佳配方工艺下添加不同浓度的纳米 SiO_2 粒子，用扫描电镜对镀层的表面形貌进行观察分析，探究纳米 SiO_2 粒子对 Ni-P 合金镀层组织的影响；用蔡司显微镜对镀层的断面形貌进行观察分析，采用 EDS 检测镀层表面成分。得到以下结论：

（1）镀液中纳米 SiO_2 添加量分别为 0g/L、0.2g/L、0.5g/L、1g/L、2g/L、4g/L 时，随着纳米粒子添加量的增加，复合镀层表面胞状组织大小越来越均匀，且排列更加紧凑，镀层更为平整、致密。

（2）只在纳米粒子浓度为 0.5g/L 和 1g/L 的镀层表面检测到了 Si 元素。在纳米粒子浓度 0.2g/L 时没有检测到 Si 元素，可能由于纳米粒子含量太低 EDS 无法检测到；而在纳米粒子浓度为 2g/L 和 4g/L 时没有检测到 Si 元素，可能由于在施镀后期，镀速变慢，纳米 SiO_2 发生沉降，导致施镀后期镀层表面沉积的纳米粒子非常少而无法检测到。

（3）Ni-P 合金镀层的厚度最大，厚度约 20μm，添加纳米粒子后，复合镀层厚度明显下降，当纳米粒子浓度为 0.5g/L 时，镀层的厚度约为 18μm，当纳米粒子浓度为 1g/L 时，镀层厚度约为 15μm。在一定纳米粒子浓度范围内，随着纳米粒子浓度的增加，镀层厚度逐渐减小。

2.4 纳米 SiO_2 对 Ni-P 合金镀层性能的影响

纳米粒子的加入改变了镀层的组织结构，会对镀层的耐蚀性产生影响。有学者认为随着纳米粒子的加入，纳米粒子会增加镀层中的缺陷，可能是由于纳米粒子可能沉积在镍、磷胞状体之间，增大了镀层的孔隙率，使镀层的致密度下降，这样腐蚀液就可以通过空隙进入基体，就会加速镀层和基体的腐蚀，腐蚀速率会提高。也有学者研究表明，纳米 SiO_2 的加入不但没有降低镀层的耐蚀性能，反而使其耐蚀性能有所提高[11,16]。原因是纳米粒子的加入使镀层的表面组织发生了明显的变化，添加纳米颗粒后所制备的复合镀层，变得平整、致密，晶胞细小，镀层致密度好，腐蚀液介质穿过镀层的可能性变小，使镀层的缺陷明显下降，提高了镀层的耐蚀性。

用挂片全浸试验方法对镀层进行腐蚀，探究添加纳米 SiO_2 对 Ni-P 合金镀层耐腐蚀性能的影响。镀层腐蚀之后质量发生变化，是探究腐蚀最基础的分析方法。所以，通过测量镀层质量的减少，可以对镀层的耐蚀性进行探究。

采用 HV-1000Z 型维式硬度计对 Ni-P 合金镀层和 Ni-P-纳米 SiO_2 复合镀层的硬度进行测量，比较添加纳米粒子后镀层硬度的变化，研究纳米 SiO_2 粒子对 Ni-P 合金镀层硬度的影响。

2.4.1　Ni-P-纳米 SiO_2 复合镀层的硬度

为了研究纳米 SiO_2 粒子对 Ni-P 合金镀层硬度的影响，使用 HV-1000Z 型显微硬度计对 Ni-P 合金镀层和 Ni-P-纳米 SiO_2 复合镀层进行硬度分析，见表 2-7。硬度的变化趋势如图 2-10 所示。

表 2-7　不同纳米 SiO_2 浓度镀层的 HV 硬度值

纳米粒子浓度/$g \cdot L^{-1}$	硬度值 1	硬度值 2	硬度值 3	平均硬度值
0	345.6	337.5	346.8	343.3
0.2	345.6	346.4	348.6	346.9
0.5	365.6	356.4	358.6	360.2
1	395.6	386.4	388.6	390.2
2	415.6	406.4	408.6	410.2
4	430.6	424.4	418.2	424.4

表 2-7 为不同纳米 SiO_2 添加量镀层硬度值。经过硬度测试，Ni-P 合金镀层的硬度为 343.3HV，当添加纳米粒子浓度为 4g/L 时，硬度值到达 424.4HV，硬度值提高了 23.6%，Ni-P-纳米 SiO_2 复合镀层的硬度值大大提高。从表 2-7 和图 2-10 中可以看出，Ni-P 合金镀层硬度最小，且随着镀液中纳米 SiO_2 浓度增加，Ni-P-纳米 SiO_2 复合镀层的硬度呈现逐渐上升的趋势。这是由于纳米 SiO_2 的加入，使得镀层的胞状体尺寸减小，镀层组织均匀，并且纳米 SiO_2 粒子本身是硬质性粒子，所以纳米 SiO_2 粒子的加入，使合金镀层的硬度提高。通常认为材料的硬度是影响耐磨性的主要因素，一般认为，材料的硬度越高，耐磨性也就越好，所以，添加纳米 SiO_2 粒子的 Ni-P-纳米 SiO_2 复合镀层的耐磨性也将提高，减少工件在工作环境中的磨损，Ni-P-纳米 SiO_2 复合镀层的硬度和耐磨性的提高，增大了工件的承载能力，减少磨损损坏，对基体的保护作用更加显著，提高了基体的使用寿命。

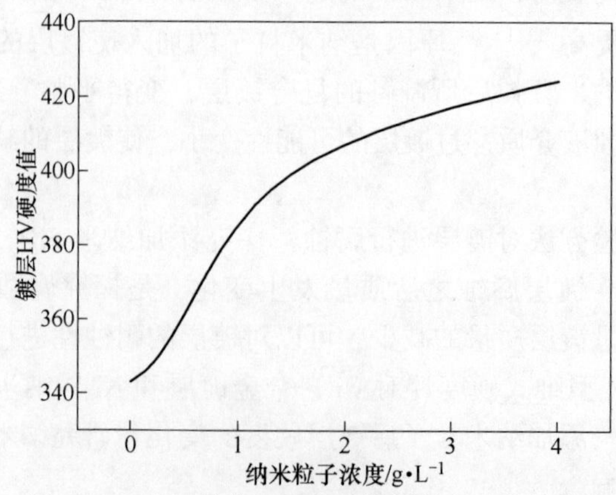

图 2-10　Ni-P-纳米 SiO_2 复合镀层的硬度变化趋势

2.4.2 Ni-P-纳米 SiO_2复合镀层耐蚀性的研究

2.4.2.1 镀层在 10% H_2SO_4溶液中耐蚀性的研究

为了探究纳米 SiO_2对 Ni-P 合金镀层耐蚀性的影响，本试验采用全浸的方法对镀层进行腐蚀。根据国标 GB/T 5776—2005，采用失重法对腐蚀速率进行分析，探究复合镀层的耐蚀性，计算公式见式（2-2）：

$$v = \frac{M_0 - M_1}{ST} \tag{2-2}$$

式中 M_0——试样初始质量，g；

M_1—— 试样腐蚀后的质量，g；

S——试样的面积，cm^2；

T——试验时间，h。

失重法只能计算镀层的平均腐蚀速率，而无法计算瞬时腐蚀速率。腐蚀进行的速度越小，耐蚀性能也就越好[16]。将镀后试样浸入 10%H_2SO_4溶液中，腐蚀 9h，取出后，计算不同镀层的失重及腐蚀速率。表 2-8 为不同纳米 SiO_2添加量镀层在 10%H_2SO_4 溶液中的腐蚀参数。

表 2-8 不同纳米 SiO_2添加量镀层在 10% H_2SO_4溶液中腐蚀参数

纳米 SiO_2浓度/$g \cdot L^{-1}$	原始质量/g	腐蚀后质量/g	失重量/g	腐蚀速率/$g \cdot (h \cdot cm^2)^{-1}$
0	3.816	3.797	0.019	21.11×10^{-5}
0.2	3.928	3.922	0.006	6.67×10^{-5}
0.5	3.971	3.970	0.001	1.11×10^{-5}
1	3.555	3.551	0.004	4.44×10^{-5}
2	3.677	3.674	0.003	3.33×10^{-5}
4	3.620	3.616	0.004	4.44×10^{-5}

从表 2-8 中可以看出，在相同的腐蚀条件下，不添加纳米粒子的 Ni-P 合金镀层失重最多、腐蚀速率最大，随着纳米粒子的加入，镀层的腐蚀速率下降，变化趋势如图 2-11 所示。Ni-P 合金镀层的腐蚀速率为 $21.11\times10^{-5}g/(h \cdot cm^2)$，随着纳米粒子的加入，腐蚀速率下降。当纳米粒子浓度为 0.5g/L 时，Ni-P-纳米 SiO_2复合镀层的平均腐蚀速率仅为 $1.11\times10^{-5}g/(h \cdot cm^2)$，是不添加纳米粒子 Ni-P 镀层腐蚀速率的 1/20。腐蚀前后，Ni-P-纳米 SiO_2（0.5g/L）复合镀层的质量基本不变。虽然，随着纳米粒子浓度的增加，腐蚀速率稍有提高，但是，Ni-P-纳米 SiO_2复合镀层的腐蚀速率远小于 Ni-P 合金镀层的腐蚀速率。由此可得，Ni-P-SiO_2纳米复合镀层的腐蚀速率比 Ni-P 合金镀层的腐蚀速率要小得多。

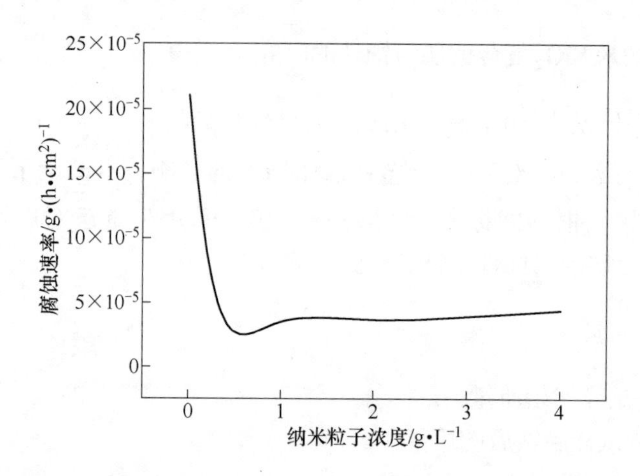

图 2-11　镀层在 10% H_2SO_4 溶液中的腐蚀速率变化趋势

用金相显微镜对在 10% H_2SO_4 溶液中腐蚀后的 Ni-P 合金镀层和 Ni-P-纳米 SiO_2 复合镀层进行观察，如图 2-12 所示。

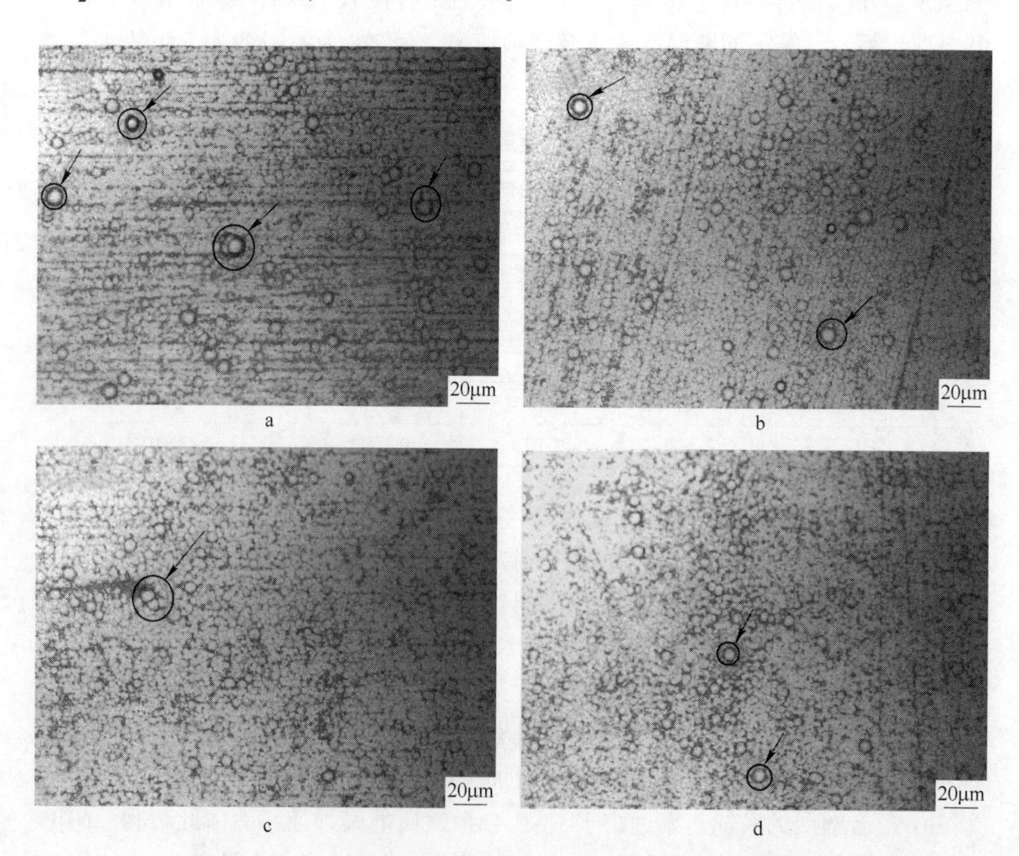

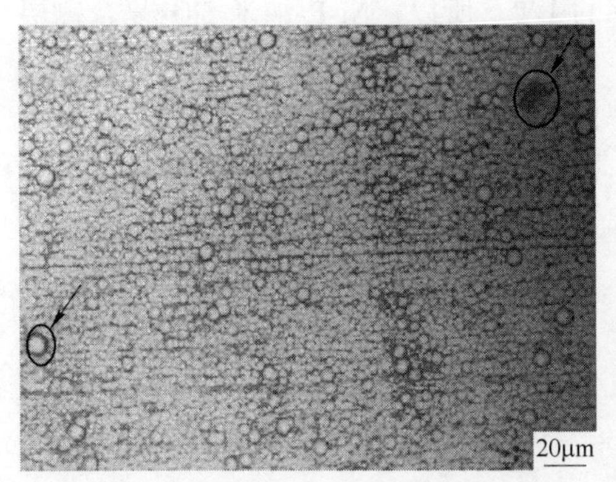

e

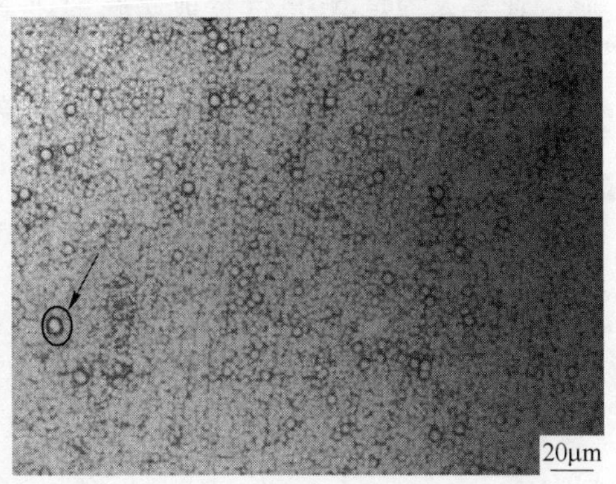

f

图2-12 不同纳米SiO_2添加量镀层在10% H_2SO_4溶液中腐蚀后金相组织图

a—Ni-P合金镀层；b—0.2g/L纳米SiO_2；c—0.5g/L纳米SiO_2；
d—1g/L纳米SiO_2；e—2g/L纳米SiO_2；f—4g/L纳米SiO_2

从图2-12中可以看出，所有镀层的胞状组织存在，没有明显的腐蚀现象。但是，Ni-P合金镀层胞状组织周围出现较严重的腐蚀现象（图2-12a中箭头所示）。Ni-P-纳米SiO_2复合镀层也出现了胞状组织周围腐蚀现象（图2-12b~f中箭头所示），但是与Ni-P合金镀层对比，镀层组织较为完好，而且，随着纳米粒子添加量增加，胞状组织周围腐蚀逐渐减轻。由此可以得出，添加纳米粒子可以提高镀层在酸中的耐蚀性，对基体起到了更好的保护作用。

2.4.2.2 镀层在10% NaCl溶液中耐蚀性的研究

采用加速腐蚀方法，在室温下，将试样放入10% NaCl溶液中浸泡5天，计算镀层的失重，计算镀层的腐蚀速率，用金相显微镜对腐蚀后镀层的表面形貌进行观察，分析镀层的耐蚀性。相关腐蚀参数见表2-9。

表2-9 不同纳米SiO_2添加量镀层在10%NaCl溶液中腐蚀参数

纳米SiO_2浓度/$g \cdot L^{-1}$	原始质量/g	腐蚀后质量/g	失重量/g	腐蚀速率/$g \cdot (h \cdot cm^2)^{-1}$
0	3.689	3.675	0.014	1.17×10^{-5}
0.2	3.769	3.757	0.012	1.00×10^{-5}
0.5	3.090	3.083	0.007	0.58×10^{-5}
1	3.603	3.595	0.008	0.67×10^{-5}
2	3.701	3.695	0.006	0.50×10^{-5}
4	3.781	3.774	0.007	0.58×10^{-5}

从表2-9中可以看出，在10%NaCl溶液中浸泡相同的时间Ni-P合金镀层的失重最多、腐蚀速率最大，腐蚀速率达到$1.17 \times 10^{-5} g/(h \cdot cm^2)$。添加纳米粒子浓度为2g/L时的Ni-P-纳米$SiO_2$复合镀层的腐蚀速率仅为$0.50 \times 10^{-5} g/(h \cdot cm^2)$，

腐蚀速率大约是 Ni-P 合金镀层腐蚀速率的 1/2。所以，Ni-P-纳米 SiO_2 复合镀层的耐蚀性比 Ni-P 合金镀层的好。

镀层在 10%NaCl 溶液中的腐蚀速率随纳米粒子浓度的变化如图 2-13 所示。从图中可以看出，随着纳米 SiO_2 浓度的增加，镀层的腐蚀速率整体呈现下降趋势，且当纳米 SiO_2 的浓度达到 1g/L 后，镀层的腐蚀速率基本趋于平稳，稳定在 0.6g/(h · cm^2) 左右。

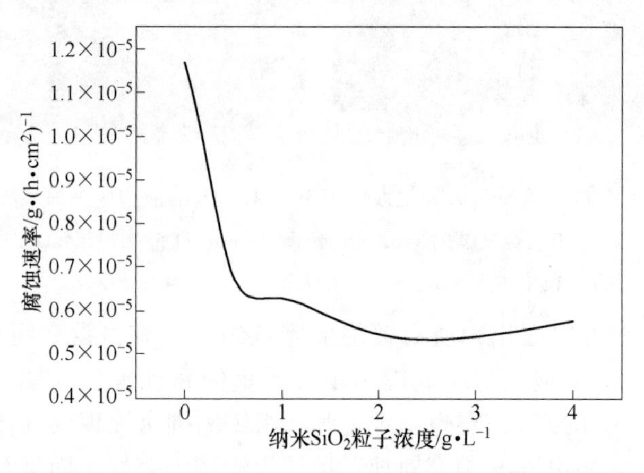

图 2-13　镀层在 10%NaCl 溶液中的腐蚀速率随纳米 SiO_2 粒子浓度的变化

图 2-14 为 Ni-P 合金镀层和 Ni-P-纳米 SiO_2 复合镀层在 10% NaCl 溶液中腐蚀 5 天后的宏观形貌图。

从图 2-14 中可以看出，Ni-P 合金镀层和 Ni-P-纳米 SiO_2 复合镀层均发生不同程度的腐蚀现象。从锈层的颜色和厚度可以看出，Ni-P 合金镀层腐蚀后锈层呈黑色，锈层较厚，说明 Ni-P 合金镀层腐蚀严重。添加纳米粒子后的 Ni-P-SiO_2 纳米复合镀层虽然也发生腐蚀，但是锈层厚度较薄。纳米粒子浓度为 2g/L 时，镀层基本不发生腐蚀，锈斑较少。

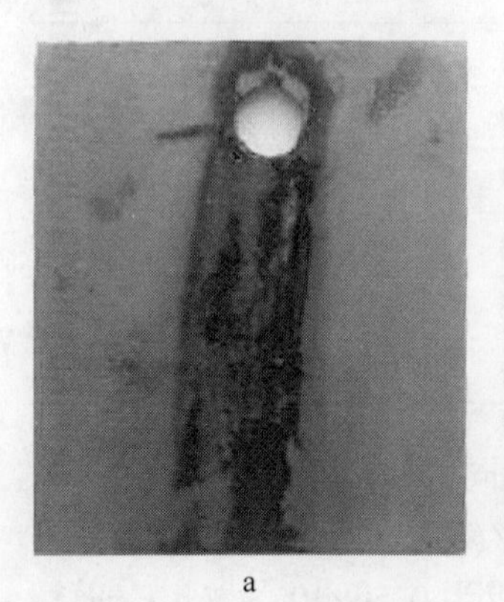
a

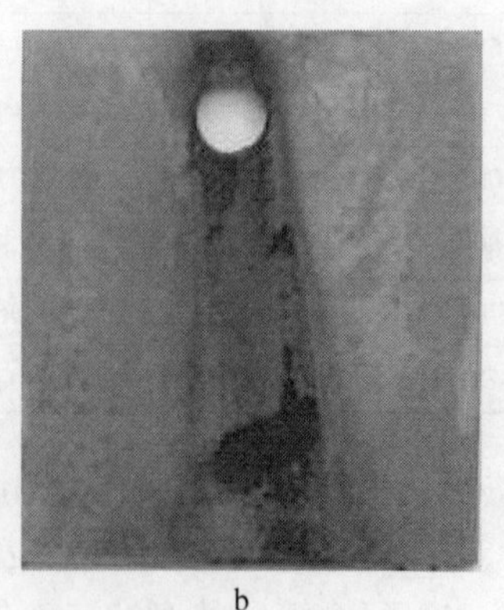
b

c

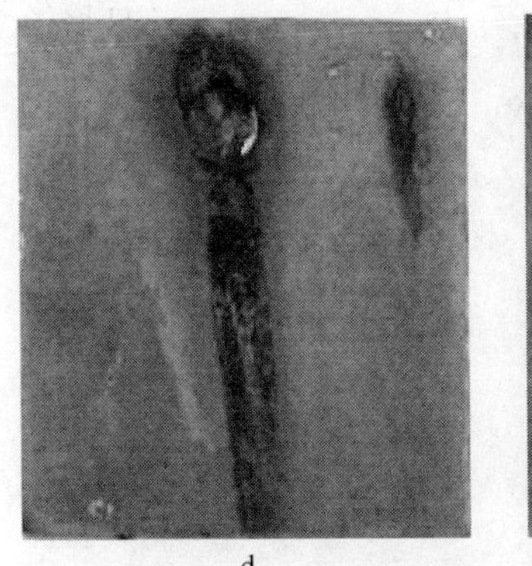
d

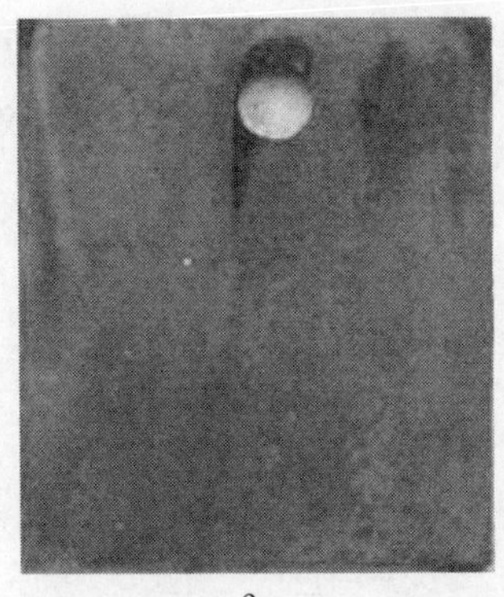
e

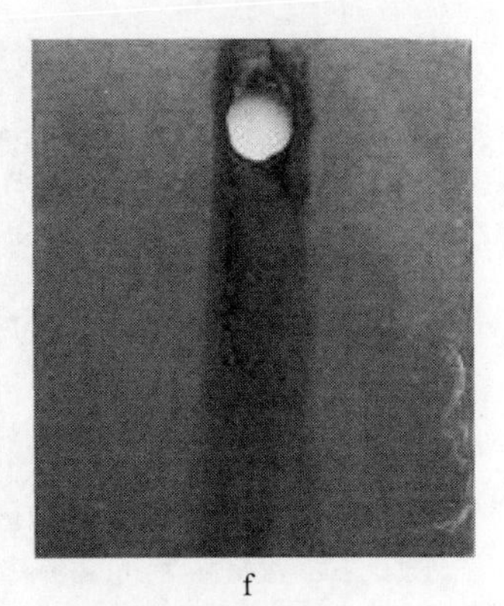
f

图 2-14 不同纳米 SiO_2浓度镀层在 10% NaCl 溶液中腐蚀 5 天后的宏观形貌图

a—Ni-P 合金镀层；b—纳米 SiO_2浓度 0.2g/L；c—纳米 SiO_2浓度 0.5g/L；
d—纳米 SiO_2浓度 1g/L；e—纳米 SiO_2浓度 2g/L；f—纳米 SiO_2浓度 4g/L

为了进一步观察镀层腐蚀后的表面形貌图，用金相显微镜对腐蚀后的镀层进行观察，如图 2-15 所示。

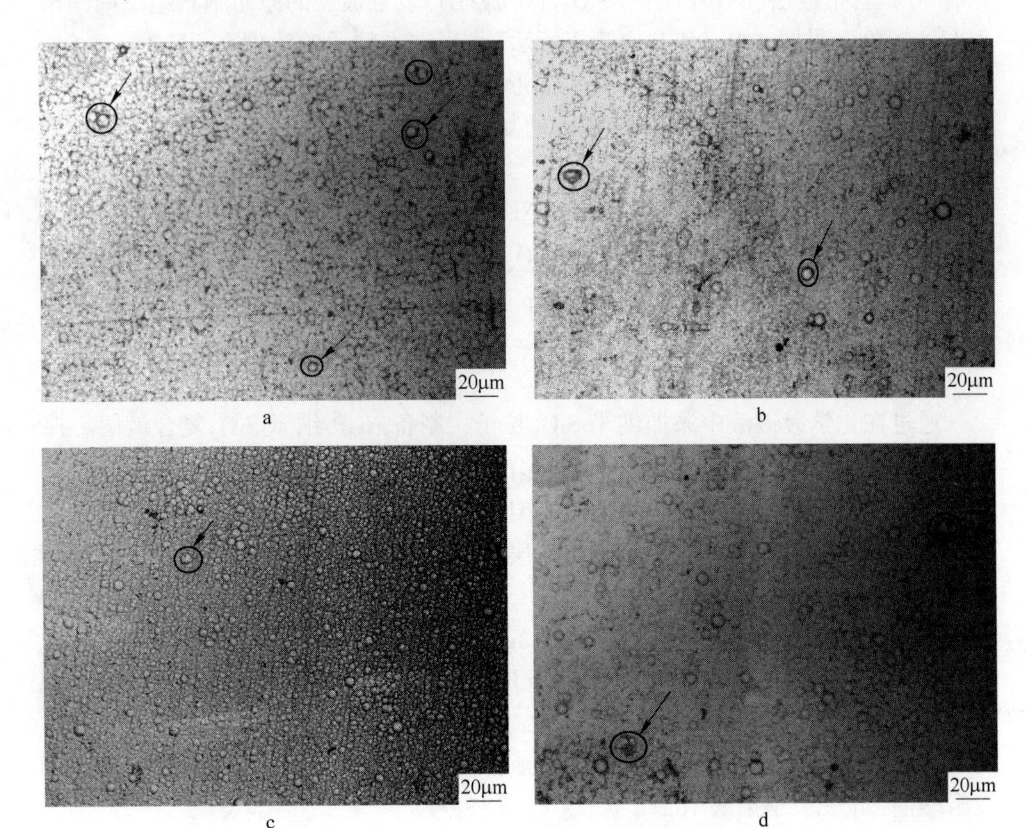

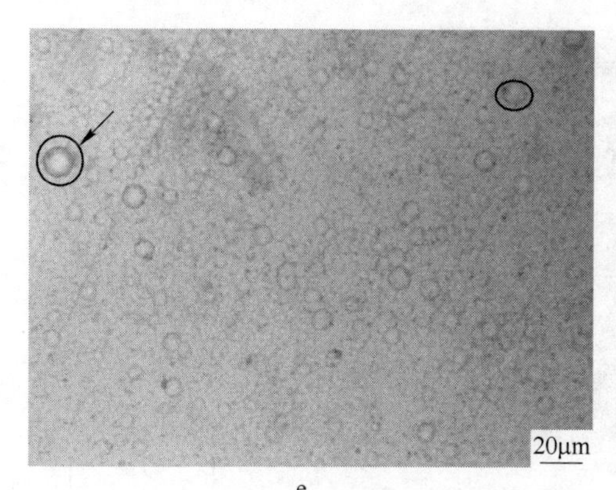

e

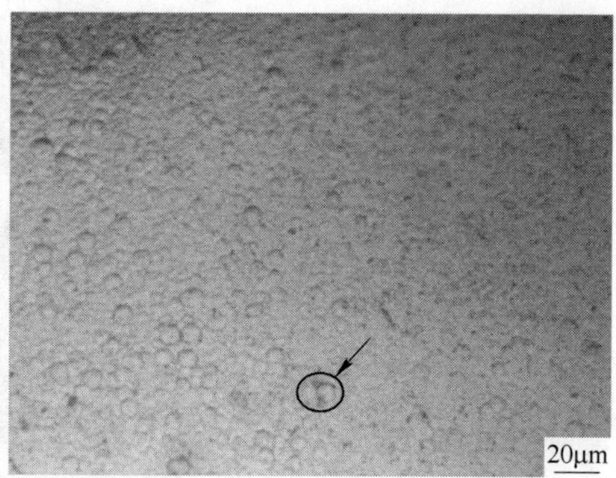

f

图 2-15 不同纳米 SiO_2浓度镀层在 10%NaCl 溶液中腐蚀后表面形貌

a—Ni-P 合金镀层；b—纳米 SiO_2浓度 0.2g/L；c—纳米 SiO_2浓度 0.5g/L；
d—纳米 SiO_2浓度 1g/L；e—纳米 SiO_2浓度 2g/L；f—纳米 SiO_2浓度 4g/L

从图 2-15 中可以看出，所有镀层的胞状组织存在，没有明显的腐蚀现象。只有 Ni-P 合金镀层和 Ni-P-纳米 SiO_2（0.2g/L）复合镀层的原始胞状组织周围出现腐蚀现象（见图 2-15a 和 b 中箭头所示）。当纳米粒子的浓度在 0.5～4g/L 时，腐蚀后镀层的表面形貌与腐蚀前的表面形貌相差不大（见图 2-15c～f 和图 2-6c～f），说明纳米粒子浓度在 0.5g/L 以上的复合镀层在 10% NaCl 溶液中浸泡 5 天基本不发生腐蚀。

通过对 Ni-P-纳米 SiO_2复合镀层和 Ni-P 合金镀层在 10%NaCl 和 10%H_2SO_4溶液中耐蚀性的研究，可以看出，纳米 SiO_2的加入提高了 Ni-P 合金镀层在 Cl^-溶液和酸性环境的耐蚀性。

2.5 总结

通过在化学镀镀液中添加纳米 SiO_2粒子，制备 Ni-P-纳米 SiO_2复合镀层。探究纳米 SiO_2对 Ni-P 合金镀层组织和性能的影响。采用蔡司显微镜和扫描电子显微镜观察镀层的表面和断面组织形貌，用 EDS 分析镀层成分，使用 HV-1000Z 型显微硬度计测试镀层硬度，最后研究镀层在 Cl^-和酸性环境的耐腐蚀性。得到以下结论：

（1）当缓冲剂丁二酸钠浓度达到 18g/L 时，Ni-P 合金镀层连续致密，表面平整，胞状组织尺寸也较小，镀层的质量最好，镀速达到最大值 12.785μm/h。当丁二酸钠用量达到 14g/L 后，随着丁二酸钠用量的增加，镀层中磷含量稳定在 10.80%～10.90%之间。得出 Ni-P 合金镀层镀液的最佳配方为硫酸镍 20g/L、次亚磷酸钠 24g/L、苹果酸 16g/L、丁二酸钠 18g/L。

（2）随着纳米 SiO_2粒子添加量的增加，复合镀层表面胞状组织大小越来越均匀，且排列更加紧凑，粗大胞状体减少，镀层更为平整致密；而且，随着纳米粒子的加入，镀层的厚度减小。

(3) Ni-P 合金镀层的 HV 硬度值最小，仅为 343.3；纳米粒子浓度为 4g/L 的 Ni-P-纳米 SiO_2 复合镀层 HV 硬度达到 424.4，是 Ni-P 合金镀层硬度的 1.25 倍。随着纳米粒子浓度的增加，复合镀层的硬度值逐渐提高。一般认为，硬度越大，耐磨性也越好，所以镀层的耐磨性也有所提高。

(4) 用静态挂片全浸法研究了镀层在 10%NaCl 溶液中和 10%H_2SO_4溶液中的耐蚀性，通过对镀层腐蚀后表面形貌进行观察，添加纳米粒子后的 Ni-P-纳米 SiO_2复合镀层在腐蚀液中腐蚀后的形貌变化不大，只有少量胞状周围发生腐蚀。结果表明，纳米 SiO_2的加入提高了 Ni-P 合金镀层在 Cl^-溶液和酸性环境的耐蚀性，对基体的保护效果更加明显。

参 考 文 献

[1] 许乔瑜，何伟娇．化学镀镍-磷基纳米复合镀层的研究进展［J］．电镀与涂饰，2010，29 (10)：23~26.

[2] Dong D，Chen X H，Xiao W T，et al. Preparation and properties of electroless Ni-P-SiO_2 composite coatings［J］. Applied Surface Science，2009，255 (15)：7051~7055.

[3] Balaraju J N，Kalavati，Rajam K S. Influence of particle size on the microstructure，hardness and corrosion resistance of electroless Ni-P-Al_2O_3 composite coatings［J］. Surface and Coatings Technology，2006，200 (12~13)：3933~3941.

[4] 穆欣，凌国平．钢铁表面纳米 Al_2O_3复合化学镀镍的研究［J］．表面技术，2006，35 (2)：43~45.

[5] 曹茂盛．纳米材料学［M］．哈尔滨：哈尔滨工程大学出版社，2002.

[6] 常京龙，吴庆利．纳米化学复合镀技术概述［J］．电镀与精饰，2013，35 (9)：24~28.

[7] 张凤桥，李兰兰，魏子栋．纳米粒子复合镀的研究现状［C]//全国电子电镀学术研讨会，2004.

[8] Reade G W，Kerr C，Barker B D，et al. The importance of substrate surface condition in controlling the porosity of electroless nickel deposits［J］. Transactions of the Institute of Metal Finishing，1998，76 (4)：149~155.

[9] 黄新民，吴玉程．表面活性剂对复合镀层中 TiO_2纳米颗粒分散性的影响［J］．表面技术，1999 (6)：10~12.

[10] 曹茂盛．纳米材料导论［M］．哈尔滨：哈尔滨工业大学出版社，2001.

[11] 史丽萍，赵世海．Ni-P 基纳米化学复合镀层的研究进展［J］．电镀与精饰，2014，36 (11)：15~19.

[12] 范峥．化学镀镍新配方的开发及其废液的处理与回收再生［D］．西安：西北大

学，2009.

[13] 黎黎．化学复合镀工艺研究［D］．上海：上海交通大学，2007.

[14] 李亚敏，张星，王阿敏，等．ZL102 表面直接化学复合镀 Ni-P-SiC 镀层的结构与性能［J］．兰州理工大学学报，2015，41（1）：7~10.

[15] Ferkel H，Müller B，Riehemann W. Electrodeposition of particle-strengthened nickel films［J］. Materials Science and Engineering A，1997，234~236（97）：474~476.

[16] Li C，Wang Y，Pan Z. Wear resistance enhancement of electroless nanocomposite coatings via incorporation of alumina nanoparticles prepared by milling［J］. Materials and Design，2013，47（9）：443~448.

3 低碳钢表面化学镀 Ni-Zn-P-纳米 SiO_2 复合镀层

随着航空航天、电子、冶金、化工、海洋开发、建筑等领域的进步，对各种设备材料的要求越来越高。常见的单一材料已经很难满足一些特殊的要求，新型材料的发展非常重要。腐蚀、磨损和疲劳破坏是金属及其零部件的三种主要失效形式，这三种失效形式都与材料表面状态密切相关，尤其是腐蚀对金属的危害极大，又因为腐蚀现象涉及的领域很广，所以腐蚀对资源的浪费很大。腐蚀既能导致有害物质的泄漏从而污染环境，又能导致灾难事故的发生，危及人的生命。近年来腐蚀问题已引起重视，防止或减轻腐蚀问题是关系到能源与环保的重大任务，因此研究耐蚀性好的复合材料具有重大的意义[1,2]。

据国外工业发达国家的不完全统计，全世界每年因磨损或腐蚀报废的机械设备价值在成百亿美元以上，约占国民经济总产值的10%[3]；国家科委的调查结果表明，我国每年由于腐蚀或磨损造成的损失均在千亿元以上[4,5]。这些数字是相当惊人的。然而解决这个问题的最经济和最有效的途径之一就是研制和开发各种表面改性处理技术，另外，有时要求材料的表面和内部组织不同，这就需要表面处理。因此，表面处理技术近年来蓬勃发展，各种方法应运而生，包括电镀、化学镀、涂装、热喷涂、热渗镀、气相沉积等[6]，其中化学镀和电镀开发较早并获得广泛应用。

近年来，在普通电镀或化学镀基础上发展起来了一种复合沉积技术，将一种或几种不溶性固体颗粒均匀地夹杂到金属镀层中形成一种特殊镀层，也称为分散镀、镶嵌镀或组合镀等[7]。

纳米材料科学的发展又为复合镀层的发展带来了新的机遇。通过在化学镀液中加入纳米粒子来制备纳米复合镀层，其用途更加多样化，具有良好的应用前景。利用化学复合镀技术将纳米颗粒引入金属镀层中，由于纳米粒子独特的物理及化学性能，使得其形成的纳米化学复合镀层性能更加优异，这是纳米材料技术与化学复合镀技术结合的结果，是化学复合镀技术发展中又一次质的飞跃。尽管纳米复合镀技术的研究起步较晚，但纳米复合镀层所表现出的诸多优异的性能已使其迅速成为复合镀技术发展的热点。纳米颗粒作为第二相粒子对镀层有强化作用，颗粒越细，强化作用越强[8]。但纳米颗粒的分散作为一个技术难点还未得到根本性的解决，因此也就限制了纳米复合镀层诸多性能的提高。其中，如何选择适当的分散剂是关键，但由于国内合成多种官能团的分散剂跟不上时代的步伐，理论研究不够深入，分子设计水平较低，这些因素限制了分散剂的选择，从而阻碍了纳米颗粒分散这一关键技术的发展。因此，纳米颗粒分散的发展方向应是合成性能优异的分散剂，设计高效的分散方法，提高分散后纳米颗粒的稳定性和均匀性[9,10]。

Ni-Zn-P 复合镀层虽然算是相对研究比较多的复合镀层，但是添加纳米 SiO_2 粒子的 Ni-Zn-P 复合镀研究仍然很少，所以目前还仅仅只处于经验配方的初级阶段，而且通过经验配方的工艺方法中仍有很多的影响因素，并且工艺复杂，很难使化学复合镀层的性能稳定。总而言之，纳米颗粒复合镀仍然处在初级发展阶段，它还存在很多问题要完善，如工艺、设备等，理论和机理的研究也还不彻底，还有待深化研究，所以它的发展之路还很长，必须做更多的研究工作。

3.1 化学镀 Ni-Zn-P/纳米复合镀层镀液的组成

常用的 Ni-Zn-P 合金镀层镀液的主要成分如下[11~13]：

（1）镍盐。镍盐是化学镀 Ni-Zn-P 合金镀层镀液中的主盐之一，可选用的药品有硫酸镍、氯化镍、醋酸镍等，在化学镀的反应过程中，镍盐负责提供 Ni^{2+}，硫酸镍价格低廉，最常用。镍盐的浓度会影响镀液的沉积速率，浓度越高，沉积速度越快；但是缺点是使镀液稳定性下降，镀液易分解。

（2）锌盐。锌盐为化学镀 Ni-Zn-P 溶液中的主盐，可用的药品有硫酸锌、氯化锌等，由它们提供化学镀反应过程中所需的 Zn^{2+}。由于锌离子在沉积过程中起阻碍作用，因此为了获得良好的镀层，锌盐的含量不能过高，一般在 0.4~1.0g/L 之间为最佳。

（3）还原剂。可选用的还原剂有次亚磷酸钠、肼等，它们含有两个及以上的活性氢，通过催化脱氢还原 Ni^{2+}，起到还原剂的作用。由于次亚磷酸钠价格低、镀液容易控制，而且用还原得到的 Ni-P 合金镀层性能优良，因此最常采用次亚磷酸钠为还原剂。当次亚磷酸钠浓度增加时，沉积速率会增大，但镀液的稳定性下降，且易产生沉淀，沉积层表面还会发暗。

（4）络合剂。在化学镀 Ni-Zn-P 合金镀层的镀液组成中，络合剂也是必不可少一个组成部分。在镀液中络合剂起到的作用有：1）防止镀液中有沉淀析出，提高镀液稳定性。2）提高镀液的沉积速度。3）提高镀液的 pH 范围。由于在镀液后期，会析出亚磷酸镍沉淀，而亚磷酸镍沉淀的临界点是随 pH 值变化而变化的，而加入络合剂后 pH 值相应地可以提高，这样就会提高亚磷酸镍沉淀的临界值。4）使镀层的表面光洁致密。镀液的酸碱性不同，络合剂的选择也不同，在酸性中，常用丁二酸、苹果酸等，在碱性中常用柠檬酸盐、铵盐等。

（5）缓冲剂。缓冲剂在镀液中的作用是维持镀液的酸碱平衡。因为在化学镀 Ni-Zn-P 合金镀层的过程中，由于还原剂的作用机理为通过催化脱氢，导致有氢离子不断地析出，导致镀液的 pH 值降低，而 pH 值低，会导致镀液的沉积速率降低，这样就需要缓冲剂提供 OH^- 来中和析出的氢离子，防止沉积速度降低。

化学复合镀镀液由于加入了不溶的第二相颗粒，镀液组成需要在 Ni-Zn-P 镀液组成的基础上另外添加其他成分，如下[14]：

（1）稳定剂。稳定剂的作用是阻止或推迟镀液的自发分解，稳定镀液。稳定剂不能使用过量，只需加入痕量即可，过量使用镀液可能停止反应。稳定剂通过抑制次磷酸根的脱氢反应，进而抑制沉积反应的进行。常用的稳定剂主要有硫的无机物或有机物，如硫氰酸盐、硫脲等；某些含氧化合物，如 AsO_2^-、IO_3^-、BrO_3^-、NO_2^-、MoO_4^{2-}；重金属离子，如 Pb^{2+}、Sn^{2+}、Sb^{3+}、Cd^{2+}等。本实验选用硫脲作为稳定剂。

（2）表面活性剂。化学复合镀液中还需要添加第二相不溶性固体颗粒，为了使固体微粒能均匀分散在镀液中，还需要添加表面活性剂。表面活性剂可以降低镀层的孔隙率，改善镀层的性能，还可以起到提高镀液中微粒自悬浮能力的作用。表面活性剂有阴离子表面活性剂、阳离子表面活性剂和非离子表面活性剂几类，其中阴离子和阳离子表面活性剂的量约为 60mg/L，非离子表面活性剂用量约为 30mg/L。

3.2 Ni-Zn-P-纳米复合镀层的研究现状

化学复合镀技术具有工艺简单、成本低廉、在常温下实现材料的复合而不影响基体的性质等优点[15]。通过化学沉积方法将纳米级固体颗粒包覆于 Ni-Zn-P 合金镀层中，由于纳米颗粒对位错和晶界的钉扎作用，可以抑制晶粒的高温长大，这更有可能获得具有更高耐磨性和硬度的纳米复合镀层[16~18]。朱绍峰等[19]报道了化学沉积 Ni-Zn-P-TiO_2纳米复合镀层及其性能。采用化学沉积方法获得了 Ni-Zn-P-TiO_2纳米复合镀层，并采用 SEM、EDS 和 XRD 对复合镀层进行了表征。研究了纳米 TiO_2粒子加入量对 Ni-Zn-P 沉积行为的影响和镀层在流动的盐酸介质中的腐蚀行为。

由于纳米 SiO_2颗粒具有很强的化学稳定性和耐腐蚀性，Taher Rabizadeh 等通过化学复合镀技术，把纳米 SiO_2添加到 Ni-P 合金镀层中，测试其耐蚀性能，探究出纳米 SiO_2的加入改善了镀层的致密性、降低了镀层的孔隙率、提高了镀层的耐蚀性能。但许多研究者认为杂质粒子的加入会给镀层带来缺陷，从而降低镀层的耐蚀性能。纳米 SiO_2的加入对镀层耐蚀性能的影响有待进一步的研究[20]。

由于纳米颗粒的表面活性高、在镀液中极不稳定、易发生团聚形成尺寸较大的粉末团，所以为了使纳米颗粒均匀分散于镀液中，纳米颗粒的分散是有待解决的首要问题，必须做更多的研究工作。但对纳米颗粒分散问题研究得还不够深入，导致纳米颗粒的分散至今还未得到根本性的解决，纳米 SiO_2化学复合镀层的诸多性能的提高受到限制。因此，工艺参数的优化和分散剂的选择，对提高镀液的稳定性和复合镀层的性能具有重要意义[21]。

3.3　试验工艺与方法

3.3.1　试验材料

本试验材料为 Q235 钢，其成分见表 2-1。

试样尺寸为 20mm×25mm×0.9mm，并对试样一端打孔。在进行化学镀之前，必须对镀件表面进行适当的处理。

预处理工艺流程为：用金相砂纸（500~1500 号）对试样进行打磨→化学碱液除油→超声波除油→热水清洗→用冷水冲洗→15%HCl 除锈（30s~1min）→用蒸馏水冲洗干净→5%HCl 活化（1~2min）→用蒸馏水冲洗干净→化学镀。

3.3.2　纳米 SiO_2 的分散方法

化学镀 Ni-Zn-P-纳米 SiO_2 复合镀层中纳米 SiO_2 的分散也是一个重要的组成部分，本试验选用物理分散和化学分散相结合的方法分散纳米 SiO_2。

首先进行物理分散，主要采用超声波震荡和机械搅拌两种分散方法。在 200mL 蒸馏水中加入 2g 纳米 SiO_2，在集热式恒温加热磁力搅拌器上搅拌 6~8h。然后进行化学分散，主要采用添加表面活性剂十二烷基苯磺酸钠，在纳米 SiO_2 加入前，将适量的表面活性剂加入到化学镀液中，它可以起到去污、分散、乳化等作用，可以有效地组织纳米粒子团聚。最后将纳米 SiO_2 加入到化学镀液中，在超声清洗仪中超声分散 30min 后，即完成对纳米 SiO_2 的分散。

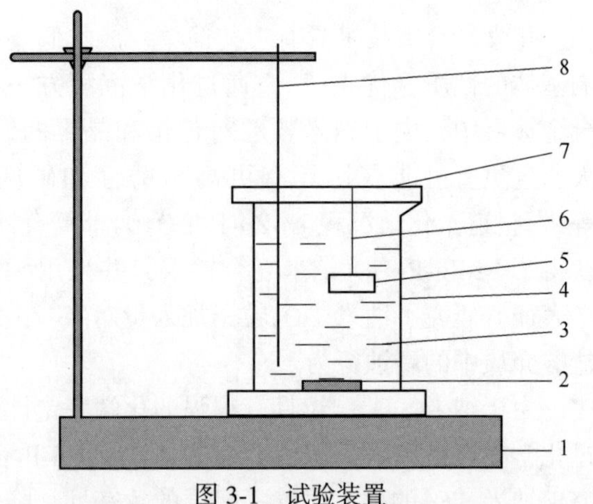

图 3-1　试验装置

1—磁力搅拌器；2—转子；3—镀液；4—烧杯；5—镀件；6—挂具；7—玻璃棒（支撑点）；8—温度计

3.3.3　试验装置

本试验使用的试验装置如图 3-1 所示。

3.3.4　Ni-Zn-P 合金镀层和 Ni-Zn-P-纳米 SiO_2 复合镀层镀液的组成

本试验所选用的镀液成分见表 3-1 和表 3-2。

表 3-1　Ni-Zn-P 合金镀层镀液的组成

成 分	镍盐	锌盐	络合剂	缓冲剂	还原剂
试 剂	$NiSO_4$	$ZnSO_4$	柠檬酸钠	$(NH_4)_2SO_4$	NaH_2PO_2

表 3-2 Ni-Zn-P-纳米 SiO_2复合镀层镀液的组成

成分	镍盐	锌盐	络合剂	缓冲剂	还原剂	稳定剂	表面活性剂	纳米粒子
试剂	$NiSO_4$	$ZnSO_4$	柠檬酸钠	$(NH_4)_2SO_4$	NaH_2PO_2	硫脲	十二烷基苯磺酸钠	SiO_2

3.3.5 施镀工艺

施镀工艺流程如下：

(1) 按浓度比例先后称量主盐硫酸镍、硫酸锌、还原剂次亚磷酸钠分别溶解，再将络合剂柠檬酸钠、硫酸铵溶解混合均匀，将主盐硫酸镍、硫酸锌加入混合均匀的络合剂中，混合均匀，最后再将还原剂加入其中。

(2) 调节 pH 值至酸性（pH 值=6）或碱性（pH 值=9）。

(3) 稀释至 100mL，将烧杯放入 HH-S-2S 数显恒温水浴锅中。

(4) 将溶液加热至 85℃。

(5) 将制备好的试样进行预处理。

(6) 试样放入镀液中开始施镀，施镀 60min 后取样，然后烘干，用棉花包裹好防止受划，将变色硅胶装进试样袋，然后放入干燥器内保存，以备后续试验使用。

试验过程中，有以下几点需要注意：

(1) 配置镀液过程中要注意防止掺入杂质，因为杂质的加入可能会引起镀液的分解。

(2) 预处理后的试样不能用手触摸。

(3) 预处理时酸洗的时间不宜过长，否则会导致试样出现腐蚀坑。

(4) 预处理时活化后不能用超声波清洗，否则会将活化点洗掉，致使施镀时由于没有活化点无法施镀。

(5) 施镀过程中由于镀液的蒸发减少，需隔段时间调整镀件的高度，防止镀件暴露于空气当中形成氧化膜，致使结合力下降。

3.3.6 分析方法

3.3.6.1 镀层表面组织形貌和成分

采用蔡司金相显微镜和扫描电子显微镜（SEM）观察镀层表面组织形貌；用能谱仪（EDS）分析镀层表面成分。

3.3.6.2 镀层硬度

本试验中采用 HV-1000Z 型显微硬度计测定镀层的截面硬度，先把试样放在试样台上压平，然后放到显微硬度计的载物台上进行显微观察，选好位置后，换压头加载，载荷选用 100g，加载时间为 10s，金刚石角锥体压头压入镀层会残留压痕，卸载后改换物镜观察，通过测量压痕两条对角线的长度求出试样的硬度，计算公式见式（3-1）。

$$HV = 1854.4\frac{F}{L^2} \tag{3-1}$$

式中 HV——显微硬度值，kg/mm^2；

F——外加载荷，g；

L——压痕对角线平均直径，μm。

分别在镀有 Ni-Zn-P 合金镀层、0.2g/L SiO_2、0.5g/L SiO_2、1g/L SiO_2、2g/L SiO_2、4g/L SiO_2纳米复合镀层的 6 组试样中，每个样品测不同位置的 3 个点，取其平均值。

3.3.6.3 镀层耐蚀性

参照《金属材料实验室均匀腐蚀全浸试验方法》（GB 10124—1988）进行镀层的耐蚀性能测试，试验的腐蚀介质为 10% NaOH 溶液和 5% NaCl 溶液，通过恒温水浴控制腐蚀介质的温度为 25℃，在 10% NaOH 溶液浸泡时间为 72h，在 5% NaCl 溶液浸泡时间为 72h，浸泡结束后清洗并烘干。观察试样表面形貌，测量试样的失重，计算腐蚀速率。

3.4 SiO_2纳米粒子分散性的研究

纳米复合镀层的制备要求所加入的纳米颗粒能均匀的分散在镀液中，以保证获得颗粒均匀弥散的复合镀层。但是纳米材料制备中颗粒的均匀分散一直是一个棘手的问题，至今没有很好的办法。纳米颗粒在液体介质中的受力状况非常复杂，除了范德华力和库仑力外，还有溶剂化力、毛细管力、借水力、水动力等，它们与液体介质的性质直接相关。特别是纳米颗粒具有极大的比表面积和较高的比表面能，在制备和后处理过程中极易发生颗粒团聚而粒径变大，使得实际应用效果变差。因此，纳米颗粒的分散技术显得尤为重要。

在镀液中纳米粒子常用的分散方法有以下几种：超声波分散、机械搅拌分散、空气搅拌、化学分散（主要是添加表面活性剂）。在本试验中纳米 SiO_2颗粒的分散是一个重要的环节。本试验为了保证纳米 SiO_2颗粒的充分分散，主要采用了物理分散和化学分散。在试验中，物理分散主要采用了机械搅拌和超声波振荡两种分散方法[22]，在化学镀液中加入表面活性剂和纳米 SiO_2颗粒后，需分别进行机械搅拌和超声波振荡。添加分散剂可以使团聚颗粒在镀层中分散较均匀，并可以显著地增加复合镀层中纳米粒子的含量，所得镀层硬度较高且表现出良好的高温抗氧化性。而不同的分散剂效果不同，因此实际过程中，应将物理分散和化学分散相结合，用物理手段破解团聚，用化学方法保持分散稳定，以达到较好的分散效果。化学分散可通过纳米颗粒表面与处理剂之间进行化学反应，改变纳米颗粒的表面结构和状态，达到表面改性的目的[23]。研究过程对不同机械搅拌时间和不同种类的表面活性剂的分散结果进行了试验。

3.4.1 SiO_2纳米粒子的分散机理

无机颗粒在液体介质中的分散包括以下三个步骤：首先，聚集体颗粒被液体介质所润湿；然后，聚集体在机械力作用或化学作用下被打散成独立的较小聚集体或原生颗粒；最后，将较小聚集体或原生颗粒稳定下来，防止其再次聚集。此外，颗粒表面必须具有足够高的能量，以防止颗粒间相互膨胀接触而重新团聚。

机械搅拌分散是采用机械搅拌器在施镀过程中进行间歇性的搅拌，使得纳米粒子在强剪切力作用下被打散，从而使纳米粒子在镀液中被有效地分散。但是采用机械手段实现已经团聚的颗粒聚集体解团的效果并不理想。

超声波分散是指对镀液进行超声波震荡，由于镀液中原本就存在气泡，镀液与粒子接口处也存在空隙，这样在超声波作用下，就会产生空化现象，当空化气泡破裂时产生很强的局部应力，这种应力作用于团聚体粒子间的相连部位空隙处，从而使其破坏，这样颗粒则以一次颗粒形式分散在镀液中。超声波分散可以使纳米粒子团聚粒径小、充分分散、分布较均匀，使镀层有较好的组织性能。

化学分散是指在镀液中加入表面活性剂，吸附在纳米粒子表面，形成微胞状态。由于表面活性剂的存在而产生了粒子间的排斥力，从而有利于粒子的分散。表面活性剂的浓度存在一个最佳值，此时表面活性剂在粒子表面达到了饱和吸附，分散效果最佳。常见的表面活性剂有阴离子型表面活性剂、阳离子型表面活性剂、非离子型表面活性剂和两性离子表面活性剂[20]。表面活性剂对镀液中的微粒起润湿、乳化和分散的作用，各种表面活性剂的复配可以提高添加效果。阴、阳离子表面活性剂混合，其离解产物带相反电荷，产生抑制作用，效果不佳。阴、阳离子表面活性剂与非离子表面活性剂混合时，离子型表面活性剂的离解产物吸附在纳米微粒的表面，因界面电荷而形成双电层，微粒因电荷作用相互排斥而不易团聚；非离子表面活性剂因水合作用在纳米微粒表面形成较厚的水化层，也可以防止微粒团聚，故悬浮液具有较好的稳定性，对纳米微粒的润湿、分散效果增强，较常采用。有机物包覆是利用有机物分子中的官能团在无机纳米颗粒表面的吸附或化学反应对颗粒表面进行局部包覆，使颗粒表面有机化而达到表面改性的目的。有机物对纳米粒子的改性方法还可以细分为酯化法、偶联剂法、表面接枝改性法、有机物吸附包覆法等。

经过大量的实验表明，以上三种分散方式均不能达到理想的分散效果，最后采用三种方式相结合的方法，即先用机械搅拌的大剪切力将纳米粒子解团，然后再用超声分散的方法进一步将纳米粒子分散，为了能使粒子稳定地分散在镀液中，同时在镀液中加入表面活性剂。

3.4.2　SiO_2纳米粒子的分散方法和分散工艺研究

3.4.2.1　机械搅拌时间对 SiO_2 纳米粒子分散性的影响

为了找到合理的搅拌时间，采用静置法对纳米粒子分散体系的稳定性进行研究，静置时间 24h。如图 3-2 所示，图 a～c 所示分别为纳米 SiO_2 粒子机械分散 2h、7h、12h，静置 24h 的沉降情况。可以看出，采用机械分散 2h 的分散体系中的纳米粒子沉降现象最明显，粒子发生了明显的团聚。机械分散 7h、12h 的分散体系较之要稳定，沉降现象基本相同。机械分散法是采用强机械搅拌、冲击、研磨等作用力将团聚粉体打散，即利用机械设备来提高分散效率。说明 7h 时纳米粒子在镀液中已被有效地分散，镀液纳米粒子依然处于悬浮状态。时间再长分散效果无明显变化，趋于平缓。所以采用机械搅拌 7h 时最合适。因为静置 24h 后的纳米 SiO_2 粒子分散体系均有沉降现象，所以高速剪切分散是十分有限的分散方法，该方法不能使粉体处于完全分散的状态。

a　　　　b　　　　c

图 3-2　不同机械搅拌时间下的 SiO_2 分散体系的沉降图

a— 2h；b—7h；c—12h

3.4.2.2　分散剂对 SiO_2 纳米粒子分散性的影响

分散剂吸附在纳米粒子表面，形成微胞状态，由于表面活性剂的存在而产生了粒子间的排斥力，从而有利于粒子的分散。而不同的分散剂对不同的纳米粒子的分散效果不同，为了找到适合纳米 SiO_2 粒子分散的表面活性剂，将三乙醇胺、十二烷基苯磺酸钠、甲酰胺分别加入到纳米 SiO_2 粒子中，采用静置法对纳米粒子分散体系的稳定性进行研究，静置时间 24h。如图 3-3 所示，图 a～c 分别是向纳米 SiO_2 粒子溶液中加三乙醇胺、十二烷基苯磺酸钠、甲酰胺，静置 24h 的沉降情况。可以看出，加三乙醇胺和甲酰胺的纳米 SiO_2 粒子分散体系均出现沉降现象，而加十二烷基苯磺酸钠的分散体系较稳定。

三乙醇胺是利用基团间的相互反应，脱去水分子，使其连接在纳米粒子表面，即酯化法。不同阴离子表面活性剂与试样间的吸附能力不同，十二烷基苯磺酸钠吸附能力较强，使得纳米 SiO_2 颗粒表面吸附较多的阴离子表面活性剂而带有较多的负电荷，增大了与试样的接触面积，吸附力增强，加长了在试样表面的停留时间，使得更多纳米颗粒被嵌入镀层。十二烷基苯磺酸钠是通过范德华力被吸附在纳米粒子表面，改善和修饰纳米粉体的润湿性和稳定性，即有机物吸附包覆法。甲酰胺是通过缩聚来实现对纳米粒子表面的化学反应改性，即表面接枝改性法。分别添加 3 种分散剂的悬浮液体系具有不同的稳定性，不同的纳米粒子适用的方法不同，在纳米 SiO_2 粒子中加十二烷基苯磺酸钠的分散体系，因静电和空间位阻的作用均表现出良好的分散稳定性，故本实验在纳米 SiO_2 粒子中加十二烷基苯磺酸钠。

a　　　　b　　　　c

图 3-3　不同分散剂下的 SiO_2 分散体系的沉降图

a—三乙醇胺；b—十二烷基苯磺酸钠；c—甲酰胺

通过以上研究发现，为了保证纳米 SiO_2 颗粒的充分分散，主要采用机械搅拌、超声波分散和添加分散剂相结合的方法。本试验研究了不同机械搅拌时间和不同种类的表面活性剂的分散效果，得到如下结论：

（1）机械分散 2h 的分散体系中的纳米粒子沉降现象最明显，粒子发生了明显的团聚。机械分散 7h、12h 的分散体系较之要稳定，沉降现象基本相同。机械搅拌 7h 时纳米粒子在镀液中已被有效地分散，镀液纳米粒子依然处于悬浮状态；时间再长，分散效果无明显变化，趋于平缓。所以采用机械搅拌 7h 时最合适。

（2）加三乙醇胺和甲酰胺的纳米 SiO_2 粒子分散体系均出现沉降现象，而加十二烷基苯磺酸钠的分散体系稳定。十二烷基苯磺酸钠的加入，SiO_2 分散体系因静电和空间位阻的作用均表现出良好的分散稳定性，故本实验在纳米 SiO_2 粒子中加十二烷基苯磺酸钠。

3.5　pH 值对镀液稳定性和 Ni-Zn-P-纳米 SiO_2 镀层组织的影响

随着专家学者对化学镀研究的不断深入与完善，已经在钢铁表面沉积了性能良好的化学镀镀层，化学镀工艺已经在国民生产中取得广泛的应用。为满足不同应用领域的要求，近年来学者开始进行三元化学镀的研究，由于化学镀 Ni-Zn-P 镀层具有较高的硬度及耐磨性能而备受关注，工艺研究不断改进。但在化学镀 Ni-Zn-P 镀液中添加纳米 SiO_2 粒子来制备复合镀层的研究较少，因此工艺还有待完善。

化学镀 Ni-Zn-P 溶液的 pH 值是施镀的重要工艺参数，镀液的 pH 值对化学镀镀层沉积速率及镀层的磷含量均有较大的影响。pH 值增加能使镀层的沉积速率加快，当 $pH<3$ 时，沉积速率极慢，反应几乎不进行。但为了提高沉积速率，过分提高 pH 值也不行。过高的镀液 pH 值使化学反应速率过快，增加化学镀不稳定性。这样会使溶液中生成亚磷酸镍的沉淀，导致溶液自然分解，使其寿命缩短，而且溶液还容易浑浊，造成镀层粗糙[24]。pH 值还会影响镀层的内应力和结合力。所以复合镀液可分为酸性镀液和碱性镀液。酸性镀液的特点是溶液比较稳定、易于控制、沉积速度快，镀层中磷的质量分数较高（2%~11%），在酸性溶液中所获得的镀层具有结合力强、硬度高、耐磨性和耐蚀性好等优点。碱性镀液的 pH 值比较宽，镀层中磷的质量分数较低（3%~7%），但镀液对杂质比较敏感、稳定性较差、难维护，镀层在结合力、硬度、耐蚀性和耐磨性相对酸性溶液均较差，所以这类镀液不常使用。

为获得稳定性高、耐蚀性能好的化学镀工艺，本试验通过对比酸碱镀液的稳定性来确定 pH 值。通过该试验确定稳定的具有较好耐蚀性能的化学镀工艺，在 Q235 冷轧板基体上施镀复合镀层，有效提高基体的耐蚀性能。最后分析最终优化化学镀工艺得到的镀层组织形貌及截面厚度。试验选取 Q235 冷轧板作为基体，在最终优化工艺基础上进行不同浓度纳米粒子的施镀来制备镀层，并分析添加纳米粒子对 Ni-Zn-P 镀层组织形貌、截面厚度的影响。

3.5.1　pH 值对纳米复合化学镀镀液稳定性的影响

化学镀有两种：酸镀（$pH=4\sim7$）和碱镀（$pH=8\sim11$）。镀液的 pH 值对化学镀镀层沉积速率及镀层的磷含量均有较大的影响。为了找到化学镀 Ni-Zn-P-纳米 SiO_2 复合镀的最佳 pH 值，采用静置法对施镀后的镀液稳定性进行了研究。如图 3-4 所示，图 a、b 分别是施镀后的酸性镀液、碱性镀液静置 12h 的沉降情况。通过对比可以看出，酸性镀液在施镀过程中体系稳定，而碱性镀液出现明显的沉降现象。当 $pH>6$ 时，次磷酸盐氧化为亚磷酸镍，生成沉淀，催化反应转为自发性反应，溶液很快分解，并且纳米粒子出现严重团聚。所以应选用酸性镀液，而且酸性化学镀液要把 pH 值维持在 3.5~6.5 之间。本试验将 pH 值确定在 6.0。溶液在使用过程中，如 pH 值下降，则用氨水调整。

3.5.2　pH 值对 Ni-Zn-P-纳米 SiO_2 镀层组织和成分的影响

根据以上结果，可以发现酸性镀液在施镀过程中体系稳定，本试验应选用酸

a　　　　　　b

图 3-4　不同 pH 值下纳米复合化学镀镀液的沉降图

a—pH = 6.0；b—pH = 9.0

性镀液。为了确定酸镀能够获得 Ni-Zn-P-纳米 SiO_2复合镀层，使用扫描电镜及能谱仪对酸碱镀获得的复合镀层进行表面形貌的观察和成分分析，结果如图 3-5 和图 3-6 所示。图 3-5a、b 分别是酸镀、碱镀获得的复合镀层的表面形貌图。通过比较可看出，酸镀和碱镀获得的复合镀层表面均致密，但碱镀获得的复合镀层表面不够平整，这是由于碱性镀液对杂质比较敏感，稳定性较差，施镀过程中出现团聚现象。图 3-6a、b 分别为酸镀、碱镀获得的复合镀层的成分图。可以看出，酸镀获得的复合镀层中 Si 含量为 0.99%，碱镀获得的复合镀层中 Si 含量为零。所以酸镀镀上了 Si。本试验应将 pH 值确定在 6.0，证明该配方各参数均合理。

a　　　　　　b

图 3-5　不同 pH 值获得的 Ni-Zn-P-纳米 SiO_2镀层表面形貌图

a—pH = 6.0；b—pH = 9.0

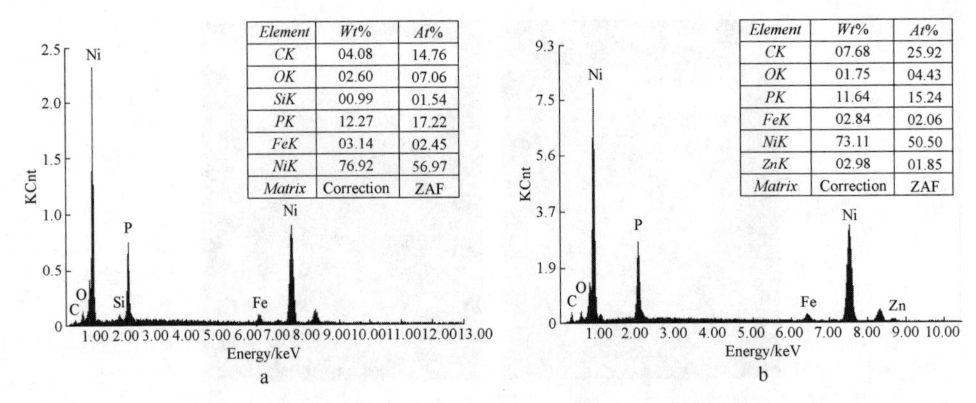

Element	Wt%	At%
CK	04.08	14.76
OK	02.60	07.06
SiK	00.99	01.54
PK	12.27	17.22
FeK	03.14	02.45
NiK	76.92	56.97
Matrix	Correction	ZAF

Element	Wt%	At%
CK	07.68	25.92
OK	01.75	04.43
PK	11.64	15.24
FeK	02.84	02.06
NiK	73.11	50.50
ZnK	02.98	01.85
Matrix	Correction	ZAF

图3-6 不同pH值获得的Ni-Zn-P-纳米SiO_2镀层成分图

a—pH=6.0；b—pH=9.0

3.6 化学镀Ni-Zn-P合金镀层的工艺研究

经研究发现，在Ni-Zn合金中添加非金属元素P，可以改善镍锌合金的微结构，进而提高耐蚀性。M. Schlesinger、M. Bouanani和M. Oulladj研究团队选用柠檬酸钠作络合剂，在氨性缓冲介质中化学镀Ni-Zn-P合金，研究了工艺参数对镀层组成的影响，并研究了镀层的微观形貌、镀态的结构和腐蚀性能[25]。E. Valova等[26, 27]着重研究了该镀层的结构、镀层表面元素锌的存在形式和镀层的磁性能。然而，迄今为止，Ni-Zn-P三元化学镀的研究缺乏系统性，未能全面揭示主要工艺参数包括镀液配方及施镀工艺参数对施镀效果的影响规律[28, 29]。针对上述这些问题，本节研究了柠檬酸钠、硫酸锌和硫酸铵用量对Ni-Zn-P合金镀层组织形貌的影响。通过金相显微镜和扫描电子显微镜（SEM）观察Ni-Zn-P合金镀层的表面组织形貌，计算络合剂柠檬酸钠用量与镀速的关系，选出最优的镀液配方制备Ni-Zn-P合金镀层。

3.6.1 试验设计方法

试验设计是指以概率论与数理统计学为理论基础，为获得可靠的试验结果和有用信息，科学安排实验的一种方法。在试验中，用来衡量试验效果的质量指标称为试验指标。试验指标按其性质分，可分为定性试验指标和定量试验指标。影响试验指标的要素或原因称为因素，因素在试验中所取的状态称为水平。为达到试验目的总是人为地选定某些因素，让它们在一定的范围内变化，来考察它们对指标值的影响[30]。本试验采用单因素实验，分别固定硫酸锌、硫酸铵以及柠檬酸钠用量3个因素中的2个，考察第3个因素对Ni-Zn-P合金镀层施镀效果的影响，探究化学镀Ni-Zn-P合金镀层的最优工艺。

3.6.2 硫酸锌用量对 Ni-Zn-P 合金镀层组织形貌的影响

通过采用单因素试验法，控制其他 2 个变量不变，改变硫酸锌的用量，通过 3 组实验，探究最佳硫酸锌用量，具体试验设计见表 3-3。

表 3-3 改变硫酸锌浓度的工艺参数

试验组数	工艺参数						
	硫酸镍 /g·L^{-1}	次亚磷酸钠 /g·L^{-1}	柠檬酸钠 /g·L^{-1}	硫酸铵 /g·L^{-1}	硫酸锌 /g·L^{-1}	pH 值	温度 /℃
1	27	16	59	27	0.5	9.0	85
2	27	16	59	27	1.0	9.0	85
3	27	16	59	27	2.0	9.0	85

图 3-7 所示为 $ZnSO_4$ 的浓度分别为 0.5g/L、1.0g/L、2.0g/L 时得到的 Ni-Zn-P 合金镀层金相显微组织。在三种 $ZnSO_4$ 用量下得到的合金镀层都呈现出细小的

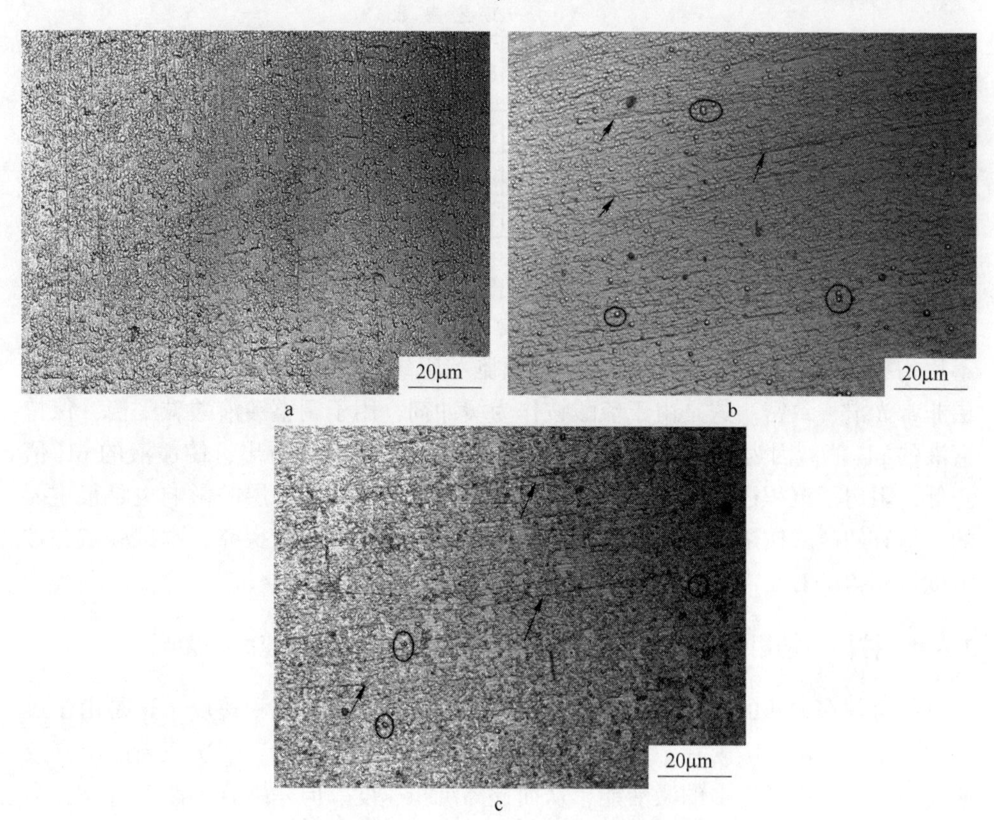

图 3-7 不同浓度硫酸锌 Ni-Zn-P 合金镀层金相组织

a—$ZnSO_4$ 浓度 0.5g/L；b—$ZnSO_4$ 浓度 1.0g/L；c—$ZnSO_4$ 浓度 2.0g/L

胞状组织，但是在 $ZnSO_4$ 浓度为 1.0g/L、2.0g/L 时，镀层不平整，有条状沟壑（图 3-7b、c 中箭头所示），这是试样预处理打磨时留下的少量划痕，说明这两种镀层较薄；同时，在 $ZnSO_4$ 浓度为 1.0g/L、2.0g/L 时，镀层表面有个别粗大的胞状组织（图 3-7b、c 中圆圈所示），说明镀层表面组织不均匀。

根据文献报道[31]，当锌离子浓度过高时，镀速很低，镀层很薄，镀液还有可能分解，甚至溶液有可能中毒。这是因为当镀液中的锌离子达到一定浓度时，会使镍离子向镀件表面吸附受阻，致使沉积速率快速下降。因此，$ZnSO_4$ 浓度为 0.5g/L 最宜，镀层分布均匀，有一定的厚度。

3.6.3　硫酸铵用量对 Ni-Zn-P 合金镀层组织形貌的影响

通过采用单因素试验法，控制硫酸锌和柠檬酸钠浓度不变，改变硫酸铵的浓度，通过 3 组实验，探究最佳硫酸铵浓度，具体试验设计见表 3-4。

表 3-4　改变硫酸铵浓度的工艺参数

试验组数	工艺参数						
	硫酸镍 /$g \cdot L^{-1}$	次亚磷酸钠 /$g \cdot L^{-1}$	柠檬酸钠 /$g \cdot L^{-1}$	硫酸铵 /$g \cdot L^{-1}$	硫酸锌 /$g \cdot L^{-1}$	pH 值	温度 /℃
1	27	16	50	30	0.5	9.0	85
2	27	16	50	40	0.5	9.0	85
3	27	16	50	50	0.5	9.0	85

图 3-8a～c 所示分别为添加 30g/L、40g/L、50g/L 硫酸铵镀层在金相显微镜下的金相组织。由图 3-8a、c 明显可以看出，镀层表面胞状不致密，且胞状大小不均匀、镀层不平整。图 3-8b 镀层表面胞状组织均匀致密地覆盖在镀件上，镀层非常光滑、致密。这是由于硫酸铵作为缓冲剂，用于调整镀液酸碱平衡，保持镀液的 pH 值。因为在化学沉积过程中，有氢离子不断地析出，使镀液的 pH 值降低，阻碍了沉积过程的进行，所以硫酸铵的浓度对合金镀层的影响也是很重要的，适宜的硫酸铵浓度可以促进反应的进行。所以通过试验探究，本试验硫酸铵浓度选用 40g/L。

3.6.4　柠檬酸钠用量对 Ni-Zn-P 合金镀层组织形貌和沉积速率的影响

络合剂在镀液的组成中起着很重要的作用，可以提高沉积速度。这是由于镀液加入络合剂后，吸附在工件表面，提高了镀件的表面活性，为次亚磷酸根释放活性原子氢提供了更多的激活能，从而提高沉积速度。但是络合剂浓度过高，会促使配离子的离解平衡向稳定的 Ni^{2+} 螯合物方向移动，导致游离 Ni^{2+} 浓度减小，从而导致镀速降低。

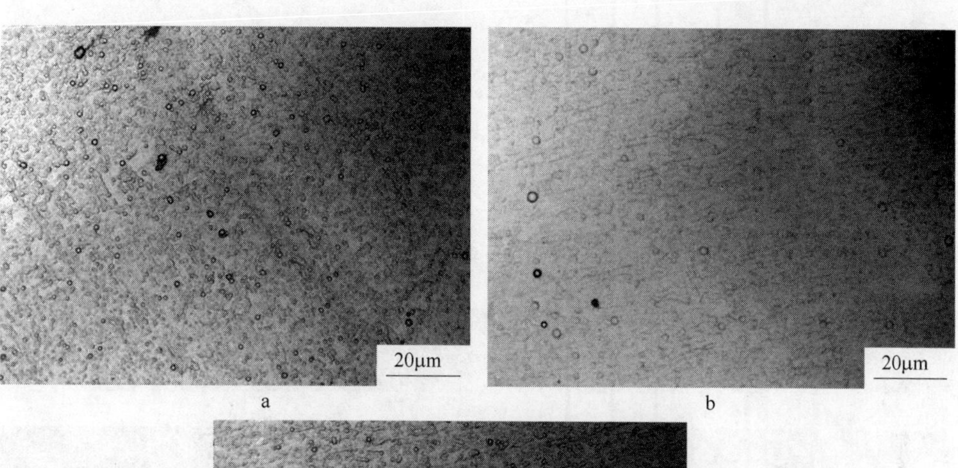

a b

c

图 3-8 不同浓度硫酸铵 Ni-Zn-P 合金镀层的金相组织

a—硫酸铵浓度 30g/L；b—硫酸铵浓度 40g/L；c—硫酸铵浓度 50g/L

通过改变络合剂柠檬酸钠用量，研究柠檬酸钠用量对镀层表面组织形貌和镀速的影响，选择最佳柠檬酸钠用量作为施镀 Ni-Zn-P 合金镀层的配方组成，具体试验设计见表 3-5。

表 3-5 改变柠檬酸钠浓度的工艺参数

试验组数	工艺参数						
	硫酸镍 /g·L^{-1}	次亚磷酸钠 /g·L^{-1}	柠檬酸钠 /g·L^{-1}	硫酸铵 /g·L^{-1}	硫酸锌 /g·L^{-1}	pH 值	温度 /℃
1	27	16	50	40	0.5	9.0	85
2	27	16	60	40	0.5	9.0	85
3	27	16	70	40	0.5	9.0	85
4	27	16	80	40	0.5	9.0	85

图 3-9a~d 所示分别为添加 50g/L、60g/L、70g/L、80g/L 柠檬酸钠得到的镀层表面金相组织。可以发现，当柠檬酸钠浓度为 50g/L 时（图 3-9a），镀层表面

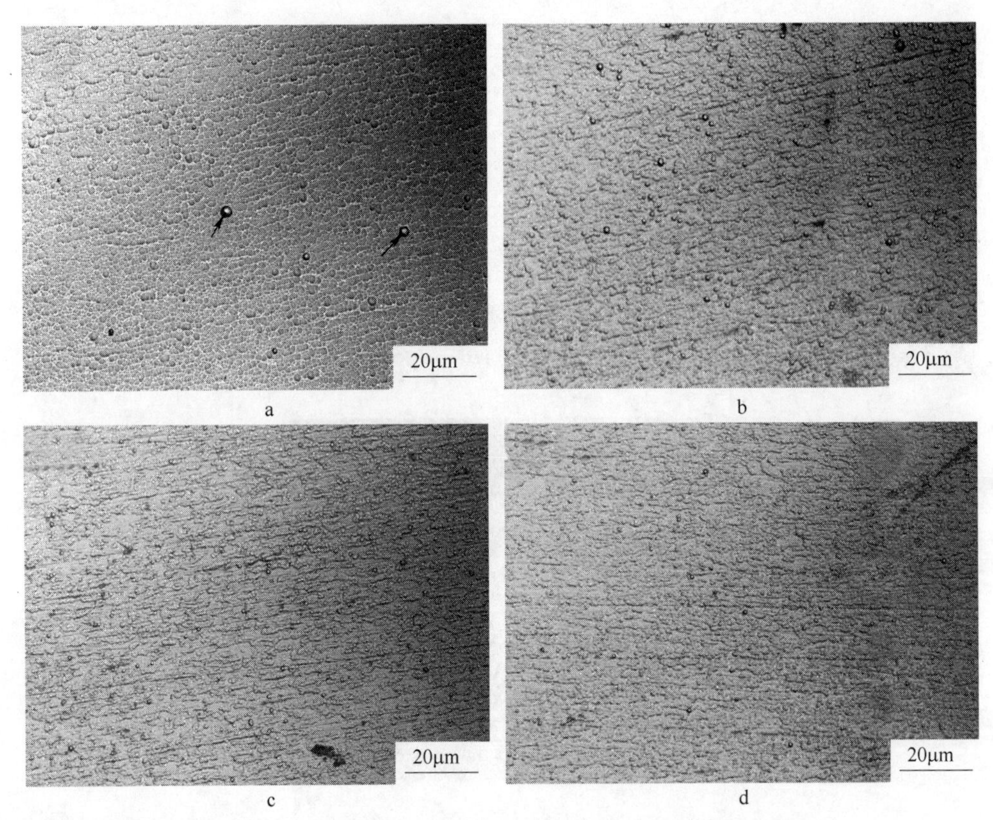

图 3-9 不同浓度柠檬酸钠的 Ni-Zn-P 合金镀层的金相组织

a—柠檬酸钠浓度 50g/L；b—柠檬酸钠浓度 60g/L；c—柠檬酸钠浓度 70g/L；d—柠檬酸钠浓度 80g/L

成片状，趋于平整，没有明显的胞状组织，只有个别粗大的胞状组织（图 3-9a 箭头所示），说明镀层不是完全非晶态镀层。当柠檬酸钠浓度为 60g/L、70g/L、80g/L 时，镀层表面都呈现胞状组织，但是，随着柠檬酸钠浓度增加，胞状组织逐渐连接成片，大小不均匀，说明镀层由非晶态逐渐向晶态转变。因此，柠檬酸钠浓度为 50g/L 时，得到的镀层以非晶态为主，镀层综合性能较好。

进一步探究了柠檬酸钠对沉积速率的影响，沉积速率计算公式见式（3-2）。

$$v = \frac{m_1 - m_0}{st} \tag{3-2}$$

式中 v——平均沉积速率，g/(cm^2 · h)；

m_1——镀前的试样质量，g；

m_0——镀后的试样质量，g；

s——试样面积，cm^2；

t——施镀时间，h。

利用式（3-2）计算，得到不同浓度柠檬酸钠下镀层沉积速率，结果见表 3-6 和图 3-10。

表 3-6 不同浓度柠檬酸钠下镀层沉积速率

柠檬酸钠浓度/g · L^{-1}	镀前质量/g	镀后质量/g	质量差/g	沉积速率/g ·（cm^2 · h）$^{-1}$
50	3.424	3.479	0.055	0.0055
60	3.379	3.413	0.034	0.0034
70	3.287	3.308	0.021	0.0021
80	3.219	3.229	0.010	0.0010

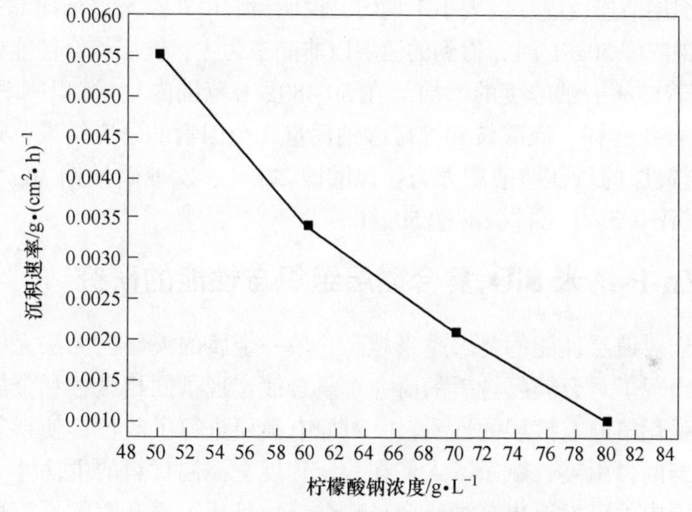

图 3-10 柠檬酸钠用量与镀层沉积速率的关系

由图 3-10 可以看出，随着柠檬酸钠浓度的增加，沉积速率显著下降，进一步证实，柠檬酸钠作为络合剂可以改变沉积速率，但是镀液性能差异、寿命长短主要决定于络合剂的选用及搭配。当柠檬酸钠浓度过高时，反而会使镀速降低，这是因为，柠檬酸钠浓度过高，会促使配离子的离解平衡向稳定的 Ni^{2+} 螯合物方向移动，引起游离 Ni^{2+} 浓度减小，从而使镀速降低。

结合金相组织图和镀层沉积速率结果，发现柠檬酸钠浓度不宜过高，需与镍盐、还原剂搭配使用，本试验工艺条件下，柠檬酸钠浓度选择 50g/L 最宜。

3.6.5 小结

通过考察不同的工艺参数对 Ni-Zn-P 合金镀层组织形貌和镀速的影响，探究化学镀 Ni-Zn-P 合金镀层的最优工艺，得到以下结论：

（1）$ZnSO_4$ 浓度分别为 0.5g/L、1.0g/L、2.0g/L 时得到的 Ni-Zn-P 合金镀层

都呈现出细小的胞状组织；但是在 $ZnSO_4$浓度为 1.0g/L、2.0g/L 时，镀层不平整，有个别粗大胞状组织和条状沟壑，镀层较薄，表面组织不均匀。因此，$ZnSO_4$浓度为 0.5g/L 最宜。

（2）硫酸铵浓度为 30g/L、40g/L、50g/L 时，得到的镀层 Ni-Zn-P 合金镀层都呈现胞状组织；但是在硫酸铵浓度为 30g/L 和 50g/L 时，镀层表面胞状组织不致密，大小不均匀，镀层不平整。最终选择硫酸铵的浓度 40g/L。

（3）柠檬酸钠浓度 50g/L 时，镀层表面成片状，趋于平整，没有明显的胞状组织，只有个别粗大胞状组织，说明镀层不是完全非晶态镀层。柠檬酸钠浓度为 60g/L、70g/L、80g/L 时，镀层表面都呈现胞状组织；但是，随着柠檬酸钠浓度增加，胞状组织逐渐连接成片，大小不均匀，说明镀层由非晶态逐渐向晶态转变。因此，柠檬酸钠浓度 50g/L 时，得到的镀层以非晶态为主，镀层综合性能好。

（4）随着柠檬酸钠浓度的增加（在 50~80g/L 范围内），沉积速率显著下降。

（5）综合硫酸锌、硫酸铵和柠檬酸钠用量 3 个因素的研究结果，选出化学镀 Ni-Zn-P 合金镀层的最佳镀液配方为：硫酸镍 27g/L、次亚磷酸钠 16g/L、硫酸铵 40g/L、硫酸锌 0.5g/L、柠檬酸钠 50g/L。

3.7 Ni-Zn-P-纳米 SiO_2复合镀层组织与性能的研究

随着人们对镀层性能的要求越来越高，单一金属的镀层已无法完全满足使用需要，因此出现了对金属复合镀的研究。复合镀实现了固相微粒和金属镀层共沉积，这样既强化了原有镀层的性质，又对原有镀层进行了改性，使得复合镀层的功能具有相当的自由度，赋予了人们在一定程度上控制材料的主动性[32]。

现在，国内外已发展出多种复合材料镀液，且用于复合镀的不溶性固体颗粒的种类繁多。目前，以提高硬度和耐磨性为目的的复合微粒有 SiC、金刚石、Al_2O_3、SiO_2、Si_3N_4等，提高镀层自润滑性的复合微粒有 CaF_2、聚四氟乙烯、MoS_2等，也有研究化学镍梯度材料镀层、纳米级化学复合镀等[33]。

在最佳配方的基础上，研究添加纳米 SiO_2颗粒 Ni-Zn-P 合金镀层的制备工艺、组织形貌和性能[34]。

3.7.1 纳米 SiO_2添加量对 Ni-Zn-P 镀层组织的影响

为了系统研究纳米 SiO_2添加量对 Ni-Zn-P 镀层组织和性能的影响，选择纳米 SiO_2的用量为 0g/L、0.2g/L、0.5g/L、1.0g/L、2.0g/L、4.0g/L。

图 3-11 所示为纳米 SiO_2 的添加量分别为 0g/L、0.2g/L、0.5g/L、1.0g/L、2.0g/L、4.0g/L 的 Ni-Zn-P 镀层 SEM 图。观察发现，未添加纳米粒子的 Ni-Zn-P 镀层（图 3-11a）表面胞状组织均匀致密，但是不平整；随着纳米 SiO_2添加量的增加，镀层表面逐渐变得平整，纳米 SiO_2添加量为 1.0g/L（图 3-11e）时，镀

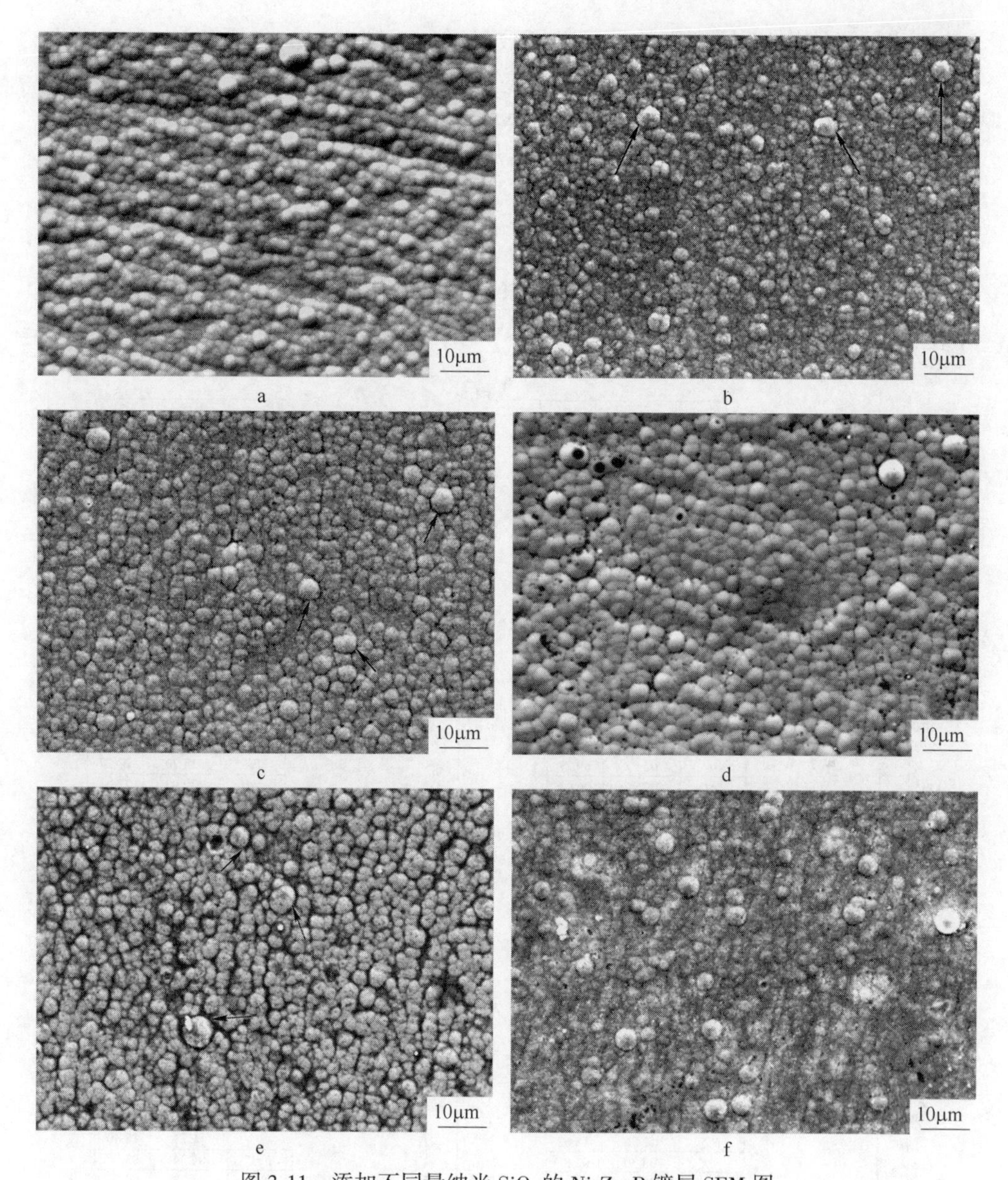

图 3-11 添加不同量纳米 SiO_2的 Ni-Zn-P 镀层 SEM 图

a—Ni-Zn-P 合金镀层；b—纳米 SiO_2 浓度 0.2g/L；c—纳米 SiO_2 浓度 0.5g/L；d—纳米 SiO_2 浓度 1.0g/L；e—纳米 SiO_2 浓度 2.0g/L；f—纳米 SiO_2 浓度 4.0g/L

层表面最平整。随着纳米 SiO_2添加量的增加，镀层表面致密度有明显不同，纳米 SiO_2添加量为 0.2g/L、0.5g/L 和 2.0g/L 时，镀层表面胞状之间有明显的空隙（图 3-11b~e 中箭头所示），胞状组织不致密；纳米 SiO_2添加量为 4g/L，已经看不到晶胞紧密排列，只能看到表面有很多胞状的突起，这可能是由于纳米 SiO_2浓度过高时，吸附在镀层表面的纳米粒子数量增加，纳米 SiO_2 包覆在 Ni-Zn-P 胞状组织上而裸露在镀层表面，形成胞状的突起，镀层虽然致密，但不平整。只有纳米 SiO_2 添加量为 1g/L 时，镀层表面组织呈现均匀、致密、平整的胞状组织，对基体保护性好。

3.7.2 纳米 SiO_2 添加量对 Ni-Zn-P 镀层表面成分的影响

采用 EDS 分析不同纳米 SiO_2 添加量 Ni-Zn-P 镀层的表面成分，结果见图 3-12 和表 3-7。

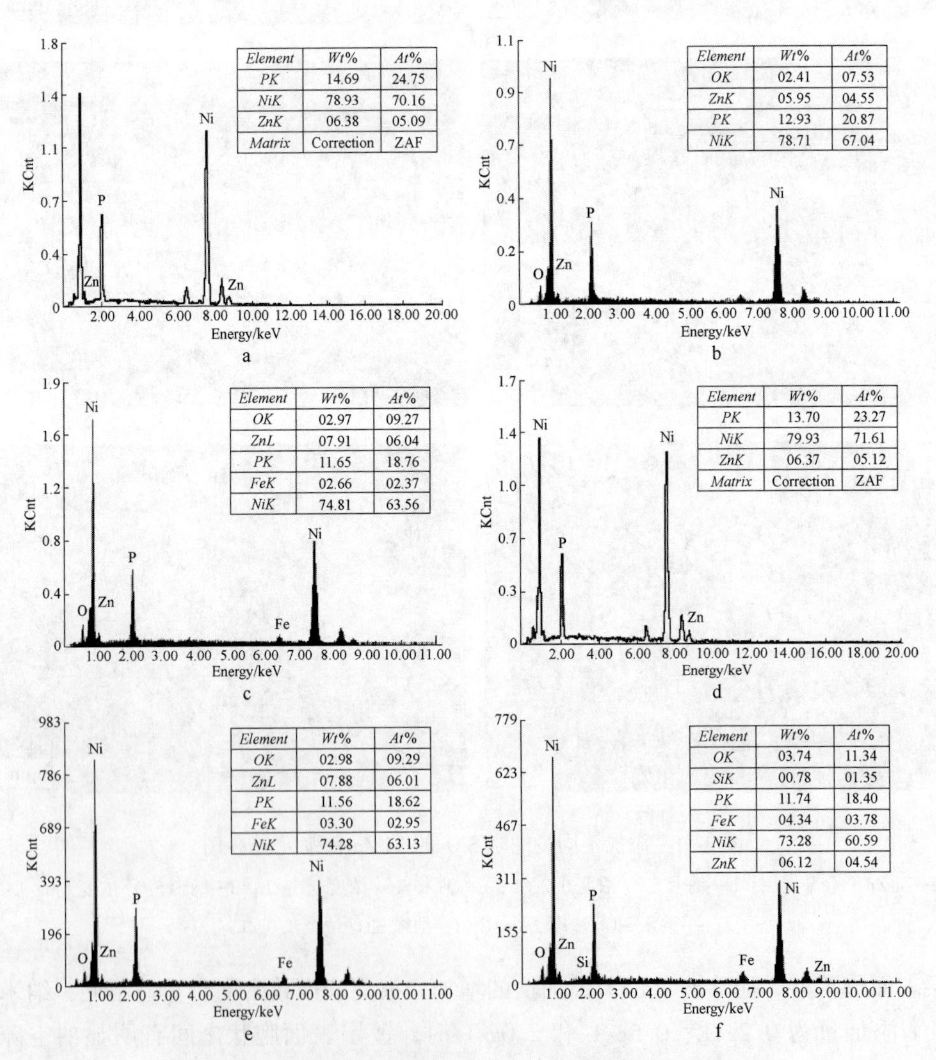

图 3-12 添加不同量纳米 SiO_2 的 Ni-Zn-P 镀层表面 EDS 图

a—0g/L；b—0. 2g/L；c—0. 5g/L；d—1. 0g/L；e—2. 0g/L；f—4. 0g/L

表 3-7 Ni-Zn-P-纳米 SiO_2复合镀层的表面成分 (%)

成分	镀液中纳米 SiO_2 的浓度					
	0g/L	0.2g/L	0.5g/L	1.0g/L	2.0g/L	4.0g/L
Ni	78.93	78.71	74.81	79.93	74.28	73.28
P	14.69	12.93	11.65	13.70	11.56	11.74
Zn	06.38	05.95	07.91	06.37	07.88	06.12
Si	0	0	0	0	0	0.78

从图 3-12 和表 3-7 中可以发现，当纳米 SiO_2添加量较低时，镀层表面 Si 元素的含量为零；当浓度增加到 4g/L 时，Si 元素的含量为 0.78%，这是因为纳米粒子浓度较低时，镀层表面 Si 元素的含量较低，无法检测到，而当纳米 SiO_2的浓度过高时，纳米粒子吸附在样品表面的数量增加，纳米 SiO_2包覆在 Ni-Zn-P 胞状组织上而裸露在镀层表面，所以镀层表面的成分含有少量 SiO_2。表 3-7 显示，纳米粒子的加入，对于 Ni、Zn 的含量影响不明显，有可能增加也有可能降低，而对于 P 元素的含量普遍都降低，虽然降低的量不定，但总体都有所下降。纳米粒子 Si 的存在使得复合镀层中 P 的含量降低，在一定程度上阻碍了镀层中晶粒的长大，镀层胞状组织尺寸减小，从而镀层硬度提高。这种表面致密、平整的复合镀层孔隙率低，可能会提高其耐腐蚀性能。

添加适宜含量的纳米粒子，使得镀层表面组织变得均匀、致密、平整，提高镀层对基体的保护性。因此，综合镀层的表面形貌和成分分析，适宜的纳米 SiO_2添加量为 1g/L。

3.7.3 Ni-Zn-P-纳米 SiO_2复合镀层性能的研究

随着科学技术的不断发展，复合镀在材料表面改善方面显示出非常重要地位。在镀层中加入不同功效的固体粒子，其机械和磨损性能将更加优异[35~39]。根据所添加粒子的性能不同，化学复合镀层大致可分为两种[13, 40~42]：一种是添加具有高硬度性能颗粒的耐磨复合镀层，如加入 SiC、Al_2O_3、金刚石等；另一种是添加具有减摩功能的颗粒的复合镀层，如加入 PTFE、石墨等。本研究添加纳米 SiO_2粒子，探究其对硬度和耐蚀性的影响。采用 HV-1000Z 型维式硬度计测试复合镀层的硬度；采用失重法对优化后的合金镀层及复合镀层的耐蚀性能进行研究。

3.7.3.1 Ni-Zn-P-纳米 SiO_2复合镀层硬度的研究

为了研究纳米 SiO_2粒子对 Ni-Zn-P 合金镀层硬度的影响，使用 HV-1000Z 型显微硬度计对 Ni-Zn-P 合金镀层和 Ni-Zn-P-纳米 SiO_2复合镀层进行硬度分析，结果见表 3-8 和图 3-13。

表 3-8 不同纳米 SiO_2 添加量的复合镀层硬度值

镀层种类	HV 硬度值 1	HV 硬度值 2	HV 硬度值 3	HV 硬度值平均值
Ni-Zn-P 合金镀层	389.6	397.5	386.8	391.3
0.2g/L SiO_2 复合镀层	395.6	390.4	398.6	394.9
0.5g/L SiO_2 复合镀层	415.6	420.4	428.6	421.5
1.0g/L SiO_2 复合镀层	455.6	450.4	448.6	451.5
2.0g/L SiO_2 复合镀层	475.6	480.4	468.6	474.9
4.0g/L SiO_2 复合镀层	485.6	480.4	478.6	481.5

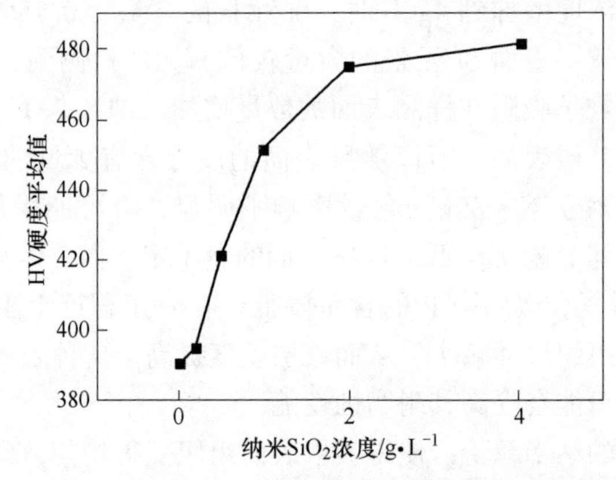

图 3-13 纳米 SiO_2 含量不同的复合镀层的硬度值

从表 3-8 和图 3-13 中可以看出，随着纳米粒子添加量的增加，镀层的硬度明显增大。不含纳米粒子的 Ni-Zn-P 合金镀层 HV 硬度为 391.3，而添加 4.0g/L 纳米 SiO_2 的复合镀层 HV 硬度为 481.5，硬度值增加了 23.05%，对基体起到了非常好的保护作用。纳米粒子浓度越高，镀层硬度值越大，虽然根据 EDS 分析，纳米粒子浓度低时，镀层表面有可能不含有纳米粒子，但是在施镀过程中有纳米粒子的加入，纳米粒子吸附在镀件表面，形成催化核心，使镀层的晶粒细化，同时晶胞致密，孔隙率大大降低，从而硬度有很大提高。而材料的硬度又是影响材料耐磨性的一个重要因素，在相同的使用环境下，硬度高的材料，耐磨性也会很好，所以，Ni-Zn-P-纳米 SiO_2 复合镀层的耐磨性能也会被提高，这对提高产品的性能有重要意义。

3.7.3.2 Ni-Zn-P-纳米 SiO_2 复合镀层耐蚀性的研究

参照《金属材料实验室均匀腐蚀全浸试验方法》（GB 10124—1988）进行镀层的耐蚀性能测试，本小节主要通过全浸试验，利用失重法探究纳米 SiO_2 粒子对 Ni-Zn-P 合金镀层耐蚀性能的影响。按照式（2-2）计算腐蚀速率。

失重法计算的腐蚀速率是在试验周期内的平均腐蚀速率，而无法计算瞬时腐蚀速率。腐蚀进行的速度越小，耐蚀性能也就越好[43]。分别采用 5%NaCl 溶液和 10%NaOH 溶液作为腐蚀介质。

A 5%NaCl 溶液

将 Ni-Zn-P 合金镀层、Ni-Zn-P-纳米 SiO_2 复合镀层在 5% NaCl 溶液中腐蚀 72h，根据式（2-2）计算腐蚀速率，结果见表 3-9 和图 3-14。

表 3-9 不同纳米 SiO_2添加量 Ni-Zn-P 复合镀层在 5%NaCl 溶液中腐蚀 72h 的腐蚀速率

镀层种类	原始质量/g	腐蚀后质量/g	失重量/g	腐蚀速率/g·(h·cm²)⁻¹
Ni-Zn-P 合金镀层	3.469	3.460	0.009	1.25×10^{-5}
0.2g/L SiO_2复合镀层	3.437	3.427	0.010	1.39×10^{-5}
0.5g/L SiO_2复合镀层	3.418	3.408	0.010	1.39×10^{-5}
1.0g/L SiO_2复合镀层	2.978	2.970	0.008	1.11×10^{-5}
2.0g/L SiO_2复合镀层	3.349	3.339	0.010	1.39×10^{-5}
4.0g/L SiO_2复合镀层	3.307	2.293	0.014	1.94×10^{-5}

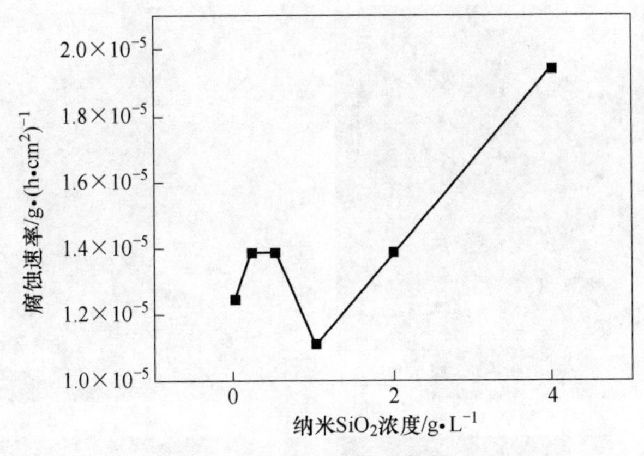

图 3-14 纳米 SiO_2添加量与复合镀层在 5%NaCl 溶液中腐蚀 72h 的腐蚀速率的关系

表 3-9 和图 3-14 是在相同的浸泡时间下，纳米 SiO_2的添加量分别为 0g/L、0.2g/L、0.5g/L、1.0g/L、2.0g/L、4.0g/L 的 Ni-Zn-P 镀层腐蚀速率。可以发现，当纳米粒子浓度为 0.2g/L、0.5g/L 时，镀层的腐蚀速率增加，且两者的腐蚀速率相同，比不添加纳米粒子的 Ni-Zn-P 镀层腐蚀速率还高，这可能是由于纳米粒子浓度太低，使得镀层的表面粗糙，胞状组织分布不致密，进而导致镀层的耐腐蚀性降低。当纳米 SiO_2浓度为 1g/L 时，腐蚀速率明显降低，这是由于纳米粒子的增加，促进了结晶形核，镀层生长过程中镀层的堆积层数就越多，镀层形成过程中的缺陷弥补得更加充分，进而使得耐蚀性提高。而随着纳米粒子浓度的

继续增加，腐蚀速率再次增加，耐蚀性降低。结合表面组织形貌（图 3-11）分析，这可能是由于纳米粒子浓度过高，镀层表面纳米粒子数量增加，导致镀层表面晶胞的孔隙率增加，致密度下降，导致耐蚀性明显下降。

使用金相显微镜观察经 5%NaCl 溶液腐蚀后试样的表面组织形貌，如图 3-15 所示。

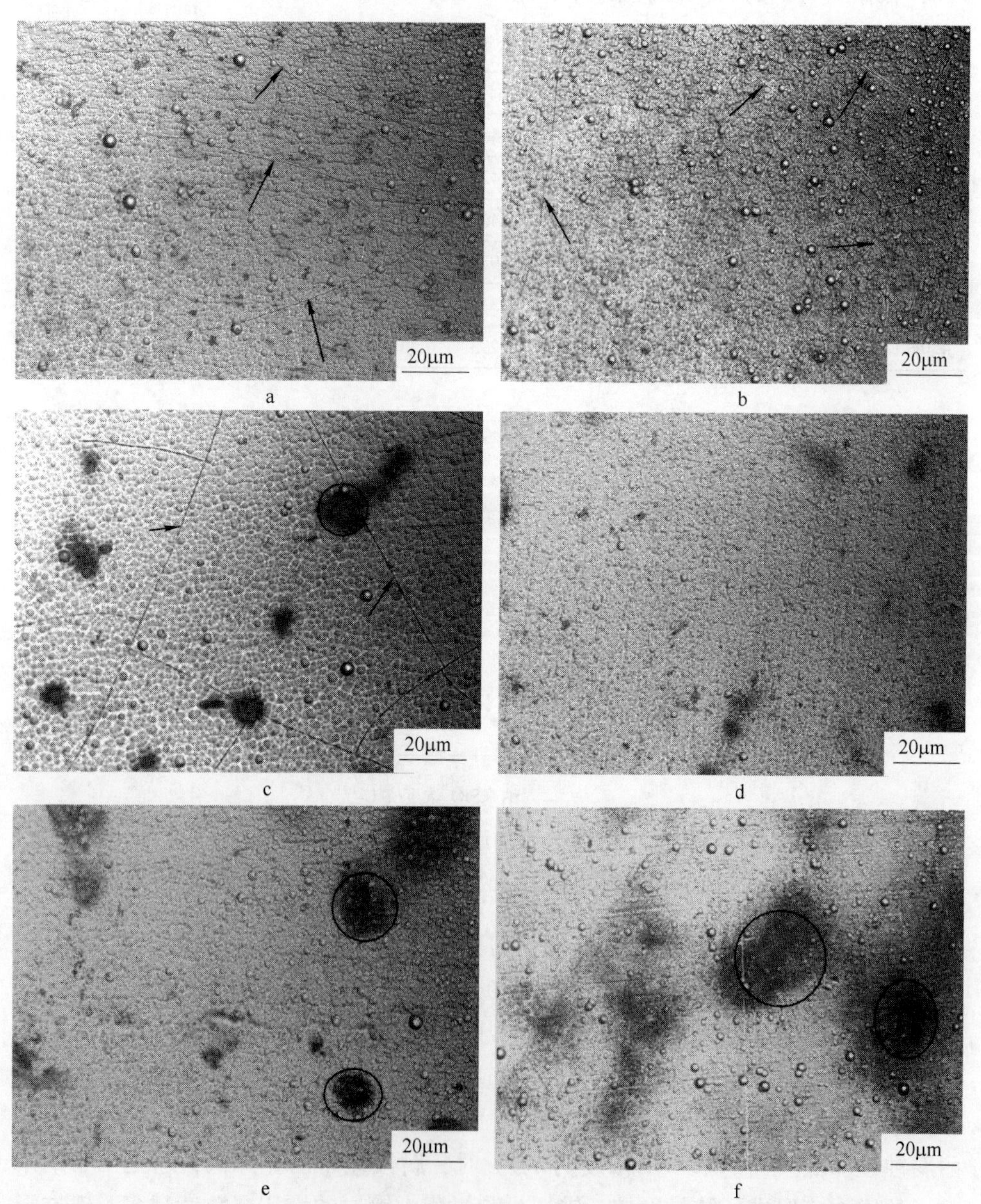

图 3-15　纳米 SiO_2含量不同的复合镀层在 5%NaCl 溶液中腐蚀 72h 后的金相组织

a—0g/L；b—0. 2g/L；c—0. 5g/L；d—1. 0g/L；e—2. 0g/L；f—4. 0g/L

从图 3-15 中可以看出，在未添加纳米粒子（图 3-15a）和纳米 SiO_2 添加量 0.2g/L、0.5g/L（图 3-15b、c）时，腐蚀后的镀层表面有明显的微裂纹，尤其纳米 SiO_2 添加量 0.5g/L 时，微裂纹较多，且裂纹处有明显的腐蚀区域；在纳米 SiO_2 添加量 1g/L、2g/L 和 4g/L（图 3-15d～f）时，腐蚀后镀层表面没出现微裂纹，但是出现黑色腐蚀区域，纳米 SiO_2 添加量越多腐蚀越严重（图 3-15e、f 中圆圈所示），在纳米 SiO_2 添加量 1g/L 时，镀层几乎没有严重的黑色腐蚀区域，耐蚀性最好。这也进一步证实了添加适宜浓度的纳米粒子有助于镀层耐蚀性的提高，纳米粒子浓度过高或者过低可能都起不到提高耐蚀性的效果。

B 10%NaOH 溶液

分别将 Ni-Zn-P 合金镀层、Ni-Zn-P-纳米 SiO_2 复合镀层在 10%NaOH 溶液中腐蚀 72h，根据式（2-2）计算腐蚀速率，结果见表 3-10 和图 3-16。

表 3-10 不同纳米 SiO_2 添加量 Ni-Zn-P 复合镀层在 10%NaOH 溶液中腐蚀 72h 的腐蚀速率

镀层种类	原始质量/g	腐蚀后质量/g	失重量/g	腐蚀速率/g·(h·cm^2)$^{-1}$
Ni-Zn-P 合金镀层	3.473	3.470	0.003	4.17×10^{-6}
0.2g/L SiO_2 复合镀层	3.530	3.528	0.002	2.78×10^{-6}
0.5g/L SiO_2 复合镀层	3.354	3.352	0.002	2.78×10^{-6}
1.0g/L SiO_2 复合镀层	3.182	3.181	0.001	1.39×10^{-6}
2.0g/L SiO_2 复合镀层	3.361	3.359	0.002	2.78×10^{-6}
4.0g/L SiO_2 复合镀层	3.230	3.227	0.002	2.78×10^{-6}

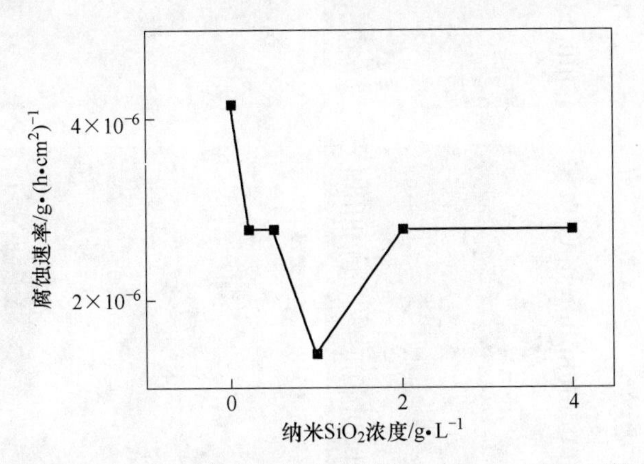

图 3-16 纳米 SiO_2 添加量与复合镀层在 10%NaOH 溶液中腐蚀 72h 的腐蚀速率的关系

表 3-10 和图 3-16 显示，在 10%NaOH 溶液中腐蚀 72h 后，随着纳米 SiO_2 浓度的增加，腐蚀速率先降低、后升高。总体看来，当纳米 SiO_2 浓度较低时，腐蚀

速率随着纳米粒子含量的增加而降低，当纳米 SiO_2 浓度过高时，腐蚀速率会再次升高，但仍然比未添加纳米粒子的镀层腐蚀速率低。所以总体来看，在碱性溶液中腐蚀镀层的腐蚀速率都有所降低，复合镀层的耐蚀性均有所提高。

使用金相显微镜观察经 10%NaOH 溶液腐蚀后试样的表面组织形貌，如图 3-17 所示。

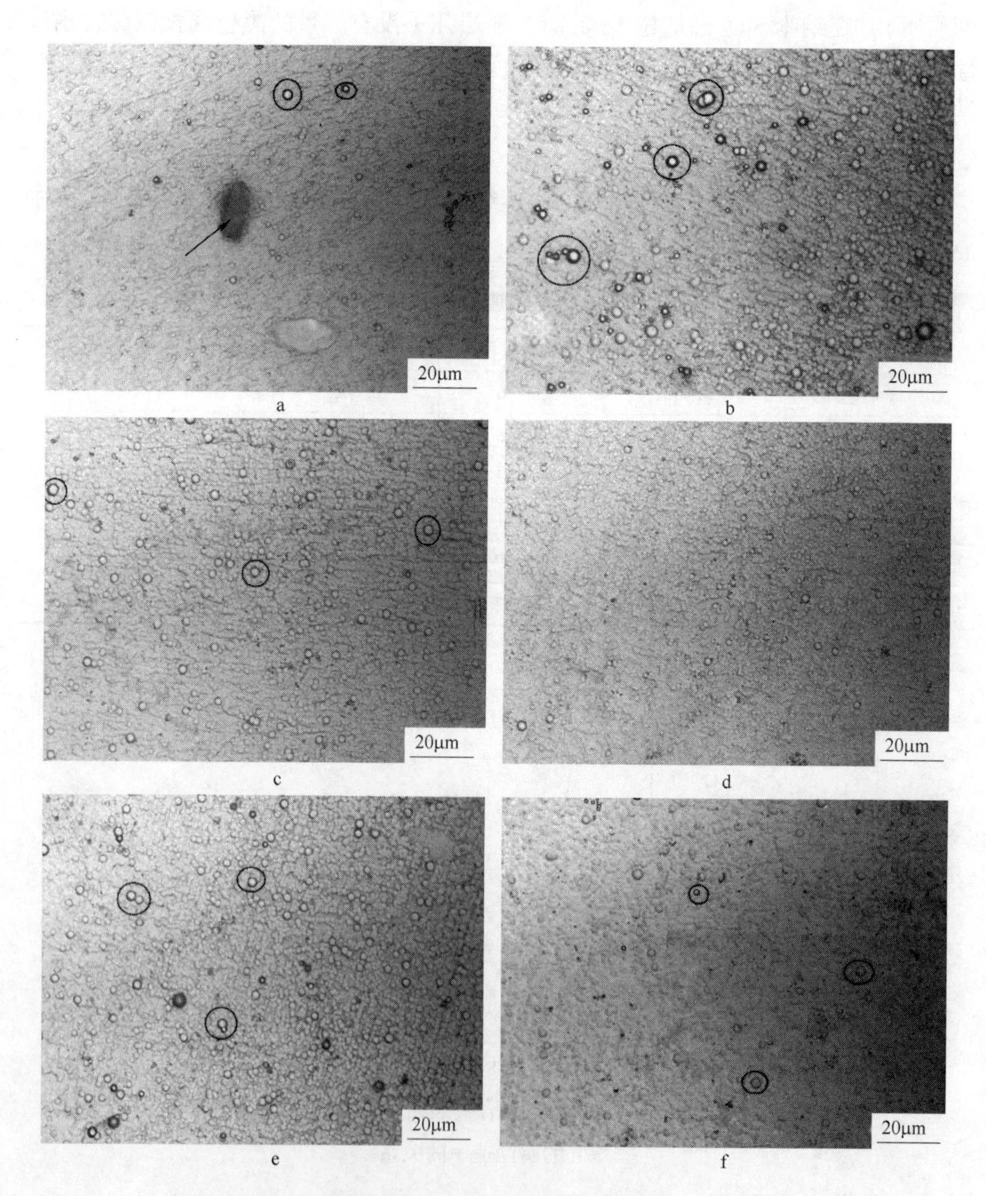

图 3-17　纳米 SiO_2 含量不同的复合镀层在 10%NaOH 溶液中腐蚀 72h 后的金相组织

a—0g/L；b—0. 2g/L；c—0. 5g/L；d—1. 0g/L；e—2. 0g/L；f—4. 0g/L

从图3-17中可以看出，未添加纳米SiO_2（图3-17a）时，腐蚀后的镀层表面有大的腐蚀坑（图3-17a中箭头所示），且个别晶胞周围有腐蚀现象（图3-17a中圆圈所示）；当纳米SiO_2添加量为0.2g/L、0.5g/L、2g/L、4g/L（图3-17b、c、e和f）时，腐蚀后的镀层表面没有出现大的腐蚀坑，但是晶胞周围有轻微的腐蚀现象（图3-17b、c、e和f中圆圈所示）；当纳米SiO_2添加量为1g/L（图3-17d）时，未出现大的腐蚀坑，且晶胞周围基本没有腐蚀，耐蚀性最好。结合腐蚀速率（表3-11）分析，经过10%NaOH溶液中腐蚀72h后，各镀层的失重都很少，即使是未添加纳米粒子Ni-Zn-P合金镀层，经过72h的腐蚀后，失重也仅仅只有0.003g。添加纳米粒子的复合镀层，失重更少，基本不腐蚀。说明镀层耐碱腐蚀性很强，经72h后基本不腐蚀。

通过这两种腐蚀溶液腐蚀结果来看，在5%NaCl溶液中腐蚀，腐蚀后的镀层出现微裂纹和黑色腐蚀区域，这是因为溶液中Cl^-半径很小，它有很强的穿透能力，可以渗入镀层的微孔，进而腐蚀镀层；在10%NaOH溶液中腐蚀，腐蚀后的镀层只在个别晶胞周围有轻微的腐蚀，这是因为在碱性溶液中，镀层能够产生钝化行为，所以有强的抗静态腐蚀的能力；结合腐蚀速率分析，在5%NaCl溶液和10%NaOH溶液中腐蚀后，均是在纳米SiO_2浓度为1g/L时腐蚀速率最低，在5%NaCl溶液中的腐蚀速率为1.11×10^{-5}g/(h·cm^2)，在10%NaOH溶液中的腐蚀速率为1.39×10^{-6}g/(h·cm^2)，在两种腐蚀溶液中腐蚀速率相差一个数量级，说明Ni-Zn-P-纳米SiO_2复合镀层在碱性溶液中的耐蚀性更好。

3.8 总结

探究了镀液配方成分硫酸锌、硫酸铵及柠檬酸钠用量对Ni-Zn-P合金镀层组织形貌的影响，寻找化学镀Ni-Zn-P合金镀层的最佳工艺，同时分别制备0g/L、0.2g/L、0.5g/L、1.0g/L、2.0g/L、4.0g/L的Ni-Zn-P-纳米SiO_2化学复合镀层，探究不同含量的纳米SiO_2对Ni-Zn-P合金镀层的组织和性能的影响，得到的结论如下：

（1）$ZnSO_4$浓度分别为0.5g/L、1.0g/L、2.0g/L时得到的Ni-Zn-P合金镀层都呈现出细小的胞状组织，但是在$ZnSO_4$浓度为1.0g/L、2.0g/L时，镀层不平整，有个别粗大胞状组织和条状沟壑，镀层较薄，表面组织不均匀。因此，$ZnSO_4$浓度为0.5g/L最宜。

（2）硫酸铵浓度为30g/L、40g/L、50g/L时得到的镀层Ni-Zn-P合金镀层都呈现胞状组织，但是在硫酸铵浓度为30g/L和50g/L时，镀层表面胞状组织不致密，大小不均匀，镀层不平整。最终选择硫酸铵的浓度40g/L、柠檬酸钠浓度50g/L时，镀层表面成片状，趋于平整，没有明显的胞状组织，只有个别粗大胞状组织，说明镀层不是完全非晶态镀层。

（3）在柠檬酸钠浓度为 60g/L、70g/L、80g/L 时，镀层表面都呈现胞状组织，但是，随着柠檬酸钠浓度增加，胞状组织逐渐连接成片，大小不均匀，说明镀层由非晶态逐渐向晶态转变。因此，柠檬酸钠浓度 50g/L 时，得到的镀层以非晶态为主，镀层综合性能好。

（4）综合硫酸锌、硫酸铵和柠檬酸钠用量 3 个因素的研究结果，选出化学镀 Ni-Zn-P 合金镀层的最佳镀液配方为：硫酸镍 27g/L、次亚磷酸钠 16g/L、硫酸铵 40g/L、硫酸锌 0. 5g/L、柠檬酸钠 50g/L。

（5）纳米 SiO_2 的添加量分别为 0g/L、0. 2g/L、0. 5g/L、1. 0g/L、2. 0g/L、4. 0g/L 的 Ni-Zn-P 镀层表面均呈现胞状组织，未添加纳米粒子的 Ni-Zn-P 镀层表面胞状组织均匀、致密，但不平整；当纳米 SiO_2 添加量为 0. 2g/L、0. 5g/L 和 2. 0g/L 时，镀层表面胞状之间有明显的空隙，胞状组织不致密；当纳米 SiO_2 添加量为 4g/L 时，已经看不到晶胞紧密排列，只能看到表面有很多胞状的突起；只有当纳米 SiO_2 添加量为 1g/L 时，镀层表面呈现均匀、致密、平整的胞状组织，对基体保护性好。

（6）随着纳米粒子添加量的增加，镀层的硬度明显增大。纳米 SiO_2 添加量为 4g/L 的 Ni-Zn-P-纳米 SiO_2 复合镀层硬度比 Ni-Zn-P 合金镀层显著提高了 23. 05%。

（7）在 5%NaCl 溶液中腐蚀 72h 后，纳米粒子浓度为 0. 2g/L、0. 5g/L 时，由于纳米粒子浓度太低，使得镀层的表面粗糙，胞状组织分布不致密，腐蚀后的镀层表面有明显的微裂纹，尤其纳米 SiO_2 添加量 0. 5g/L 时，微裂纹较多，且裂纹处有明显的腐蚀区域，腐蚀速率升高；当纳米 SiO_2 添加量 2g/L、4g/L 时，腐蚀后镀层表面没出现微裂纹，但是出现黑色腐蚀区域，纳米 SiO_2 添加量越多，腐蚀越严重，腐蚀速率再次增加，耐蚀性降低。当纳米 SiO_2 添加量 1g/L 时，镀层几乎没有严重的黑色腐蚀区域，腐蚀速率最低，耐蚀性最好。

（8）在 10%NaOH 溶液中腐蚀 72h 后，随着纳米 SiO_2 浓度的增加，腐蚀速率先降低、后升高。未添加纳米 SiO_2 时，腐蚀后的镀层表面有大的腐蚀坑，且个别晶胞周围有轻微的腐蚀现象，腐蚀速率高，耐蚀性差；随着纳米粒子的加入，在纳米 SiO_2 添加量为 0. 2g/L、0. 5g/L 时，腐蚀后的镀层表面没有出现大的腐蚀坑，个别晶胞周围有轻微的腐蚀现象，腐蚀速率降低，当纳米 SiO_2 添加量为 2g/L、4g/L 时，腐蚀后的镀层表面未出现大的腐蚀坑，但是个别晶胞周围有轻微的腐蚀现象，腐蚀速率增加；当纳米 SiO_2 添加量为 1g/L 时，未出现大的腐蚀坑，且晶胞周围基本没有腐蚀，腐蚀速率最低，耐蚀性最好。

（9）在 5%NaCl 溶液和 10%NaOH 溶液中腐蚀后，均是在纳米 SiO_2 浓度为 1g/L 时，腐蚀速率最低，但是在 5%NaCl 溶液中的腐蚀速率为 $1.11\times10^{-5}g/(h\cdot cm^2)$，在 10%NaOH 溶液中的腐蚀速率为 $1.39\times10^{-6}g/(h\cdot cm^2)$，在两种腐蚀溶

液中腐蚀速率相差一个数量级，说明 Ni-Zn-P-纳米 SiO_2 复合镀层在碱性溶液中耐蚀性更好。

参 考 文 献

[1] 宋秀丽．国内外管道防腐的现状与发展［J］. 山西建筑，2002，28（9）：88~89.

[2] 涂小华，王修杰．石油工业中管道的腐蚀与防腐［J］. 江西化工，2006（4）：266~267.

[3] 赵文珍．金属材料表面处理新技术［M］. 西安：西安交通大学出版社，1991.

[4] 刘家浚．材料磨损原理及其耐磨性［M］. 北京：清华大学出版社，1993.

[5] 郦振声．表面工程技术及其发展［C］//第三届全国表面工程大会论文集．武汉：中国机械工程学会分会，1996.

[6] 许强龄．现代表面处理新技术［M］. 上海：上海科学技术文献出版社，1994.

[7] 车承焕．复合镀技术的发展和应用［J］. 材料保护，1991，24（9）：4~7.

[8] 胡德林．金属学及热处理［M］. 西安：西北上业大学出版社，1995.

[9] Guglielmi N. Kinetics of the deposition of inert particles from electrolytic baths［J］. Journal of the electrochemical society，1972（119）：1009~1012.

[10] 蒋斌，徐滨士，董世运．纳米复合镀层的研究现状［J］. 材料保护，2002，35（6）：1~3.

[11] 张捷．化学镀 Ni-P-Al_2O_3 复合镀层的研究［D］. 上海：华东理工大学，2002.

[12] 李秋菊．Ni-P-纳米 Al_2O_3 复合镀层结构与性能研究［D］. 昆明：昆明理工大学，2003.

[13] 姜晓霞，沈伟．化学镀理论及实践［M］. 北京：国防工业出版社，2000.

[14] 王为，李克锋．Ni-P 基纳米化学复合镀研究现状［J］. 电镀与涂饰，2003，22（5）：34~38.

[15] Agarwala R C，Agarwala Vijaya. Electroless alloy/composite coatings：A review［J］. Sadhana，2003，8（3，4）：475~493.

[16] Karthikeyan S，Srinivasank N，Vasudevant，et al. 化学镀 Ni-P-Cr_2O_3 和 Ni-P-SiO_2 复合镀层的研究［J］. 电镀与涂饰，2007，26（1）：1~6.

[17] Balaraju J N，Rajam K S. Electroless deposition and characterization of high phosphorus Ni-P-Si_3N_4 composite coatings［J］. Int J Electrochem Sci，2007，2（10）：747~761.

[18] Apachitei I，Duszczyk J，Katgerman L，et al. Particles co-deposition by electroless nickel［J］. Scripta Materialia，1998，38（9）：1383~1389.

[19] 朱绍峰，吴玉程，黄新民．化学沉积 Ni-Zn-P-TiO_2 纳米复合镀层及其性能研究［J］. 热处理，2011，26（1）：34~37.

[20] 曾斌．Ni-P/纳米 SiO_2 复合镀层耐蚀及强化冷凝传热性能研究［D］. 上海：华东理工大学，2012.

[21] 赵永华，张兆国，赵永强．Ni-P-纳米 SiC 化学复合镀超声波分散工艺［J］. 兰州理工大学学报，2011，37（2）：26~29.

[22] 黄新民，吴玉程，郑玉春．纳米功能复合涂层［J］. 功能材料，2000，31（4）：419~420.

[23] 周祖康，顾惕人，马季铭．胶体化学基础仁［M］. 北京：北京大学出版社，1996.

[24] 牛润兵．镁合金表面化学镀 Ni-P 非晶合金的工艺及性能研究［D］. 秦皇岛：燕山大学，2009.

[25] 王森林，徐旭波，吴辉煌．化学沉积 Ni-Zn-P 合金制备和腐蚀性能研究［J］. 中国腐蚀与防护学报，2004，24（5）：297~300.

[26] Valova E, Georgiev I, Armyanov S, et al. Incorporation of zinc in electroless deposited nickel-phosphorus alloys I. A comparative study of Ni-P and Mi-Zn-P coatings deposition, structure and composition [J]. Journal of the Electrochemical Society, 2001, 148 (4): C266~C273.

[27] Valova E, Armyanov S, Franquet A, et al. Incorporation of zinc in electroless deposited Nickel-Phosphorus alloys Ⅱ. Compositional variations through alloy coating thickness [J]. Journal of the Electrochemical Society, 2001 (4): C274~C279.

[28] 李茂东，张永君，吴丹，等．施镀工艺对 Ni-Zn-P 化学镀的影响［J］. 材料保护，2016，49（1）：40~44.

[29] 赵丹，徐旭仲，徐博．Ni-Zn-P 合金镀层在人工模拟海水中腐蚀行为的研究［J］. 表面技术，2016，45（4）：169~174.

[30] 黎黎．化学复合镀工艺研究［D］. 上海：上海交通大学，2007.

[31] 魏林生，章亚芳，蒋柏泉．化学镀镍-磷-锌合金工艺条件的优化及其动力学研究［J］. 电镀与涂饰，2012，31（9）：12~16.

[32] 穆欣．纳米 Al_2O_3 碱性化学复合镀镍的研究［D］. 杭州：浙江大学，2006.

[33] 苗丽娟，李长虹．化学复合镀及其应用［J］. 铁道机车车辆，2004，24（6）：36~37.

[34] 赵丹，徐旭仲，刘亭亭．Ni-Zn-P-纳米 SiO_2 化学复合镀层组织和性能的研究［J］. 材料保护，2016（12）.

[35] Grosjean A, Rezrazi M, Takadoum J, et al. Hardness, friction and wear characteristics of nickel-SiC electroless composite deposits [J]. Surface & Coatings Technology, 2001, 137 (1): 92~96.

[36] Apachitei I, Tichelaar F D, Duszczyk J, et al. The effect of heat treatment on the structure and abrasive wear resistance of autocatalytic NiP and NiP-SiC coatings [J]. Surface & Coatings Technology, 2002, 149 (2, 3): 263~278.

[37] Balaraju J N, Seshadri S K. Synthesis and characterization of electroless nickel-high phosphorus coatings [J]. Metal Finishing, 1999, 97 (7): 8~10, 12.

[38] Ger M D, Bing J H. Effect of surfactants on codeposition of PTFE particles with electroless Ni-P coating [J]. Materials Chemistry & Physics, 2002, 76 (1): 38~45.

[39] Moonir-Vaghefi S M, Saatchi A, Hejazi J. The effect of agitation on electroless nickel-phosphorus-molybdenum disulfide composite plating [J]. Metal Finishing, 1997, 95 (6): 102~106.

[40] Berkh O, Eskin S, Berner A, et al. Electrochemical Cr-Ni-Al_2O_3 composite coatings part Ⅰ: some aspects of the codeposition process [J]. Plating and Surface Finishing, 1995, 82 (1):

54~59.

[41] Tzeng G S. Effect of halide ions on electroless nickel plating [J]. Journal of Applied Electrochemistry, 1996, 26 (9): 969~975.

[42] Henry J. A new fluorinated electroless nickel codeposit [J]. Metal Finishing, 1990, 88 (10): 15~18.

[43] 朱崇伟. AZ91D镁合金化学镀Ni-W-P工艺及性能研究 [D]. 哈尔滨: 哈尔滨工程大学, 2012.

4 化学镀 Ni-P 合金镀层

单层 Ni-P 二元合金镀层是一种封闭性保护层，只有在合金镀层完好无损的情况下，即镀层没有孔隙，才会对钢铁材料起到保护作用。如果镀层表面存在孔隙等缺陷，则镍磷镀层就会和有缺陷的钢铁基体形成腐蚀电池，使得镀层孔隙处的小面积钢铁基体有着密度较大的电流，导致镍磷镀层不但不能够保护基体，反而加速基体的腐蚀发生。较厚镀层的孔隙等缺陷较少，耐腐蚀性能较好，但增加单种镀层的厚度无疑会增加生产成本。相比之下，相同镀层厚度下，化学镀双层或多层 Ni-P 合金镀层的耐腐蚀性、耐磨性强于化学镀单层 Ni-P 合金镀层[1]。

人类在 21 世纪迎来了海洋资源大开发，如何克服恶劣的海洋环境一直都是科学家们的研究课题。海洋带给人类的不仅有丰富的物质资源，还有由于其腐蚀性带来的经济损失。金属材料是海洋开发的最常用材料，提高其在海洋环境中的耐腐蚀性能有着十分重大的经济意义。对海洋用金属采用涂层保护技术在目前来讲是一种较好的防腐蚀方法。热镀锌技术是防止材料腐蚀常用的方法，但是随着环保意识的增强，热镀锌必会因其带来的环境污染问题而被限制使用。因此，要解决海洋环境的腐蚀性问题，开发高耐蚀性的化学镀 Ni-P 合金工艺已迫在眉睫[2]。拥有“绿色环保技术”美称的化学镀 Ni-P 合金工艺是一种没有公害物质排放的表面处理工艺，该工艺同时具备易操作、低成本等特点，备受工业界的推崇。至今已有很多关于化学镀 Ni-P 二元合金镀层的研究报道，但在海洋相关方面对化学镀 Ni-P 合金镀层的高耐蚀性研究进行的报道并不是很多，其中将双层 Ni-P 合金镀层应用于海洋方面的研究报道则更少见。

4.1 化学镀双层镍基镀层的研究现状

以化学镀 Ni-P 二元合金为基础，多种多元合金化学镀已经得以发展，如三元合金[3~5]（Ni-Co-P、Ni-Fe-P、Ni-Cu-P、Ni-W-P 、Ni-Sn-P 、Ni-Mo-P），四元合金（Ni-Co-Fe-P 、Ni-Co-Cu-P、Ni-Fe-P-B），甚至五元合金（Co-Ni-Re-Mn-P）等。

化学镀或多层化学镀能够融合各镀层的优点，从而可以获得性能更加优异的多层化学镀层。目前报道最多的双层镀镍技术是利用两种镀层在电化学性质和硬度方面的差异，通过优化其工艺组合，得到厚度不大，但仍具有优异耐蚀性或耐磨性的镀层。在生产成本不增加的情况下，采用双层或多层化学镀镍工艺，可以降低孔蚀的发生几率，是一种比较经济适用的表面处理工艺。美国于1995年率先开始了双层镀镍工艺的研究[6]，我国在2000年前后也陆续展开了相关研究[7~10]。

成少安[11]在研究单层保护层工艺和电极电位的基础上，研制了化学镀牺牲阳极镀层，并通过盐雾腐蚀试验和电化学测试确定了最佳镀层参数，腐蚀试验结果表明镀层的耐蚀性几倍甚至几十倍地优于单层。刘景辉等[12]用双层化学镀工艺取代传统的单层化学镀工艺，得到的Ni-P/Ni-W-P镀层，比Ni-W-P镀层更均匀、细致，同时有更好的硬度、耐磨性和耐蚀性能；Zhong Chen等[13]在烧结Nd-Fe-B永磁体上分别进行低磷镀层（A）、低磷+高磷镀层（B）、低磷+高磷+中磷（C）3种形式的化学镀，在盐酸溶液中进行耐腐蚀研究，结果表明单层A样品的耐蚀性最差，B样品的耐蚀性最好[14]。

在化学镀Ni-P合金方面，国内相比国外仍有一定距离，需要进一步自主创新。在微粒与合金共沉积的化学复合镀研究方面，目前能够工业应用的复合材料镀液与国外相比也较少，需要进一步开发更多经济、实用的工业配方[14]。

4.2 试验材料与方法

4.2.1 试验材料

试验采用普碳钢Q235作为基体材料，试样一端打孔（ϕ3mm），尺寸为20mm×25mm×0.9mm。试验材料成分见表2-1。

4.2.2 试验方案

具体试验方案如图4-1所示。

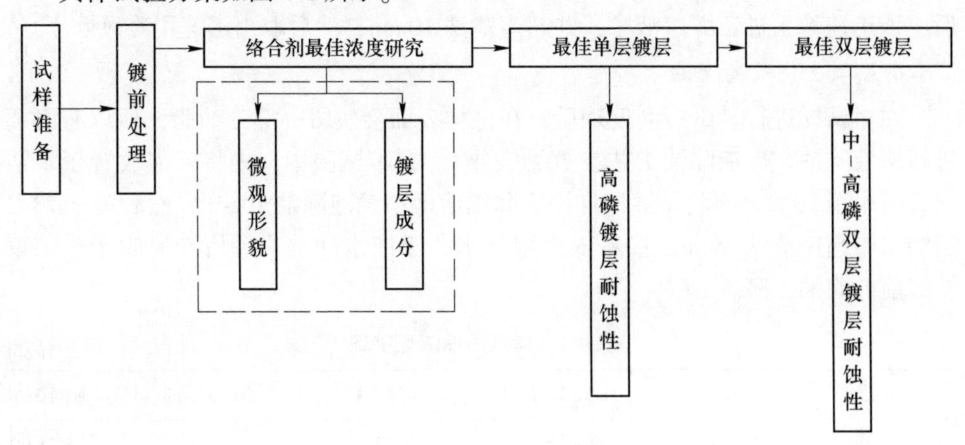

图4-1 试验方案示意图

4.2.3　工艺流程

化学镀单层 Ni-P 合金镀层：

砂纸打磨→无水酒精与超声清洗→冷风干燥→碱液除油→超声除油→蒸馏水洗→5%稀盐酸酸洗→蒸馏水洗→2.5%稀盐酸活化→蒸馏水洗→施镀 1h→蒸馏水洗→冷风干燥。

化学镀双层 Ni-P 合金镀层：

砂纸打磨→无水酒精与超声清洗→冷风干燥→碱液除油→超声除油→常温蒸馏水洗→5%稀盐酸酸洗→常温蒸馏水洗→2.5%稀盐酸活化→常温蒸馏水洗→内层施镀→去离子水冲洗→冷风干燥→外层施镀→蒸馏水冲洗→冷风干燥。

4.2.4　镀前预处理

化学镀层在 Q235 碳钢试样表面沉积的先决条件是：碳钢表面具有催化活化点，Ni、P 元素将在这些活化点处率先沉积，然后沉积逐步扩散至整个试样表面。另外，化学镀的镀液较为敏感，镀液的稳定性易受杂质的影响，过多杂质的混入会降低镀液的稳定性，使得镀液使用寿命减少；最后，Ni-P 合金的沉积发生在基体材料的表面，镀层与基体的结合力等物理特性会受到基材表面粗糙度等的影响。因此，在施镀前对试样表面进行镀前处理是必不可少的。

4.2.4.1　试样打磨

试样表面具有一定的油污和锈迹，因此，先依次用较粗的 500 号、600 号、800 号砂纸进行打磨，然后依次采用较细的 1000 号、1200 号、1500 号砂纸进行打磨。经过较细砂纸打磨后，试样的表面油污和铁锈已经完全去除，裸露出了碳钢基材，由于碳钢基材在空气中会很快被氧化，因此在试样经 1500 号砂纸打磨后应该迅速地丢进乙醇溶液中，并超声清洗 10min，然后取出迅速用冷风吹干。

4.2.4.2　碱液除油

在对试样进行砂纸打磨处理后，在试样表面会残留一部分油脂，所以有必要进行碱液除油。碱液除油工艺参数见表 4-1。在本试验中，先将碱液放置于水浴锅，恒温至 73℃，再将待镀试样浸于除油溶液中浸泡除油 10min，然后置于 73℃ 蒸馏水中超声清洗 5min，接着依次用温水、蒸馏水冲洗，最后冷风吹干，结束施镀前的除油工序。

表 4-1　碱液除油工艺参数

参数	$NaOH/g \cdot L^{-1}$	$Na_2CO_3/g \cdot L^{-1}$	温度/℃	恒温时间/min	超声时间/min
用量/指标	40	20	73	10	5

4.2.4.3 酸洗除锈

在试样完成打磨到后续施镀会有一个时间间隔，即使采用了在乙醇溶液中超声防锈，但试样表面还是有可能会出现少许锈斑，所以需要进行酸洗除锈。在本试验中，采用5%稀盐酸溶液对试样进行酸洗。在对试样进行碱液除油后，用70~80℃温水冲洗试样，再用蒸馏水冲洗，最后将试样放置于室温的酸洗溶液中，时间大约1min，当试样表面有均匀气泡产生且试样有少许变灰时，结束酸洗，将试样放入70~80℃的蒸馏水中浸洗，最后用常温去离子水冲洗，结束酸洗过程。

4.2.4.4 活化

试样在经过砂纸打磨、碱液除油、酸洗除锈后，在存储或运送过程中，表面会有一层薄氧化膜产生，该氧化膜会影响镀层与金属基体的结合，所以试样在施镀前还需要进行最后一道工序：活化。该工序能够轻微腐蚀试样表面，露出金属结晶组织，使得试样表面活化，让镀层和基体能很好的结合。活化所用的溶液浓度较低，本实验使用的是2.5%稀盐酸溶液，能够保证试样表面的粗糙度，活化时间约30s。

4.2.5 镀液配置

化学镀镀液极易发生分解，在镀液配制时严格按照如下原则进行，具体步骤如下：

（1）分别称量好镍盐、还原剂、络合剂、缓冲剂、稳定剂及表面活性剂；

（2）为了避免镀液分解，配制时不能将溶有主盐和还原剂的两种溶液混合；

（3）将镍盐溶解在一定的去离子水中，不断搅拌，加速镍盐在水中溶解，可以通过水浴加热来提高镍盐的溶解速度；

（4）将除还原剂以外的络合剂和其他添加剂分别用去离子水溶解，待完全溶解后，与主盐溶液搅拌混合；

（5）在搅拌条件下将还原剂溶液倒入含有主盐及络合剂溶液的烧杯中，控制混合液体体积低于所需镀液总体积；

（6）用NaOH（10%）溶液作为镀液pH值调整剂；

（7）用去离子水稀释混合溶液至计算体积。

在镀液配置过程中应特别注意$NiSO_4$溶液与NaH_2PO_2溶液不能直接混合，否则会使镀液性能不合格。在溶液的混合过程中必须要搅拌，即使各种药品已经预先完全溶解，但在混合时，搅拌不充分也会生成难以发现的镍的化合物。在进行pH值调整时，药品要缓慢加入，搅拌要快速、均匀；否则会使镀液中局部的pH值过高，产生氢氧化镍沉淀。

4.2.6　分析方法

4.2.6.1　表面分析

（1）光学金相显微镜。使用蔡司显微镜观察化学镀层和腐蚀层的表面形貌。

（2）扫描电子显微镜。扫描电子显微镜（scanning electron microscope, SEM）是观察和研究物质微观形貌的重要工具。利用 SEM 对单层 Ni-P 镀层、双层 Ni-P 镀层进行表面微观形貌观察，为进一步的配方选择和耐蚀性实验提供组织形貌依据。

4.2.6.2　成分分析

利用能谱分析技术（EDS）对单层 Ni-P 镀层、双层进行成分分析，获得最佳单层 Ni-P 镀层和双层 Ni-P 镀层。

4.3　化学镀单层 Ni-P 合金镀层

化学镀技术获得的镍磷镀层厚度均匀，具有优异的耐蚀、耐磨性以及磁性等理化性能，被广泛应用于工业。但是，随着使用环境的苛刻和人们对耐蚀、耐磨性能的要求提高，许多化学镀镍磷镀层质量不能满足工业要求，极端情况下还造成了严重的工业事故。较高的镀层孔隙率是大多事故发生的导火索，镀层在腐蚀环境中产生严重的电化学腐蚀，使得设备发生点蚀，最后失效[7~9]。海水中因为存在大量的腐蚀性 Cl^-，更加容易导致化学镀 Ni-P 合金镀层失效。

依据镀层中磷元素质量分数，镍磷镀层在工业上被分为低磷、中磷和高磷 3 种，其中磷含量为 2%~5%的属低磷镀层、磷含量为 6%~9%的属中磷镀层、磷含量为 10%~13%的属高磷镀层。低磷镀层与高磷镀层在耐腐蚀性和硬度方面存在很大的差别。

采用扫描电子显微镜（SEM）和能谱仪（EDS）研究络合剂对单层镍磷镀层组织形貌和成分的影响。

4.3.1　单层 Ni-P 合金镀层镀液成分选择

在前期工作的基础上[15]，采用酸式中温化学镀方法，通过改变络合剂的用量制备不同磷含量的单层 Ni-P 合金镀层。

为了获得中等磷含量的 Ni-P 合金镀层，络合剂选择单一的苹果酸，并尝试通过改变苹果酸用量，探究其对镀层组织形貌和成分的影响，最后依据镀层形貌与镀层磷含量选择出用于制备双层 Ni-P 合金镀层的最佳中磷配方。苹果酸用量范围为 8~24g/L，镀液中其他成分及用量为：硫酸镍 20g/L、次亚磷酸钠 24g/L、丁二酸钠 18g/L、十二烷基硫酸钠 0.1g/L、镀液 pH 值为 5.1；施镀温度为 81℃。

在制备高磷Ni-P合金镀层时选用单一的柠檬酸作为络合剂，并通过改变柠檬酸用量来探究其对镀层组织形貌和成分的影响。结合镀层组织形貌与镀层磷含量选择出用于制备中-高磷双层Ni-P合金镀层的最佳高磷配方。柠檬酸用量范围为10~30g/L，镀液中其他成分及用量为：硫酸镍25g/L、次亚磷酸钠30g/L、醋酸钠15g/L、十二烷基硫酸钠0.1g/L；镀液pH值为5.1；施镀温度为81℃。

4.3.2 单层Ni-P合金镀层制备工艺设计

试验通过控制单一因素的方法，配制不同浓度苹果酸与不同浓度柠檬酸的化学镀镀液，制备出多个单层Ni-P合金镀层。

具体工艺设计见表4-2和表4-3。

表4-2 不同浓度苹果酸的施镀工艺

试剂/条件	A1	A2	A3	A4	A5
硫酸镍/$g \cdot L^{-1}$	20	20	20	20	20
次亚磷酸钠/$g \cdot L^{-1}$	24	24	24	24	24
苹果酸/$g \cdot L^{-1}$	8	12	16	20	24
丁二酸钠/$g \cdot L^{-1}$	18	18	18	18	18
十二烷基硫酸钠/$g \cdot L^{-1}$	0.1	0.1	0.1	0.1	0.1
时间/h	1	1	1	1	1
pH值	5.1	5.1	5.1	5.1	5.1
温度/℃	81	81	81	81	81
搅拌	无	无	无	无	无

表4-3 不同浓度柠檬酸的施镀工艺

试剂/条件	B1	B2	B3	B4	B5
硫酸镍/$g \cdot L^{-1}$	25	25	25	25	25
次亚磷酸钠/$g \cdot L^{-1}$	30	30	30	30	30
柠檬酸/$g \cdot L^{-1}$	10	15	20	25	30
醋酸钠/$g \cdot L^{-1}$	15	15	15	15	15
十二烷基硫酸钠/$g \cdot L^{-1}$	0.1	0.1	0.1	0.1	0.1
时间/h	1	1	1	1	1
pH值	5.1	5.1	5.1	5.1	5.1

续表 4-3

试剂/条件	B1	B2	B3	B4	B5
温度/℃	81	81	81	81	81
搅拌	无	无	无	无	无

4.3.3 单层 Ni-P 合金镀层检测与分析结果

利用蔡司金相显微镜和扫描电子显微镜对两种络合剂所得的镀层形貌进行检测与分析，探究络合剂浓度与镀层表面组织形貌的关系，利用 EDS 技术对镀层进行成分分析，探究络合剂浓度与镀层含磷量的关系，最后综合分析结果，获得能够用作制备化学镀双层 Ni-P（中-高磷）合金镀层的最佳工艺组合。

4.3.3.1 络合剂苹果酸用量对 Ni-P 镀层组织形貌和成分的影响

按表 4-2 中工艺制备出 5 种单层 Ni-P 合金镀层，分析了镀层的形貌和成分。

A 镀层组织形貌

图 4-2 是不同浓度苹果酸所制备出的 Ni-P 合金镀层 500 倍金相图，图 4-3 是不同浓度苹果酸制备出的 Ni-P 合金镀层扫描电镜（SEM）图。

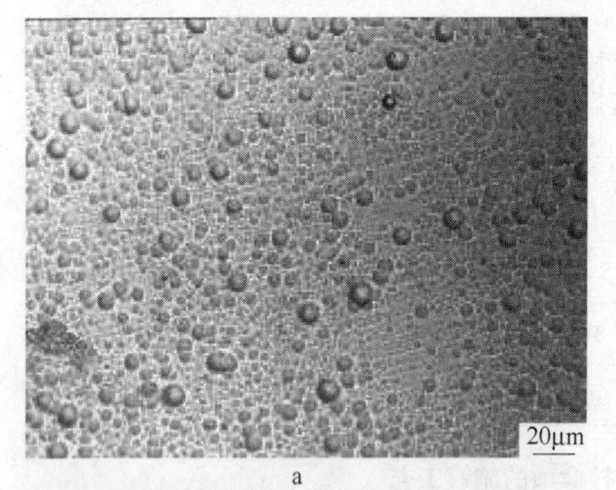

a

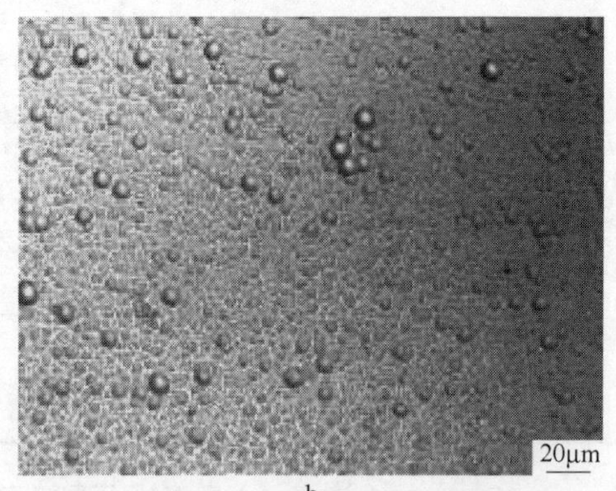

b

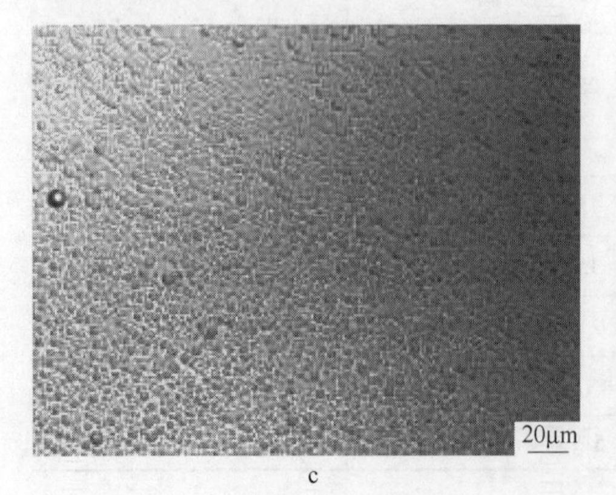

c

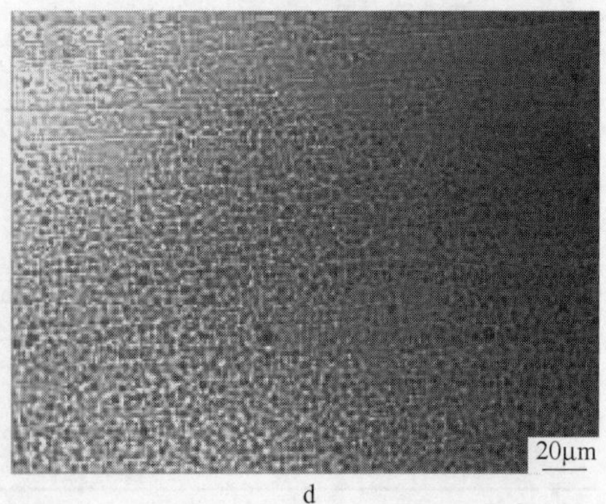

d

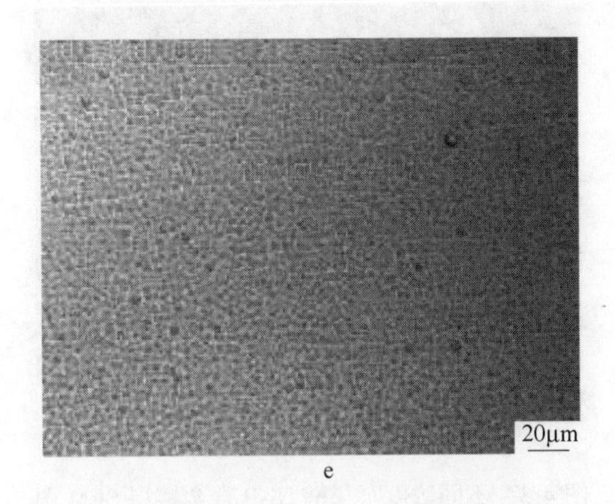

图 4-2 不同浓度苹果酸 Ni-P 合金镀层金相图（×500）

a—8g/L；b—12g/L；c—16g/L；d—20g/L；e—24g/L

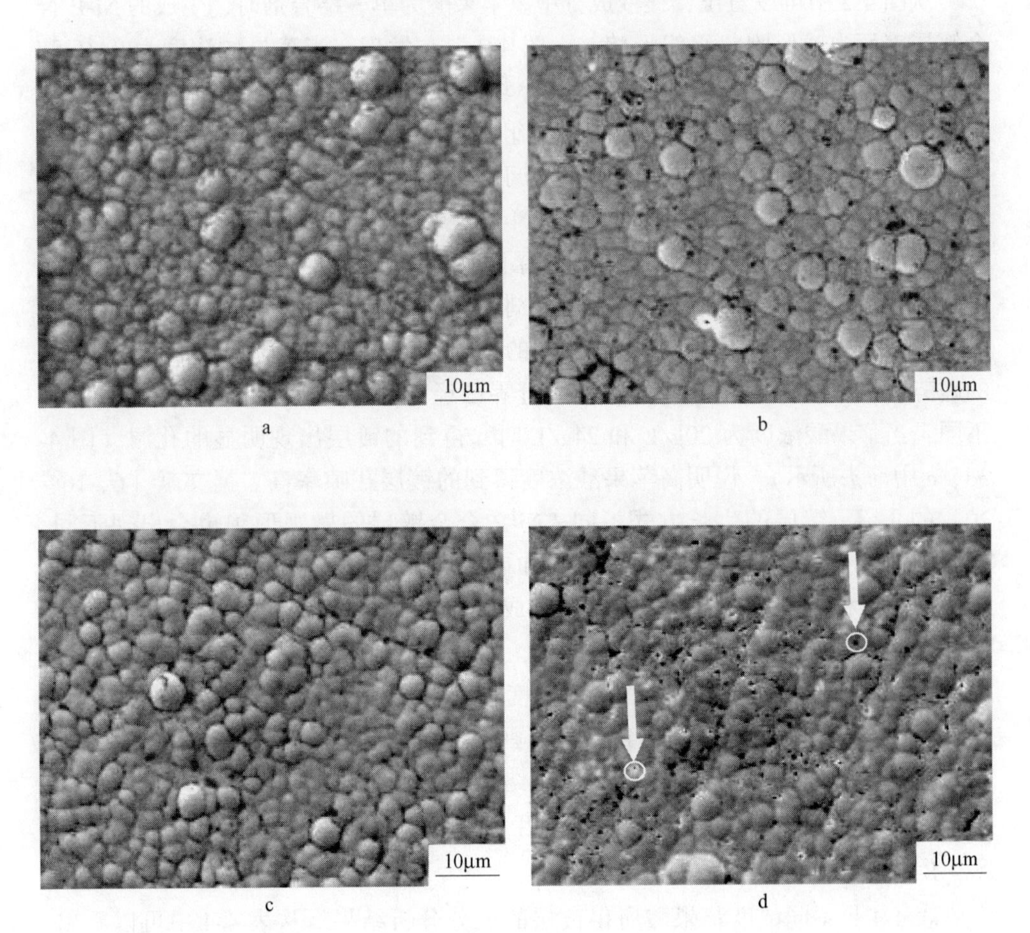

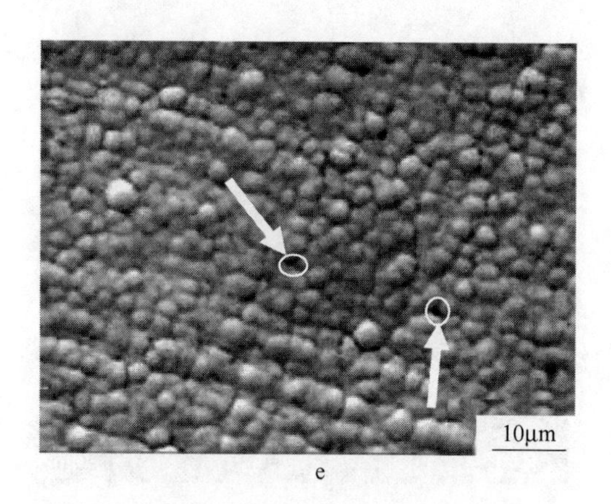

e

图 4-3　不同浓度苹果酸 Ni-P 合金镀层 SEM 图

a—8g/L；b—12g/L；c—16g/L；d—20g/L；e—24g/L

从图 4-2 中可以看出，镀液成分中以苹果酸为单一络合剂时，生成的 Ni-P 合金镀层表面为球形胞状组织形貌。由图 4-2a、b 发现，当苹果酸浓度为 8g/L 和 12g/L 时，球形胞状组织较大，但是不均匀。当苹果酸浓度为 16g/L、20g/L、24g/L 时，镀层表面形貌呈现细小胞状组织、分布均匀、排列较为致密。同时，随着苹果酸浓度的增加，镀层形貌趋向于平面化。在图 4-2d 中已经有少许区域不能辨别出凹凸的球形胞状组织，在图 4-2e 中已经明显存在平面化的区域。

从图 4-3 中可以清晰地看出，以苹果酸为单一络合剂，制备出的 Ni-P 合金镀层呈现胞状组织。可以发现，随着络合剂苹果酸浓度的增加，镀层表面胞状组织越来越细小、均匀；同时，胞与胞之间的差异也越来越不明显，形貌有趋向平整的趋势，从图 4-3d 中可以发现，胞间分界已经出现了不清晰。但是镀层致密度不同，当苹果酸浓度为 20g/L 和 24g/L 时，得到的镀层出现明显的孔洞（图 4-3d、e 中箭头所示），说明高苹果酸浓度得到的镀层孔隙率高。据文献［6，16～20］的介绍，镀层的生长方式不同，Ni-P 合金镀层的微观形貌也会出现不同。Ni-P 合金的生长主要包括最初的形核和后期 Ni-P 核的成长。若按照柱状生长，则镀层微观相貌呈现球状鼓包；若以叠成方式生长，则镀层形貌以平整状为主。由此可见，在苹果酸浓度较低的镀液中，晶体的生长方式以柱状生长为主，镀层表面形貌呈现球状鼓包形状；苹果酸浓度增加，镀层形貌趋向平整化。

以镀层形貌均匀、细小和致密为原则，选择最佳的 Ni-P 合金镀层。从镀层形貌结果分析，认为在以苹果酸为单一络合剂下制备单层 Ni-P 合金镀层得出的最佳施镀工艺组合为 A3 组（苹果酸浓度 16g/L）。

B　镀层成分分析

表 4-4 是不同浓度苹果酸所得镀层的成分分析结果。从表 4-4 中可以看出，

随着苹果酸浓度的不断增加，Ni-P 合金镀层中的磷含量也不断地提高，当苹果酸含量为 20g/L 时，镀层中磷含量已经超过 9%（中磷镀层中的磷含量范围为 6%~9%）。可以得到结论，在以苹果酸为单一络合剂的中磷镀液中，当浓度范围为 8~24g/L 时，苹果酸对镀层中磷含量的影响呈正相关。单从镀层磷含量角度考虑，为了得到合适磷含量用于制备双层 Ni-P 合金镀层的中磷镀层，从镀层成分分析结果选择苹果酸浓度为 16g/L 的 A3 组工艺为佳。为了得到具备较好耐磨性能，且能用作双层镀镍磷内层的中磷镀层，综合苹果酸浓度对 Ni-P 合金镀层的形貌、成分影响的分析，最合适的选择是苹果酸浓度为 16g/L 的 A3 组施镀工艺。

表 4-4 不同浓度苹果酸制备的 Ni-P 合金镀层成分

组合编号	苹果酸浓度/g · L^{-1}	P 含量/%	Ni 含量/%
A1	8	7.44	92.56
A2	12	8.50	91.50
A3	16	8.69	91.31
A4	20	9.95	90.05
A5	24	11.66	88.34

4.3.3.2 络合剂柠檬酸用量对 Ni-P 镀层组织形貌和成分的影响

A 镀层组织形貌

按表 4-3 中工艺组合在不同柠檬酸浓度下制备出 5 种单层 Ni-P 合金镀层，其表面形貌的 500 倍金相图如图 4-4 所示。观察图 4-4 可以发现，随着柠檬酸浓度的不断升高，镀层表面形貌逐渐呈现为大小不均的球形胞状组织，镀层也随着柠檬酸浓度的提高而变得致密，但是从图 4-4d、e 可以观察到，当柠檬酸浓度为 25g/L 以上时，球形胞状组织变得清晰，据文献[18]表述，镀层有从非晶态向晶态转变的趋势。当柠檬酸含量为 20g/L 时，镀层表面球形胞状组织最均匀，镀层致密度也相对较好。

图 4-5 为不同浓度柠檬酸条件下制备出的 Ni-P 合金镀层 SEM 图。由图可见，随着柠檬酸浓度的提高，球形胞状组织越来越大、越来越不均匀。此外，还可以观察到当柠檬酸浓度在 25g/L 以上时，球形胞状组织间的差异变大，镀层表面趋向不平整。可以很清楚地发现，图 4-5c 所示的镀层表面胞状组织最致密、清晰、均匀。

综合图 4-4 和图 4-5 所示的镀层表面形貌，选择表面均匀、致密的镀层为最佳镀层，结合表 4-3 中施镀工艺，柠檬酸浓度为 20g/L 的 B3 组为最佳施镀工艺。

B 镀层成分分析

表 4-5 是不同浓度柠檬酸制备出的单层 Ni-P 合金镀层的成分分析结果。

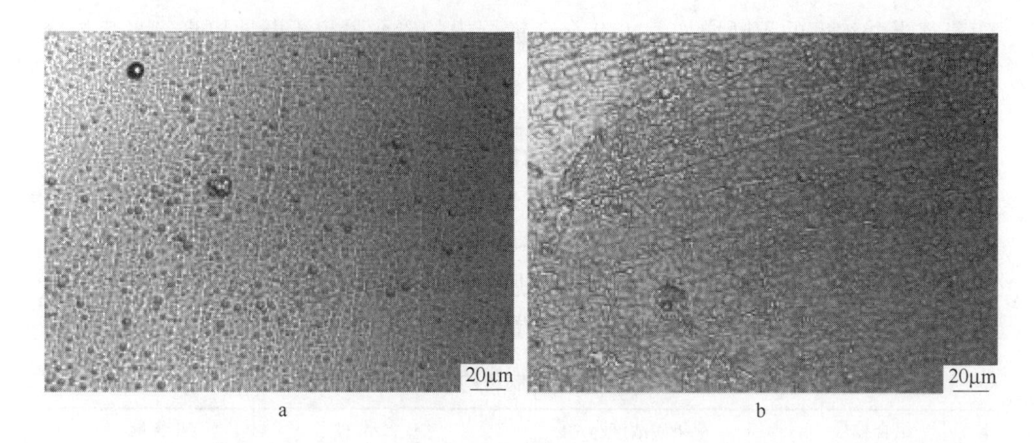

a　　　　b

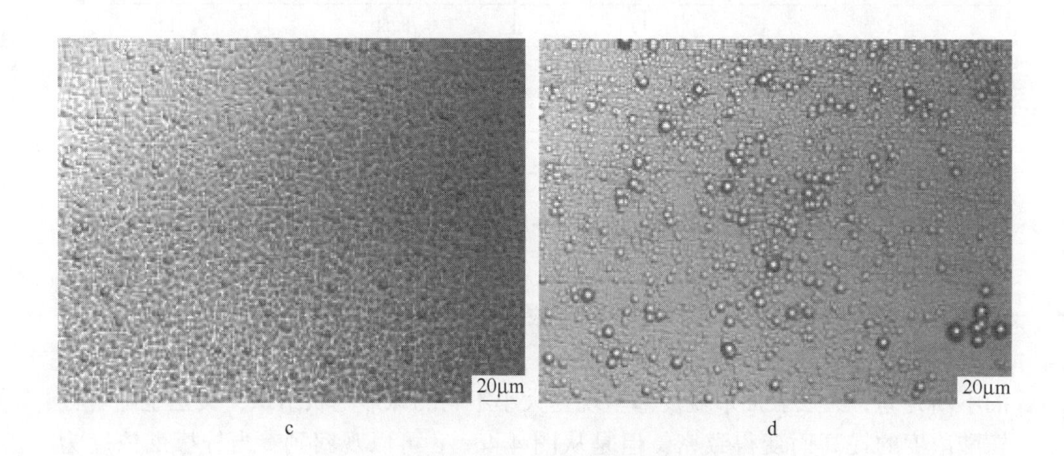

c　　　　d

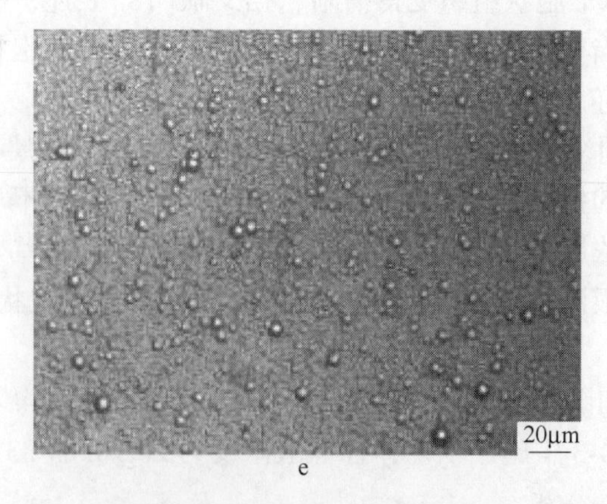

e

图 4-4　不同浓度柠檬酸 Ni-P 合金镀层金相图（×500）

a—10g/L；b—15g/L；c—20g/L；d—25g/L；e—30g/L

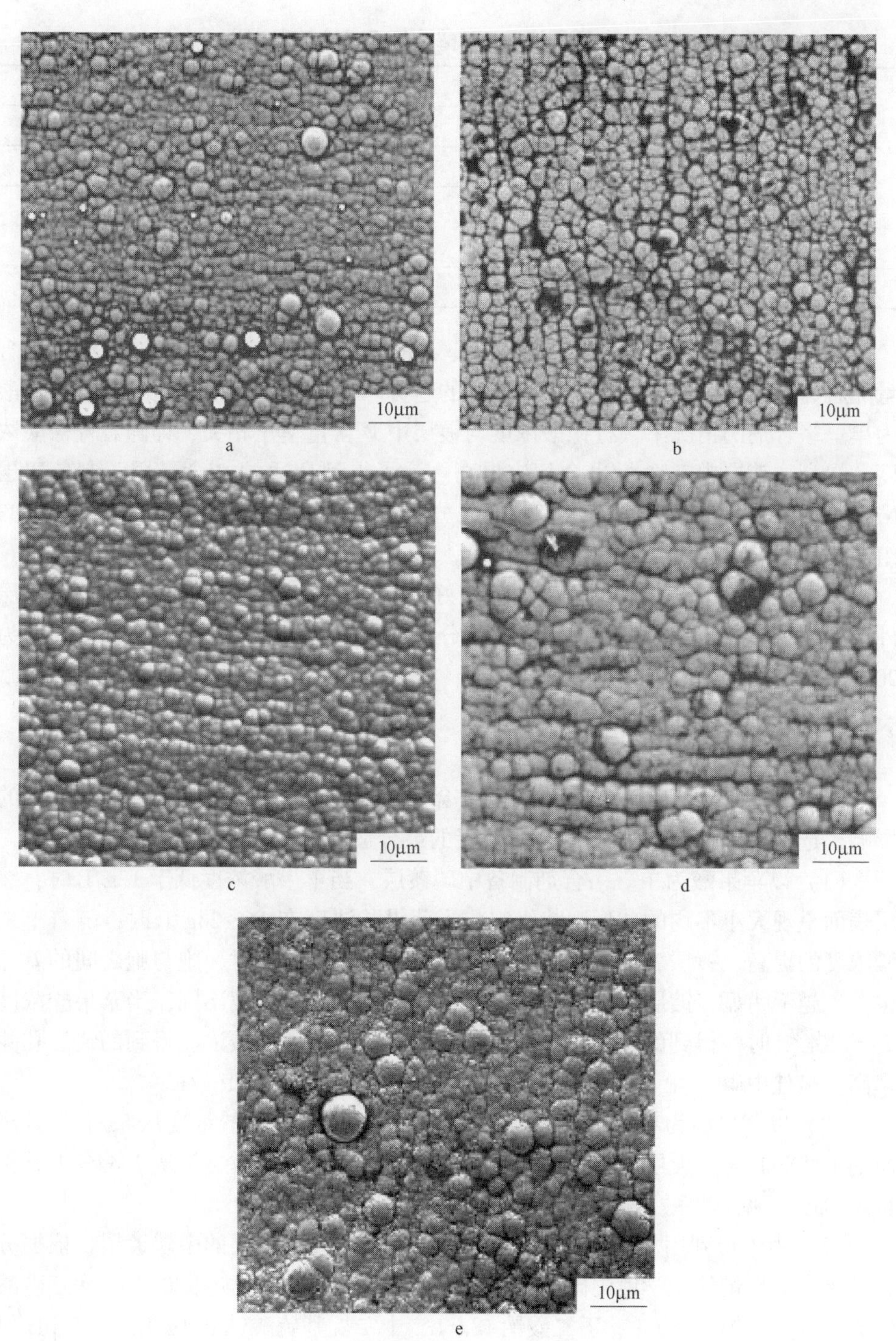

图 4-5 不同浓度柠檬酸 Ni-P 合金镀层 SEM 图

a—10g/L；b—15g/L；c—20g/L；d—25g/L；e—30g/L

表 4-5 不同浓度柠檬酸的 Ni-P 合金镀层成分

方案编号	柠檬酸浓度/$g \cdot L^{-1}$	P 含量/%	Ni 含量/%
B1	10	10.76	89.24
B2	15	12.33	87.67
B3	20	12.23	87.77
B4	25	12.89	87.11
B5	30	13.60	86.40

从表 4-5 中可以看出各组镀层中 Ni、P 的含量。分析数据发现，镀层中 P 含量随着柠檬酸浓度的升高呈现逐渐上升的趋势。由此可以得出结论，在以柠檬酸为单一络合剂的情况下，柠檬酸浓度与镀层中 P 含量呈正相关，即随着柠檬酸浓度的提高，镀层中 P 含量也会相应提高。为了得到合适的 P 含量用于制备双层 Ni-P 合金镀层的高磷镀层，从镀层成分分析结果选择柠檬酸浓度为 20g/L 的 B3 组试样为佳。

为了得到磷含量合适、耐腐蚀性较好，并能够用作后续双层 Ni-P 合金镀层外层的高磷镀层，综合高磷镀层的形貌分析、成分分析结果，选择柠檬酸浓度为 20g/L 的 B3 组施镀工艺最为合适。

4.3.4 小结

采用酸式中温化学镀方法，研究络合剂对 Ni-P 镀层表面组织形貌和成分的影响，选择出用于制备中-高磷双层镀层的最合适中磷、高磷单层镍磷镀层。

（1）以苹果酸为单一络合剂制备中磷镀层，当苹果酸浓度低于 12g/L 时，镀层表面呈现大小不均的球形胞状组织。当苹果酸浓度在 16~24g/L 时，随着苹果酸浓度的提高，镀层表面胞状组织越来越细小、均匀；同时，胞与胞之间的差异也越来越不明显，镀层形貌趋向于平面化。但是镀层致密度不同，当苹果酸浓度高于 20g/L 时，得到的镀层出现明显的孔洞，说明高苹果酸浓度得到的镀层孔隙率高。最佳中磷 Ni-P 合金镀层施镀工艺选择苹果酸浓度为 16g/L。

（2）以苹果酸为单一络合剂制备中磷镀层，随着苹果酸浓度从 8g/L 上升至 24 g/L，Ni-P 合金镀层中的磷含量也不断地提高，镀层中磷含量从 7.44%上升至 11.66%，可见苹果酸浓度与镀层磷含量呈正相关。

（3）为了得到用于制备双层 Ni-P（中-高磷）合金镀层的中磷镀层，依据分析结果，选择最佳化学镀中磷 Ni-P 合金镀层的工艺为：硫酸镍 20g/L、次亚磷酸钠 24g/L、苹果酸 16g/L、丁二酸钠 18g/L、十二烷基硫酸钠 0.1g/L；镀液 pH 值 5.1；施镀温度 81℃。

（4）以柠檬酸为单一络合剂制备高磷镀层，在柠檬酸浓度为 10~30g/L 时，随着柠檬酸浓度的提高，球形胞状组织越来越大、越来越不均匀。当柠檬酸浓度在 25g/L 以上时，球形胞状组织间的差异变大，镀层表面趋向不平整。当柠檬酸含量为 20g/L 时，镀层表面胞状组织最致密、清晰、均匀。

（5）以柠檬酸为单一络合剂制备高磷镀层，当柠檬酸浓度从 10g/L 升高至 30g/L 时，镀层中 P 含量也呈现逐渐上升的趋势，P 含量从 10.76% 增加至 13.60%。为了得到合适的 P 含量用于制备双层 Ni-P 合金镀层的高磷镀层，选择柠檬酸浓度为 20g/L 为佳。

（6）为了得到磷含量合适、耐腐蚀性较好，并能够用作后续双层 Ni-P（中-高磷）合金镀层外层的高磷镀层，综合高磷镀层的组织形貌分析、成分分析结果，选择高磷镀层的最佳工艺为：硫酸镍 25g/L、次亚磷酸钠 30g/L、柠檬酸 20g/L、醋酸钠 15g/L、十二烷基硫酸钠 0.1g/L；镀液 pH 值为 5.1，施镀温度 81℃。

4.4　化学镀双层 Ni-P（中-高磷）合金镀层

较厚镀层的孔隙缺陷较少、耐腐蚀性能较好，但增加镀层的厚度无疑会增加生产成本。双层镀技术就是利用两种镀层在电化学性质和硬度方面的差异，通过工艺优化组合制备厚度较小，但耐蚀、耐磨性较好的镀层。在生产成本不增加的情况下，采用双层或多层化学镀镍工艺，可以降低孔蚀的发生几率，是一种比较经济适用的表面处理工艺。据文献介绍，双层镍磷合金镀层总厚度仅是单层镍磷镀层厚度的一半，而防蚀能力相当，甚至更强[10]。如今，关于使用化学镀方法制备双层镍磷镀层的报告也有不少，但多为低磷和高磷的复合，而且只是单方面的提高镀层耐蚀性，关于将中磷镀层与高磷镀层复合以获得耐磨、耐腐蚀两种性能的试验并不常见。

在 Q235 基体表面进行化学镀，获得具有一定耐磨、耐腐蚀的双层镍基镀层，其中内层为中磷 Ni-P 合金镀层、外层为高磷 Ni-P 合金镀层。通过改变内层的施镀时间，获得不同厚度比的双层镍磷合金镀层，观察分析各组镀层的断面形貌和成分，选择出合适的中-高磷双层镍磷合金镀层用于后续的耐腐蚀性试验。

4.4.1　研究方案

具体研究方案如图 4-6 所示。

此方案基于以上获得的最佳中磷、高磷单层镍磷镀层制备工艺，以最佳中磷镀层为内层、最佳高磷镀层为外层，通过改变内外层施镀时间，获得不同厚度的双层 Ni-P（中-高磷）合金镀层。通过对不同厚度的双层镀层进行断面分析，选择出最合适的双层 Ni-P（中-高磷）合金镀层。

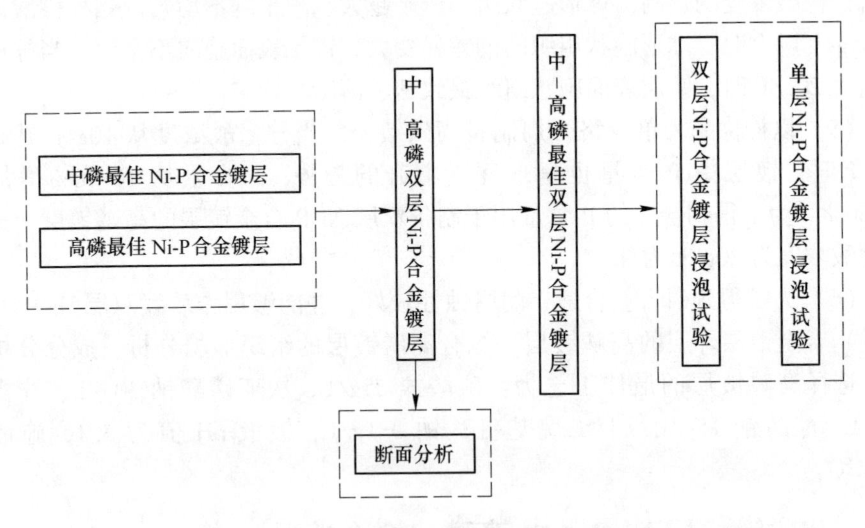

图 4-6　双层 Ni-P（中-高磷）合金镀层制备与性能测试方案

4.4.2　双层 Ni-P 合金镀层的制备

化学镀双层 Ni-P 合金镀层的工艺流程、试样镀前处理参照 4.2.3 节和 4.2.4 节，内外层施镀镀液的配制参见 4.2.5 节。以中磷镀层为内层，高磷镀层为外层。

4.4.2.1　镀液配方组合

双层化学镀 Ni-P 合金镀层的内、外层施镀配方采用以上最佳中、高磷单层 Ni-P 合金镀层配方，即 A3、B3 组配方，镀液成分与参数见表 4-6。

表 4-6　双层 Ni-P（中-高磷）合金镀层镀液成分与工艺参数

药品/条件	内层（中磷）	外层（高磷）
硫酸镍/$g \cdot L^{-1}$	20	25
次亚磷酸钠/$g \cdot L^{-1}$	24	30
苹果酸/$g \cdot L^{-1}$	16	
丁二酸钠/$g \cdot L^{-1}$	18	
柠檬酸/$g \cdot L^{-1}$		20
醋酸钠/$g \cdot L^{-1}$		15
十二烷基硫酸钠/$g \cdot L^{-1}$	0.1	0.1
pH 值	5.1	5.1
温度/℃	81	81
搅拌	无	无

4.4.2.2 施镀时间组合

通过单一地控制内层施镀时间，获得不同厚度的双层镀层。内外层施镀时间组合见表 4-7。

表 4-7 双层 Ni-P（中-高磷）合金镀层施镀时间组合 (min)

组合编号	内层施镀时间	外层施镀时间
C1	10	60
C2	20	60
C3	30	60

4.4.3 双层 Ni-P（中-高磷）合金镀层断面分析

按照表 4-7 中施镀时间组合，获得三种不同双层 Ni-P（中-高磷）合金镀层，为了较好地分析双层 Ni-P 合金镀层内外层厚度和成分，对获得的不同镀层进行了从镀层表面到基体的断面成分扫描，图 4-7~图 4-9 分别为各组试样的断面扫描结果。

图 4-7 是在表 4-6 工艺条件下，以表 4-7 中 C1 时间组合所得的双层 Ni-P（中-高磷）合金镀层的断面形貌图和成分图。

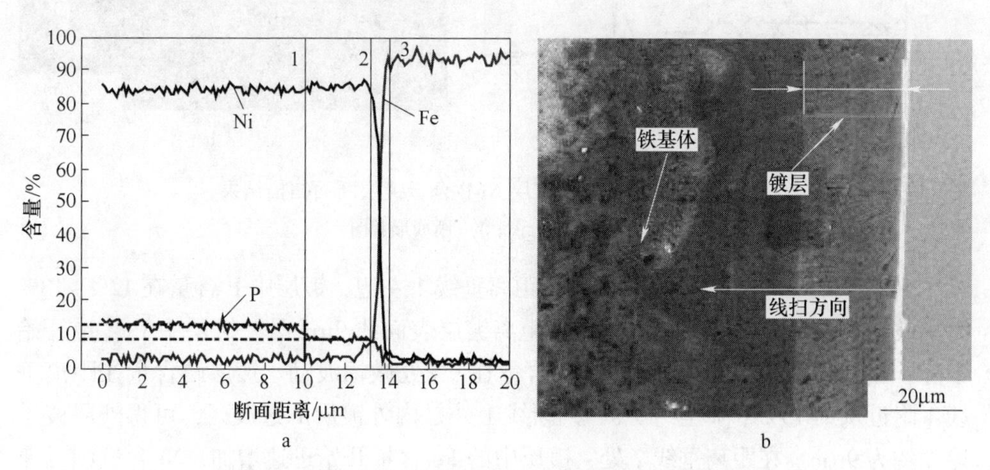

图 4-7 组合 C1 所得双层 Ni-P 合金镀层断面扫描结果
a—断面成分图；b—断面形貌图

从图 4-7a 中可以发现，在图中距离垂线 1 附近，即距离镀层表面约 10μm 时，镀层中 P 含量出现下降现象，当下降到约 9%时，镀层中 P 含量微幅波动，维持在 9%左右。磷含量在距离垂线 1 附近从 13%左右下降至 9%左右，判断线 1 处是内外镀层的过渡区，可得外层镀层厚度约为 10μm。在距离垂线 2 处，镀层中 Fe 含量开始迅速增大，Ni 含量迅速减小。距离垂线 3 附近 Ni 含量已经下降至约 0%，P 含量也从 9%下降至约 0%，可见线 2 和线 3 之间为基体与内层镀层的过渡区，距离镀层外表面 10～14μm 处为双层 Ni-P 合金镀层的内层。可以判断，按照 C1 施镀时间组合得到的双层 Ni-P 合金镀层总厚度约为 14μm，内外层厚度比约为 1∶2.5，外层镀层 P 含量为 12%～13%，内层镀层 P 含量约为 9%。

从图 4-7b 中可以看到整个镀层与基体存在十分明显的分界，但内外层的分界无法观察到，从图中的镀层区域标示也能判断出整个镀层的厚度约 14μm。

综合图 4-7a、b 的分析结果，在 C1 施镀时间组合下能够获得合适磷含量的双层 Ni-P（中-高磷）合金镀层。

图 4-8 是在表 4-6 工艺条件下，以表 4-7 中 C2 时间组合所得的双层 Ni-P（中-高磷）合金镀层的断面形貌图和成分图。

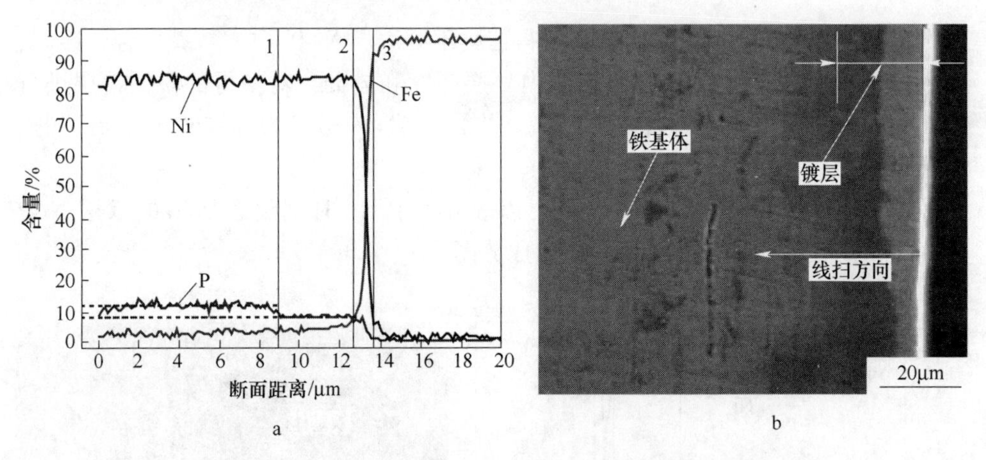

图 4-8　组合 C2 所得双层 Ni-P 合金镀层断面扫描结果

a—断面成分图；b—断面形貌图

观察图 4-8a 所示的断面成分，在距离垂线 1 左边，镀层中 P 含量在 12%～13%微幅波动。在距离垂线 1 附近，即在距离镀层表面约 9μm 处，镀层中 P 含量开始下降，当下降到约 9%时，镀层中 P 含量在 9%处微幅波动。镀层磷含量在距离垂线 1 附近从约 13%下降至约 9%，判断线 1 处是内外镀层的过渡区，可得外层镀层厚度约为 9μm。在距离垂线 2 处，镀层中的 Fe 含量开始迅速增加，Ni 含量则迅速地降低，到距离垂线 3 处，镀层中 Fe 含量几乎已经达到了 100%，Ni、P 含量则均降至约 0%，判断线 2 和线 3 之间是基体与内层镀层的过渡区。距离镀层外表面 9～13.5μm 处为双层 Ni-P 合金镀层的内层，镀层厚度约为 4.5μm。按照 C2 施镀时间组合得到的双层 Ni-P 合金镀层总厚度约为 13.5μm，内外层厚度比约为 1∶2，外层镀层 P 含量为 12%～13%，内层镀层的 P 含量约为 9%。

观察图 4-8b 所示的断面形貌图，通过镀层区域标示也能判断整个镀层的厚度，但内、外镀层的分界仍不能观察到。

综合对比图4-8a、b的分析结果，在C2施镀时间组合下也能够获得合适磷含量的中-高磷双层Ni-P合金镀层，但相比C1组合下所获得的镀层，C2组合下所得镀层总厚度较小、内外层厚度比较大。

图4-9是在表4-6工艺条件下，以表4-7中C3时间组合所得的双层Ni-P（中-高磷）合金镀层的断面形貌图和成分图。观察图4-9a所示的断面成分分析结果，在距离垂线1左边，即距离镀层表面距离小于9.5μm时，镀层中P含量在9%左右微幅波动。在距离垂线1处，镀层中Ni、P含量出现下降现象，Fe的含量呈现快速增大。在距离垂线2处，镀层中Ni、P含量已经下降到约0%，Fe的含量上升至约100%，判断线1和线2之间是镀层与基体的过渡区域。图4-9a中所示的成分变化异于图4-7a和图4-8a中成分变化，C3组合所得镀层中的P含量只有维持在约9%的微幅波动和从9%下降到0%的变化，可判断在C3施镀时间组合下制备的试样只有一层镀层，该镀层是磷含量在9%左右的内层镀层，镀层的总厚度约为10.5μm。

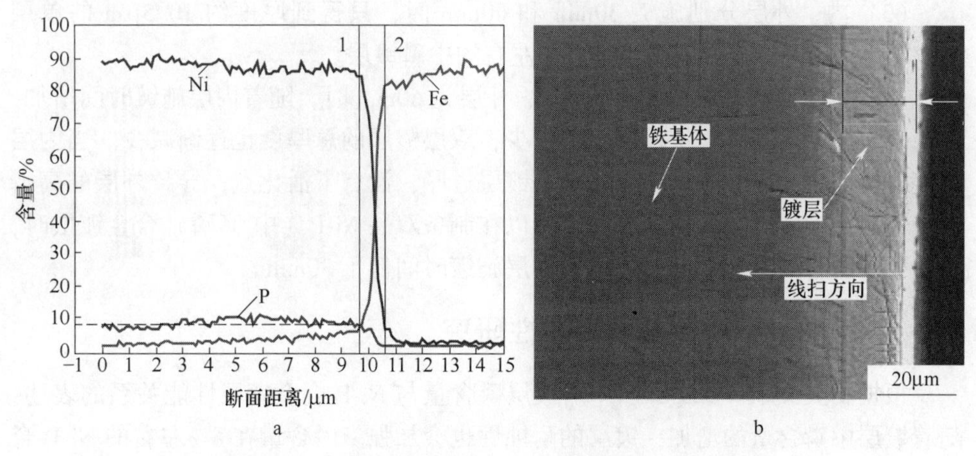

图4-9 组合C3所得双层Ni-P合金镀层断面扫描结果
a—断面成分图；b—断面形貌图

根据文献［7，8，19~20］介绍，在C3施镀时间组合下获得单层镀层，其原因可能是内层施镀时间太久，所得中磷镀层过厚，没有了外层施镀所需的活化点，从而导致外层的高磷镀层无法在中磷镀层上形核长大，最终无法得到双层Ni-P（中-高磷）合金镀层。

综合以上分析结果，制备双层Ni-P（中-高磷）合金镀层，当内层施镀时间在10~20min、外层施镀时间为60min时，能够获得双层镀层，且随着内层施镀时间的增加，内层镀层厚度增加，内外层镀层厚度比减小，镀层的总厚度减小。当内层施镀时间30min、外层施镀时间为60min时，外层高磷Ni-P合金镀层几乎不能镀上。为了更好地探究双层镀层的耐蚀性，根据断面分析结果，在此选择镀层总厚度较小、内外层厚度差异较小的 C2 组工艺（内层施镀时间 20min、外层施镀时间 60min）制备最佳的双层 Ni-P（中-高磷）合金镀层。

4.4.4 小结

通过改变内层施镀时间，获得以中磷 Ni-P 合金镀层为内层、高磷 Ni-P 合金镀层为外层，不同厚度的双层 Ni-P（中-高磷）合金镀层，选择出用于探究耐蚀性的最佳双层 Ni-P（中-高磷）合金镀层。

（1）内、外层分别施镀 10min 和 60min 时，得到总厚度约 14μm 的双层 Ni-P（中-高磷）合金镀层。内层镀层的厚度约 4μm，磷含量约为 9%；外层镀层厚度约 10μm，磷含量为 12%~13%。

（2）内、外层分别施镀 20min 和 60min 时，得到总厚度约 13.5μm 的双层 Ni-P（中-高磷）合金镀层。内层镀层的厚度约 4.5μm，磷含量约为 9%；外层镀层厚度约 9μm，磷含量为 12%~13%。

（3）内、外层分别施镀 30min 和 60min 时，只得到厚度约 10.5μm 的单层 Ni-P 合金镀层，镀层为磷含量在 9%左右的中磷镀层。

（4）内层施镀时间为 10~20min、外层为 60min 时，随着内层施镀时间增加，内层镀层厚度增加，外层镀层厚度减少，双层镀层的总厚度也逐渐减少。当内层施镀时间高于 30min 时，会因为内层镀层过厚，没有了活化点，导致外层的高磷镀层无法在中磷镀层上形核长大，所以在制备双层 Ni-P（中-高磷）合金镀层时，为了得到明显的双层镀层，应该使内层施镀时间低于 30min。

4.5 Ni-P 合金镀层的耐腐蚀性研究

根据相关文献［22~27］中对镀层磷含量与 Ni-P 合金镀层性能关系的表述，随着镀层中磷含量的增加，镀层的耐蚀性也会加强。磷含量在 8%左右的 Ni-P 合金镀层主要呈现出高硬度的性能，其耐蚀性能不及磷含量在 10%以上的高磷 Ni-P 合金镀层。

研究以高磷单层 Ni-P 合金镀层与双层 Ni-P（中-高磷）合金镀层为对比，探究双层 Ni-P（中-高磷）合金镀层的耐 Cl^- 腐蚀性能和耐酸腐蚀性能。

4.5.1 试验方案

本研究将获得的最佳高磷单层 Ni-P 合金镀层（4.3 节）和获得的最佳双层 Ni-P（中-高磷）合金镀层（4.4 节）进行 5%NaCl 溶液全浸实验，试样相关处理按照 GB 5776—2005 进行。分析单、双层 Ni-P 合金镀层在 5%NaCl 溶液中的腐蚀速率，探究单层（高磷）、双层（中-高磷）Ni-P 合金镀层的耐 Cl^- 腐蚀性能。另外对单、双层 Ni-P 合金镀层进行 10%的 H_2SO_4 全浸试验，获得相应腐蚀速率，探究单层（高磷）、双层（中-高磷）Ni-P 合金镀层的耐酸腐蚀性能。图 4-10 为耐腐蚀性试验的试验方案。

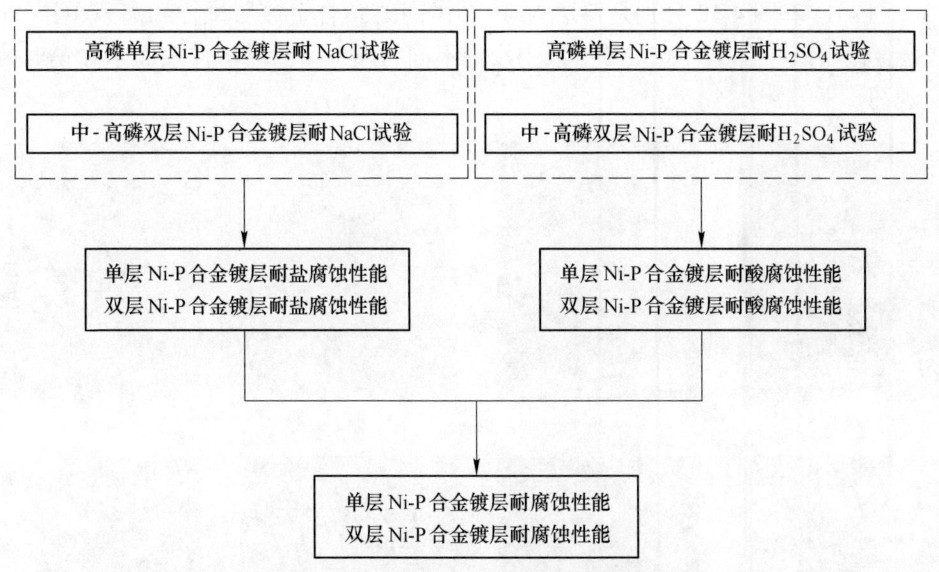

图 4-10 单、双层 Ni-P 合金镀层耐腐蚀性能试验方案

4.5.2 耐腐蚀试验方法

以获得的最佳高磷单层 Ni-P 合金镀层和最佳中-高磷双层 Ni-P 合金镀层为基础，进行如下试验内容：

（1）以浸泡时间为变量，将镀有最佳高磷单层 Ni-P 合金镀层的 Q235 试样与镀有最佳双层 Ni-P（中-高磷）合金镀层的 Q235 试样垂直浸泡在 5%的 NaCl 溶液中，溶液温度为 25℃，进行 6h、12h、24h、48h、72h、96h、120h、144h、168h、192h、216h、240h 的全浸试验。记录试样浸泡前后的质量变化，利用失重法计算试样在 5%NaCl 溶液中的腐蚀速率。观察试样腐蚀前后形貌的变化，分析镀层的耐 Cl^- 腐蚀性能。

（2）将镀有最佳高磷单层 Ni-P 合金镀层和最佳双层 Ni-P（中-高磷）合金镀层的试样在 10%的 H_2SO_4 溶液中垂直浸泡 9h，记录试样浸泡前、后的质量，利用失重法计算出试样在 10%的 H_2SO_4 溶液中的腐蚀速率。

两种溶液的浸泡试验采用的均是垂直全浸悬挂。根据 GB 5776—2005 要求，试样在浸泡前采用以下工艺依次进行处理：洗净剂除油—去离子水冲洗—无水酒精浸泡脱水—吹干，放干燥器中备用。浸泡结束，试样依次按如下工艺处理：酸液清洗—去离子水冲洗—无水酒精浸泡脱水—吹干，放置于干燥器，24h 后称重。

4.5.3　Ni-P 合金镀层在 5%NaCl 溶液中耐腐蚀性能研究

4.5.3.1　镀层在 5% NaCl 溶液中腐蚀后的宏观形貌

图 4-11 和图 4-12 分别是双层 Ni-P（中-高磷）合金镀层试样和高磷单层 Ni-P 合金镀层试样在 5%的 NaCl 溶液中浸泡不同时间，取出后试样表面未除锈时的宏观图。

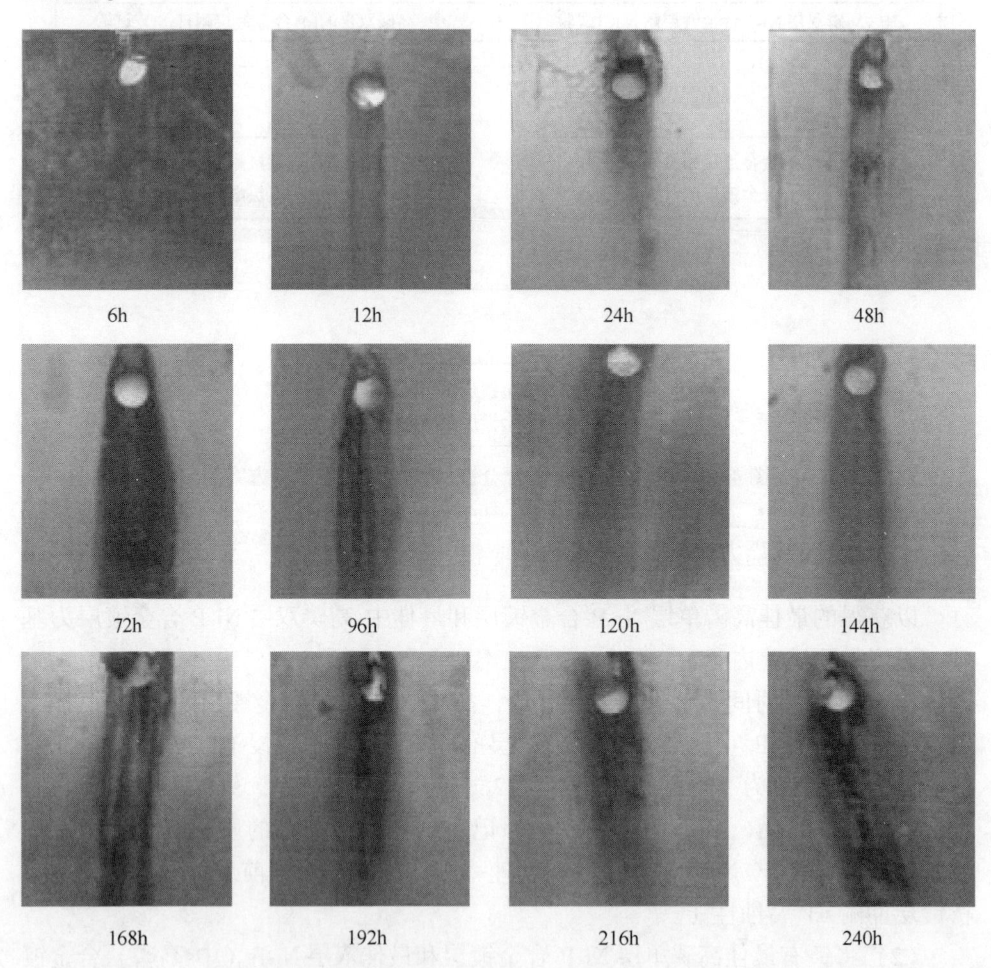

图 4-11　双层 Ni-P 合金镀层经 5%的 NaCl 溶液腐蚀不同时间的宏观图（除锈前）

观察图 4-12 可以发现，在浸泡 48h 后，试样挂孔周围开始出现少量铁锈，浸泡 72h 后，则有大量铁锈出现。随着浸泡时间的延长，试样挂孔周围呈现出类似于表面被锈蚀的形貌，试样表面残留的铁锈痕迹也逐渐增多，初步认为是因为挂孔处镀层不佳，使挂孔处基体先发生了腐蚀。观察图 4-12 发现，单层 Ni-P 合金镀层试样在浸泡较短时间（24h）就出现锈迹，同样，随着浸泡时间的延长，试样表面残留的铁锈痕迹不断增多，表明腐蚀程度随浸泡时间的延长呈现增大趋势。

对比图 4-11 和图 4-12，在 5%NaCl 溶液中浸泡相同的时间，双层试样表面残留的铁锈痕迹较单层的少，表明在 5%NaCl 溶液中，双层 Ni-P（中-高磷）合金镀层对 Q235 碳钢的保护作用比高磷单层 Ni-P 合金镀层好。

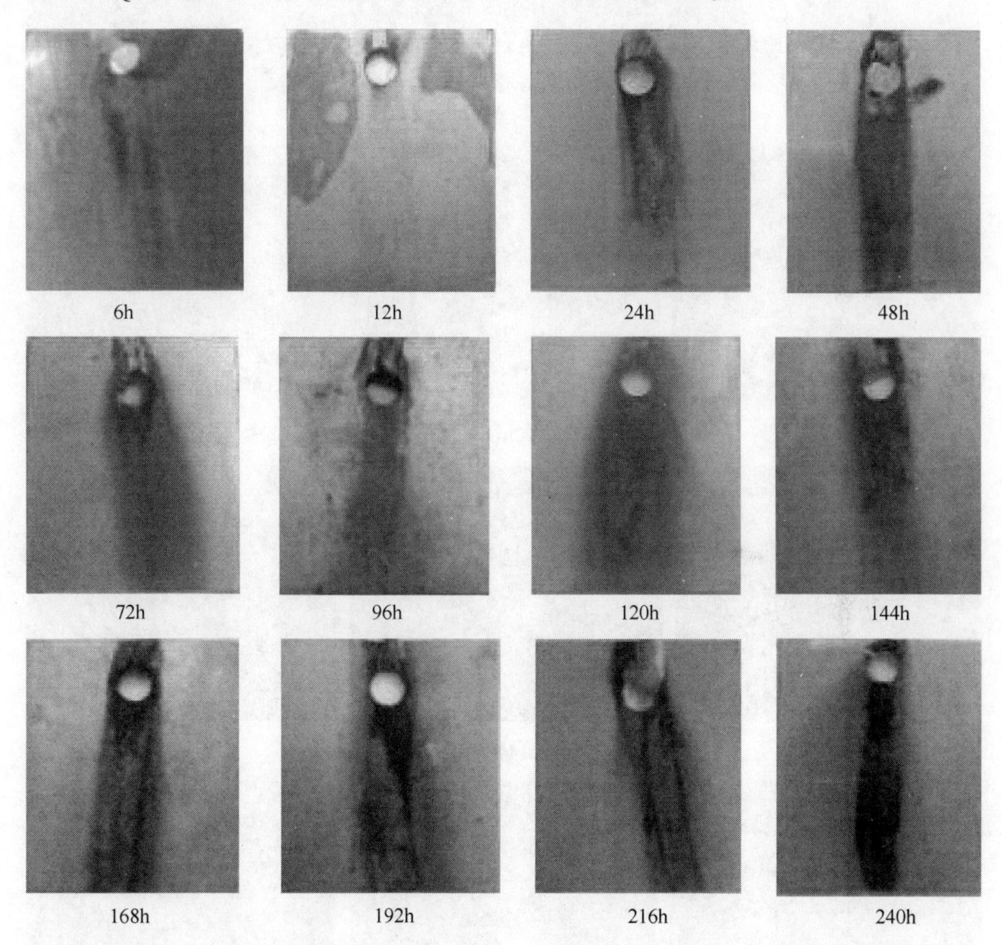

图 4-12 高磷单层 Ni-P 合金镀层经 5%的 NaCl 溶液腐蚀不同时间的宏观图（除锈前）

4.5.3.2 镀层在 5% NaCl 溶液中腐蚀后的微观形貌

按 GB 5776—2005 对腐蚀后的单层 Ni-P 合金镀层试样进行完全除锈处理。其 500 倍金相图如图 4-13 所示。观察发现，浸泡腐蚀后的试样表面没有明显的孔隙出现，判断试样镀层表面在浸泡过程中仅仅发生轻微腐蚀，并没有破坏镀层，腐蚀基体，镀层仍然具有保护作用。

图 4-14 是双层 Ni-P（中-高磷）合金镀层试样在 5%的 NaCl 溶液中浸泡不同

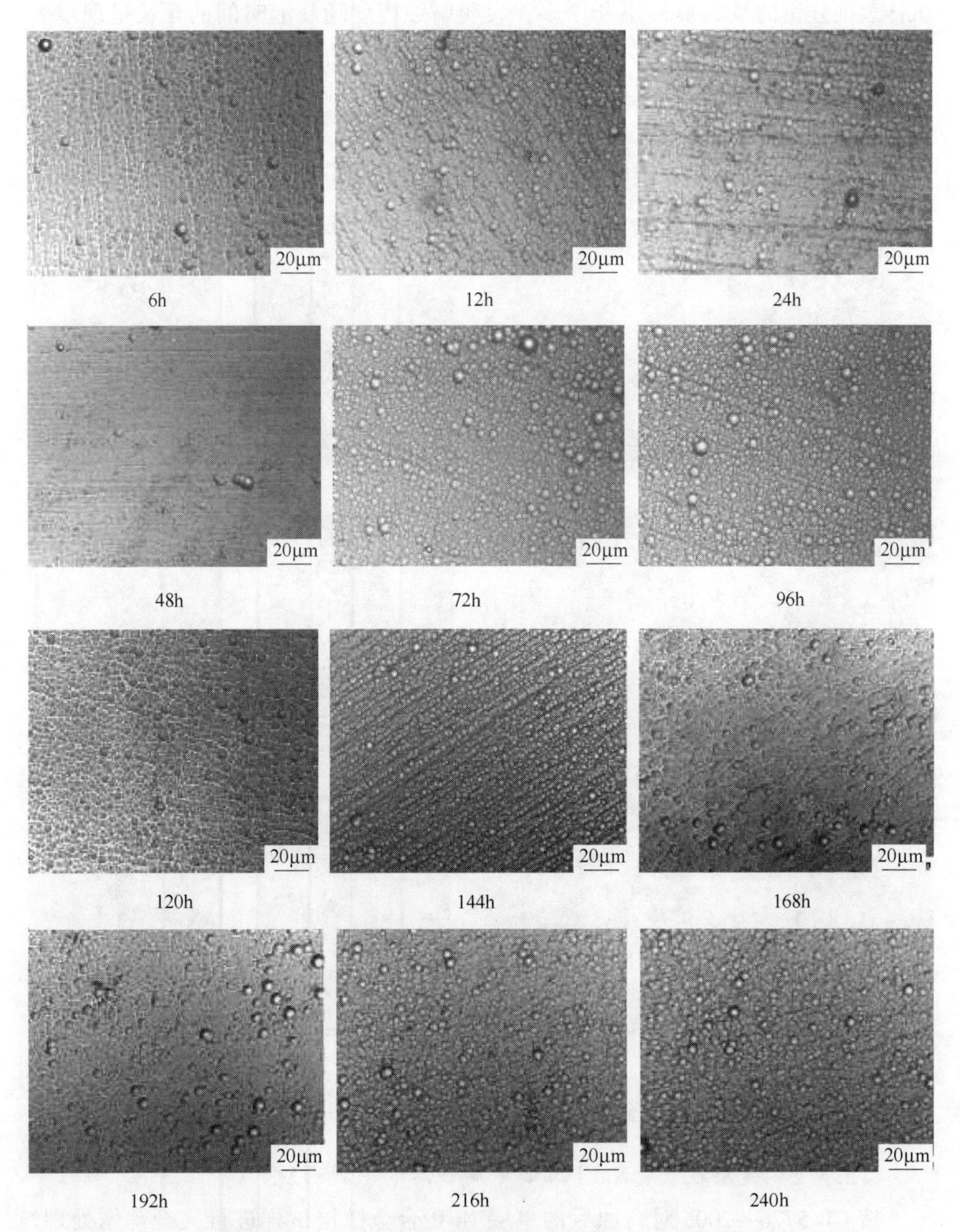

图 4-13　高磷单层 Ni-P 合金镀层经 5%的 NaCl 溶液浸泡除锈后的金相图（×500）

时间，按 GB 5776—2005 完全除锈后得到的 500 倍表面形貌金相图。观察各试样的表面，同样未发现明显的被腐蚀区域。判断双层 Ni-P（中-高磷）合金镀层表面仅仅发生轻微腐蚀，并没有破坏镀层，腐蚀基体，镀层仍然具有保护作用。

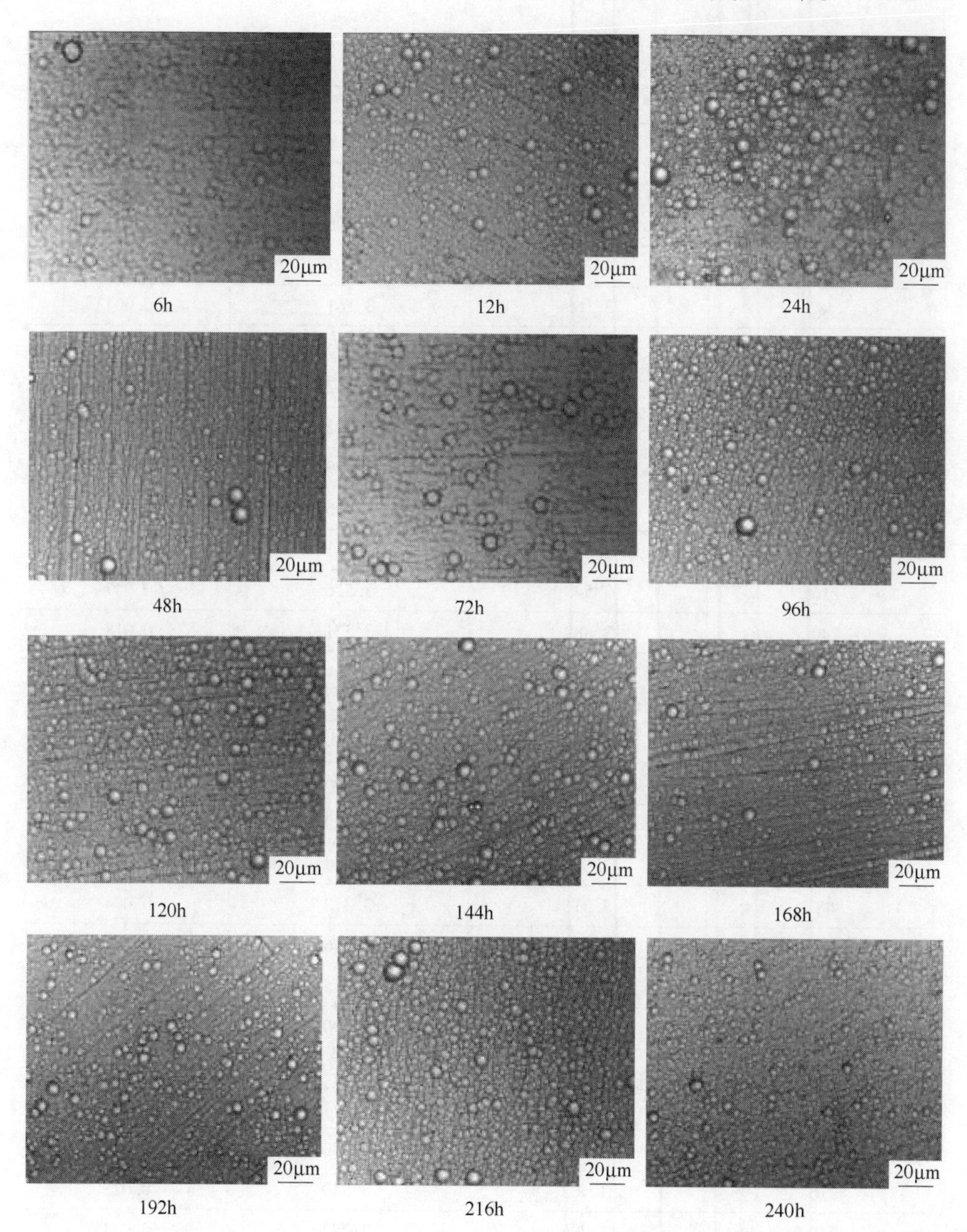

图 4-14 双层 Ni-P（中-高磷）合金镀层经 5%的 NaCl 溶液浸泡除锈后的金相图（×500）

4.5.3.3 腐蚀速率

采用失重法计算试样腐蚀速率，计算公式见式（2-2）。

镀有高磷单层镀层、双层 Ni-P（中-高磷）合金镀层的 Q235 碳钢试样在 5%的 NaCl 溶液中浸泡前后的质量分别见表 4-8 和表 4-9。

根据式（2-2）计算得到腐蚀速率，结果见表 4-10。

表 4-8　单层试样在 5%NaCl 溶液中浸泡前后的质量变化

时间/h	浸泡前 M_1/g	浸泡后 M_2/g	质量差 ΔM/g
6	3. 390	3. 390	0
12	3. 709	3. 708	0. 001
24	3. 296	3. 293	0. 003
48	3. 165	3. 161	0. 004
72	3. 543	3. 533	0. 01
96	3. 543	3. 532	0. 011
120	3. 416	3. 402	0. 014
144	3. 500	3. 489	0. 011
168	3. 416	3. 395	0. 021
192	3. 025	3. 011	0. 014
216	3. 543	3. 516	0. 027
240	3. 389	3. 371	0. 018

表 4-9　双层试样在 5%NaCl 溶液中腐蚀前后质量变化

时间/h	浸泡前 M_1/g	浸泡后 M_2/g	质量差 ΔM/g
6	3. 406	3. 406	0
12	3. 439	3. 439	0
24	3. 590	3. 588	0. 002
48	3. 316	3. 312	0. 004
72	3. 563	3. 556	0. 007
96	3. 563	3. 555	0. 008
120	3. 402	3. 390	0. 012
144	3. 625	3. 610	0. 014
168	3. 402	3. 377	0. 025
192	3. 484	3. 470	0. 014
216	3. 563	3. 540	0. 023
240	3. 296	3. 282	0. 014

表 4-10　单、双层 Ni-P 合金镀层在 5%NaCl 溶液中腐蚀速率

时间/h	单层腐蚀速率/mg · $(cm^2 \cdot h)^{-1}$	双层腐蚀速率/mg · $(cm^2 \cdot h)^{-1}$
6	0	0
12	0. 0930	0

续表 4-10

时间/h	单层腐蚀速率/mg·$(cm^2 \cdot h)^{-1}$	双层腐蚀速率/mg·$(cm^2 \cdot h)^{-1}$
24	0.1395	0.0916
48	0.0930	0.0916
72	0.1550	0.1069
96	0.1279	0.0916
120	0.1302	0.1099
144	0.0852	0.1069
168	0.1395	0.1636
192	0.0814	0.0801
216	0.1395	0.1170
240	0.0837	0.0641

依据表 4-10 中数据绘制的试样腐蚀速率曲线，如图 4-15~图 4-17 所示。

图 4-15 是高磷单层 Ni-P 合金镀层在 5%NaCl 溶液中的腐蚀速率曲线。从图中可以发现，在浸泡初期（0~6h），镀层的腐蚀速率为零，当浸泡时间为 6~24h 时，腐蚀速率随时间的增加而迅速增加，在 24~72h 增速减缓，并在 72h 时出现了最大腐蚀速率 0.1550mg/$(cm^2 \cdot h)$，随后出现一个速率下降阶段。当浸泡时间超过 120h 后，腐蚀速率开始在 0.08~0.14mg/$(cm^2 \cdot h)$ 之间波动。根据图 4-15 中 2 移动平均的趋势线（虚线）显示的结果，镀有高磷单层 Ni-P 合金镀层的 Q235 试样浸泡在 5%的 NaCl 溶液中，腐蚀速率先随浸泡时间增加呈现快速增长趋势，到一定浸泡时间后，腐蚀速率随时间增加继续增大，但增速较小，并在某一浸泡时间达到最高腐蚀速率。过了最高速率的浸泡时间，速率先呈现下降趋势，最后从某一时刻开始趋向一个稳定值。由图分析可得，高磷单层 Ni-P 合金镀层在 5%NaCl 溶液中腐蚀开始时间是 6h，腐蚀速率快速增大时间段是 6~24h，腐蚀速率趋于稳定的时间为 144h 以后。

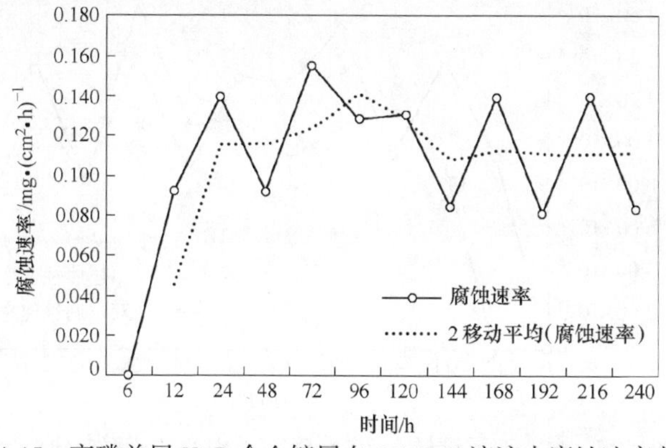

图 4-15 高磷单层 Ni-P 合金镀层在 5%NaCl 溶液中腐蚀速率曲线

图 4-16 是双层 Ni-P（中-高磷）合金镀层在 5%NaCl 溶液中的腐蚀速率曲线图。双层镀层浸泡在 5%NaCl 溶液中，0～12h 时，试样腐蚀速率为零，表明试样未发生腐蚀。在浸泡 12～48h 时，试样腐蚀速率迅速上升，随着浸泡时间的延长，速率增速减缓，在 168h 时，腐蚀速率达到浸泡周期的最大值 0.1635mg/(cm^2 · h)。当浸泡时间超过 168h 后，试样的腐蚀速率开始呈现下降的趋势。根据图 4-16 中 2 移动平均走势曲线，发现双层镀层试样前期有着和单层镀层试样相似的腐蚀规律，同样的先迅速增加，再缓慢增加，达到一个最大腐蚀速率，最后速率下降。由图可得，双层 Ni-P（中-高磷）合金镀层在 5%NaCl 溶液中腐蚀开始时间是 12h，腐蚀速率快速增大时间段为 12～24h。因为本次试验选取的浸泡时间有限，所以无法判断双层试样是否也会像单层试样那样在某一时刻后会出现一个稳定的腐蚀速率。

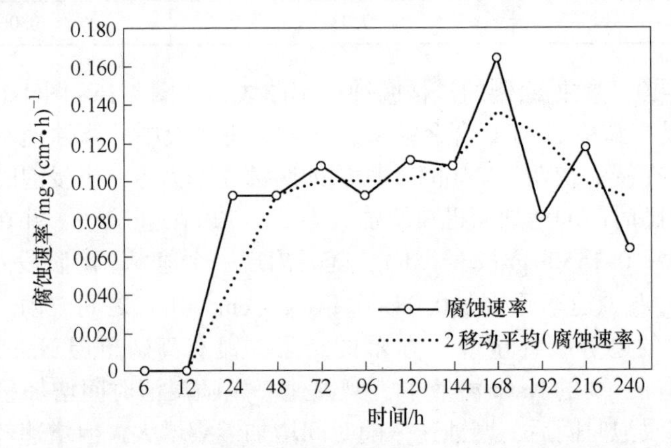

图 4-16　双层 Ni-P（中-高磷）合金镀层试样在 5%NaCl 溶液中腐蚀速率曲线

图 4-17 是单、双层合金镀层腐蚀速率的对比图。观察发现，单层试样在浸泡

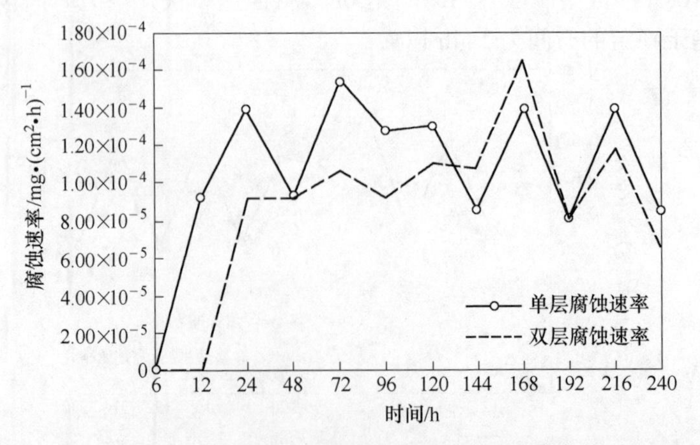

图 4-17　单、双层试样在 5%NaCl 溶液中腐蚀速率曲线对比

6h 后就发生腐蚀，而双层试样则在浸泡 12h 后才发生腐蚀，说明双层试样比单层试样发生腐蚀时间滞后。在相同浸泡时间下，镀有双层镀层的试样腐蚀速率较单层试样低。此外，就最大腐蚀速率的出现时间而言，单层试样的最大腐蚀速率出现在浸泡 72h 后，双层试样的最大腐蚀速率则出现在浸泡 168h 后。试验所得的双层镀层最大腐蚀速率值高于单层镀层最大腐蚀速率值。综合图 4-15～图 4-17，研究分析单、双层试样的腐蚀速率趋势变化，可以很清晰地得出结论，在相同浸泡时间下，双层 Ni-P（中-高磷）合金镀层在 5%NaCl 溶液中对基体 Q235 钢的保护作用优于高磷单层 Ni-P 合金镀层，即试验选择的最佳中-高磷双层 Ni-P 合金镀层的耐 Cl^-腐蚀性能较选择的最佳高磷单层 Ni-P 合金镀层好。

4.5.4 Ni-P 合金镀层在 10%H_2SO_4溶液中耐腐蚀性能研究

将镀有高磷单层 Ni-P 合金镀层的试样和镀有中-高磷双层 Ni-P 合金镀层的试样浸泡在 10%H_2SO_4溶液中进行腐蚀性能研究，利用式（2-2）计算试样的腐蚀速率，结果见表 4-11。

表 4-11 单、双层 Ni-P 合金镀层在 10% H_2SO_4溶液中的腐蚀速率

类别	浸泡前 M_1/g	浸泡后 M_2/g	浸泡时间 T/h	质量损失 ΔM	腐蚀速率 v/mg·$(cm^2·h)^{-1}$
单层	3.765	3.750	9	0.015	0.1667
双层	3.423	3.410	9	0.013	0.1444

从表 4-11 中发现，单层高磷 Ni-P 合金镀层在 10% H_2SO_4溶液中的腐蚀速率比双层 Ni-P（中-高磷）合金镀层的略高，说明在较短浸泡时间下，实验中选择的最佳双层 Ni-P（中-高磷）合金镀层的耐酸腐蚀性能较选择的最佳高磷单层 Ni-P 合金镀层好。

4.6 总结

采用中温酸式化学镀方法，在 Q235 基体表面施镀一系列 Ni-P 合金镀层，分析了络合剂苹果酸、柠檬酸用量对镀层形貌、成分的影响，优化了中、高磷化学镀镍磷合金镀层的施镀工艺。在获得最优中、高磷单层 Ni-P 合金镀层制备工艺的基础上，深入研究了双层 Ni-P（中-高磷）合金镀层的制备工艺，探究双层 Ni-P（中-高磷）合金镀层的耐腐蚀性能。结论如下：

（1）在温度为 81℃、pH 值为 5.1、硫酸镍浓度为 20g/L、次亚磷酸钠浓度为 24g/L、丁二酸钠浓度为 18g/L、十二烷基硫酸钠浓度为 0.1g/L、苹果酸浓度为 8～24g/L 的工艺条件下制备中磷单层 Ni-P 合金，随着苹果酸浓度的增加，镀层中的磷含量从 7.44%上升至 11.66%，镀层表面胞状组织越来越细小、均匀，镀层表面越来越趋向于平整化。但镀层致密度存在不同，当苹果酸浓度高于 20g/L 时，得到的镀层出现明显的孔洞，说明高苹果酸浓度得到的镀层孔隙率高。

（2）在温度为 81℃、pH 值为 5.1、硫酸镍浓度为 20g/L、次亚磷酸钠浓度为 24g/L、丁二酸钠浓度为 18g/L、十二烷基硫酸钠浓度为 0.1g/L、苹果酸浓度为 16g/L 的工艺条件下制备的中磷单层 Ni-P 合金镀层综合性能最好。该配方下，镀层的磷含量为 8.69%，为中磷含量，镀层胞状组织最均匀、最致密，在所设定的实验方案中最适合作为中-高磷双层镀层的内层。

（3）在温度为 81℃、pH 值为 5.1、硫酸镍浓度为 25g/L、次亚磷酸钠浓度为 30g/L、丁二酸钠浓度为 15g/L、十二烷基硫酸钠浓度为 0.1g/L、柠檬酸浓度为 10~30g/L 的工艺条件下，制备高磷单层 Ni-P 合金镀层，随着柠檬酸浓度的增加，镀层中磷含量从 10.76%增加至 13.6%，其中，柠檬酸浓度从 10g/L 增加至 15g/L 时，磷含量的增幅最大，柠檬酸浓度为 15~25g/L 时，影响较小。柠檬酸浓度增加，镀层表面球型胞状组织增多，镀层致密度增加，当浓度高于 25g/L 时，胞状组织开始变得不均匀，镀层表面开始趋向于平整化。

（4）在温度为 81℃、pH 值为 5.1、硫酸镍浓度为 25g/L、次亚磷酸钠浓度为 30g/L、醋酸钠浓度为 15g/L、十二烷基硫酸钠浓度为 0.1g/L、柠檬酸浓度为 20g/L 的工艺条件下制备的中磷单层 Ni-P 合金综合性能最好。该配方下，镀层的磷含量为 12.23%，在设定的实验方案中，磷含量最合适，所得镀层表面鼓包最致密、均匀，在所设定的实验方案中最适合作为中-高磷双层镀层的外层。

（5）以中磷 Ni-P 合金镀层为内层、高磷 Ni-P 合金镀层为外层，固定外层施镀时间为 1h，当内层施镀时间为 10~20min 时，随着内层施镀时间的增加，内层镀层的厚度增加，镀层总的厚度减少。当内层施镀时间超过 30min 时，将无法施镀外层镀层，无法获得双层 Ni-P（中-高磷）合金镀层。

（6）根据选择的最佳中、高磷单层 Ni-P 合金镀层镀液配方制备双层 Ni-P 合金镀层，以中磷 Ni-P 合金镀层为内层、高磷 Ni-P 合金镀层为外层，当内层施镀 20min、外层施镀 60min 时，所得双层 Ni-P（中-高磷）合金镀层总厚度约 13.5μm，内、外层厚度差异较小，厚度比约 1∶2。内层镀层厚度约 4.5μm，磷含量约为 9%；外层镀层厚度约 9μm，磷含量为 12%~13%。

（7）对最佳高磷单层 Ni-P 合金镀层和最佳双层 Ni-P（中-高磷）合金镀层进行 5%NaCl 溶液的浸泡试验。镀有单、双层 Ni-P 合金镀层的两种试样在浸泡时有着相似的腐蚀速率变化规律，浸泡前期几乎不发生腐蚀，然后腐蚀速率快速上升，随后缓慢上升至最大腐蚀速率，随后腐蚀速率趋于稳定。

（8）在 5%NaCl 溶液浸泡试验中，高磷单层 Ni-P 合金镀层浸泡 6h 后开始腐蚀，腐蚀速率在浸泡 6~24h 时增速最大，72h 达到最大腐蚀速率 0.1550mg/(cm^2·h)，在 144h 后腐蚀速率趋于稳定；双层 Ni-P（中-高磷）合金镀层浸泡 12h 后开始腐蚀，腐蚀速率在浸泡 12~48h 时增速最大，在 168h 达到最大腐蚀速率 0.1635mg/(cm^2·h)。在相同浸泡时间下，镀有双层镀层的试样腐蚀速率较单层试样低。试验选择的最佳双层 Ni-P（中-高磷）合金镀层的耐 Cl^- 腐蚀性能较选择的最佳高磷单层 Ni-P 合金镀层好。

（9）将最佳高磷单层 Ni-P 合金镀层和最佳双层 Ni-P（中-高磷）合金镀层浸泡在 10% H_2SO_4 溶液中进行耐蚀性试验。浸泡 9h 后，高磷单层 Ni-P 合金镀层试样腐蚀速率为 0.1667mg/(cm^2·h)，双层 Ni-P（中-高磷）合金镀层试样腐蚀速率为 0.1444mg/(cm^2·h)。在较短浸泡时间下，双层 Ni-P（中-高磷）镀层具有较好的耐酸腐蚀性能。

参考文献

[1] 何焕杰，詹适新，王永红，等. 双层化学镀镍技术——用于油管及井下工具防腐的可行性 [J]. 表面技术，1995，24（6）：29~31.

[2] 蒲艳丽. 适用于海洋环境的化学镀 Ni-P 合金工艺及耐蚀机理研究 [D]. 青岛：中国海洋大学，2004.

[3] 叶栩青，罗守福，王永瑞. 化学镀 Ni-Cu-P 合金工艺研究 [J]. 腐蚀与防护，2000，21(3)：126~128.

[4] 陈菊香，黎永军，于光，等. 化学镀三元 Ni-W-P 合金的沉积条件 [J]. 表面技术，1993，22（6）：247~249.

[5] 宋锦福，郭凯铭. 化学镀 Ni-W-P 合金的冲刷腐蚀行为研究 [J]. 机械工程材料，1998，22（3）：43~45.

[6] Tyler J M. Automotive applications for chromium [J]. Metal Finishing，1995，93（10）：11~14.

[7] 陈咏森，沈品华. 多层镀镍的作用机理和工艺管理 [J]. 表面技术，1996，25（6）：40~43.

[8] 于光，黎永钧，陈菊香，等. 化学镀 Ni-Cu-P/Ni-P 双层合金的工艺及镀层结合力研究 [J]. 机械工程材料，1994（4）：13~15.

[9] 朱立群，刘慧丛，吴俊. 化学镀镍层封孔新工艺的研究 [J]. 电镀与涂饰，2002，21(3)：29~33.

[10] 伍学高. 化学镀技术 [M]. 成都：四川科学技术出版社，1985.

[11] 成少安，李志章，姚天贵，等. 化学镀牺牲阳极复层的研制及其抗蚀特性和机理的研究 [J]. 浙江大学学报，1993，27（4）：487~497.

[12] 刘景辉，刘建国，吴连波，等. Ni-P/Ni-W-P 双层化学镀的研究 [J]. 热加工工艺，2005（6）：72~74.

[13] Zhong Chen，Alice Ng，Jianzhang Yi，et al. Multi-layered electroless Ni-P coatings on powder-

sintered Nd-Fe-B permanent magnet [J]. Journal of Magnetism and Magnetic Materials, 2006, 302 (1): 216~222.

[14] 王冬玲，陈焕铭，王憨鹰，等. 化学镀镍磷合金的研究进展与展望 [J]. 材料导报：网络版，2006 (2): 10~12.

[15] 徐旭仲，赵丹，万德成，等. 钢铁表面化学镀的研究进展 [J]. 电镀与精饰，2016，38 (3): 27~32.

[16] 邹建平，刘贤泽，邢秋菊，等. 中低温化学镀镍工艺的新进展 [J]. 电镀与涂饰，2009，28 (5): 23~26.

[17] 王庆璋，杜敏. 海洋腐蚀与防护技术 [M]. 青岛：青岛海洋大学出版社，2001.

[18] 朱相荣，杨朝晖. 非晶态 Ni-P 化学镀的发展及应用前景 [J]. 表面技术，1990 (1): 34~39.

[19] 李宁. 化学镀实用技术 [M]. 北京：化学工业出版社，2012.

[20] 周荣廷. 化学镀镍的原理与工艺 [M]. 北京：国防工业出版社，1975.

[21] 姜晓霞，沈伟. 化学镀理论及实践 [M]. 北京：国防工业出版社，2000.

[22] 邓宗钢，黄新民，魏纯金，等. 磷含量对化学沉积镍磷合金层组织和性能的影响 [J]. 机械工程材料，1988 (3): 6~10.

[23] 郭鹤桐，刘淑兰，王金根，等. 化学镀镍-磷合金中磷的含量对镀层性能的影响 [J]. 电镀与精饰，1989 (6): 4~8.

[24] 王克武，罗邦容. 磷含量在化学镀层中对其性能的影响 [J]. 表面技术，1996 (5): 15~18.

[25] 崔国峰. 化学镀镍磷合金过程中磷的析出及其对镀层性能的影响 [D]. 哈尔滨：哈尔滨工业大学，2006.

[26] Rajann K S, Rajagopal Lndira, Rajagopalan S R，等. 磷含量与热处理对化学镀镍抗蚀性能的影响 [J]. 材料保护，1991，24 (11): 42~45.

[27] 司尚荣. 化学镀镍-磷合金中的磷含量对镀层性能的影响 [J]. 石家庄铁道大学学报：自然科学版，1997 (S1): 52~55.

5 Ni-P/Ni-Zn-P 复合镀层的制备工艺和防腐性能研究

按照镀层金属和基体金属（或合金）的电化学关系，可把镀层分为阳极镀层和阴极镀层。阴极镀层只有在完整无缺的条件下才能对基体起机械保护作用，一旦镀层被损伤以后，它不但保护不了基体，反而会加速基体的腐蚀。阳极镀层不仅能对基体起机械保护作用，而且能起电化学保护作用。一般条件下镀锌层及锌基合金镀层[1]都属于阳极镀层，具有优良的防腐性能。

然而，目前在钢铁基体上用化学镀方法得到的合金镀层都为阴极镀层。如果能将化学镀和阳极镀层的优点相结合，势必对保护资源、节约能源、节省材料、保护环境有重大意义，应用前景广阔。

化学镀 Ni-P 二元合金镀层具有良好的均匀性、硬度、耐磨、耐蚀等综合物理化学性能，尤其具有在不同材料（包括金属、半导体和非金属）和复杂形状的零件上沉积均匀的特点，已在化工、材料、电子、机械等工业领域得到广泛的应用[2~6]。但是，随着科学技术和现代工业的迅速发展，通常的 Ni-P 二元合金镀层已不能满足日益增长的需要，于是在该二元合金镀层中添加第三种金属成分，得到了以 Ni-P 为基的多元合金，其导电性、磁性、耐磨、耐热、耐蚀等性能较二元合金均有了很大的提高[7]。在化学镀 Ni-P 的合金镀液中加入适量的锌盐（硫酸锌、氯化锌），可得到含锌质量分数为 7%~15%的 Ni-P-Zn 三元合金镀层，用于耐蚀要求高和形状复杂的各种工件上[8~10]。近年来，国内外研究者分别采用柠檬酸三钠[11, 12]和乳酸[13]为配位剂，在碱性和酸性介质中进行化学镀 Ni-Zn-P 三元合金，研究了工艺参数对镀速和镀层的组成、微观形貌、结构和腐蚀性能的影响，还研究了镀层表面元素锌的存在形式和热处理对镀层结构、显微硬度、表面形貌和耐蚀性的影响[14]。

C. Gu 等[15]利用化学镀加电镀的方法制备了低磷 Ni-P/高磷 Ni-P 双层镀层，并在 3. 5%NaCl 溶液中进行耐腐蚀性研究，结果表明双层镀具有较高的耐蚀性。S. Narayanan 等[16]利用化学镀 Ni-B 合金和化学镀 Ni-P 的方法制备了 Ni-B/Ni-P 双层镀，并测定了这镀层在 450℃ 回火 1h 后的耐磨性能及耐腐蚀性能，结果表明，Ni-B/Ni-P 镀层具有较高的腐蚀电位和较高的硬度。Wang Yuxin 等[17]在不锈钢表面进行了双层化学镀，内层为 Ni-P 合金镀层、外层为 Ni-P-ZrO_2 复合镀层，得到力学性能和耐腐蚀性能良好的镀层。

高荣杰等[18]采用正交实验筛选出一种磷含量为 11%Ni-P 合金镀层作为中间

层、磷含量为 9.17%Ni-P 合金镀层作为表面层，复配成为双镀层；通过中性盐雾实验表明双层 Ni-P 平均腐蚀速率是单层 Ni-P 的 1/4。张会广[19]通过化学镀的方法制备了 Ni-P/Ni-P-PTFE 双层镀，并对镀层的耐磨、耐蚀性做了研究。刘景辉等[20]利用 30min 化学镀 Ni-P + 30min 化学镀 Ni-W-P 的方法制备了厚度为 13.2μm 的 Ni-P/Ni-W-P 双层镀层，并研究了镀层的耐蚀性，结果表明双层镀具有良好的耐蚀性。张翼等[21]研究了在酸性化学镀条件下制备 Ni-Mo-P/Ni-P 双层镀的镀液组成及工艺条件，在 10% NaCl 中的腐蚀实验表明，在钼含量低于 8% 时，随着钼的增加，双层镀层孔隙率下降，耐蚀性上升。

化学复合镀是目前解决高温腐蚀、高温强度以及磨损等问题的有效方法之一，也是一种获取复合材料的先进方法。因此，在表面工程技术的研究领域中，化学复合镀的相关研究和开发应用一直是其中较为活跃的一部分[22]。

Ni-Zn-P 三元化学镀相对于其他的三元化学镀（Ni-W-P、Ni-Mo-P）具有成本低、实用性强等特点。Ni-Zn-P 镀层可以用在形状复杂的工件上，也可以代替金属 Cd 作为牺牲阳极起到阳极保护的作用，而化学镀 Ni-P 合金镀层在腐蚀防护中起到阴极保护的作用，所以将两个镀层结合起来形成 Ni-P/Ni-Zn-P 复合镀层既起到阴极保护作用又起到了阳极保护作用。Ni-P/Ni-Zn-P 双层镀的研究对现代海洋钢的防腐具有重要的意义而且还能为其沉积机理的研究提供试验支持，Ni-P/Ni-Zn-P 双层镀沉积机理的研究可以进一步丰富双层镀的理论知识。

5.1　试验材料与方法

5.1.1　试验材料

本试验所用材料为 Q235 冷轧板，其化学成分见表 2-1。

5.1.2　试验方法

采用碱式化学镀方法，在 Q235 基体上施镀 Ni-Zn-P 合金镀层。采用酸式化学镀方法，通过控制施镀时间，在 Q235 基体上施镀 Ni-P 合金镀层，通过控制 Ni-P 合金镀层施镀时间与 Ni-Zn-P 合金镀层进行复合镀，得到 Ni-P/Ni-Zn-P 双层复合镀层，研究其耐蚀性能。

5.1.3　工艺流程

本实验的工艺流程参照如图 5-1 所示。

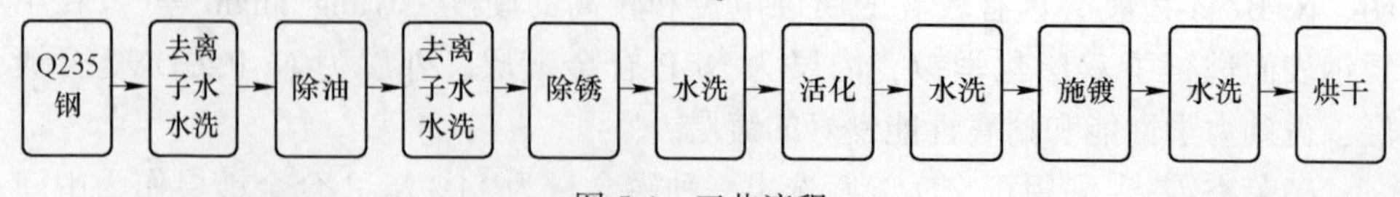

图 5-1　工艺流程

5.1.4 基体预处理

本试验所用试样尺寸为20mm×25mm×0.9mm，试样一端打孔（ϕ3mm）。

（1）打磨。这一工序主要是除去试样表面的铁锈与划痕缺陷，使其表面光滑，露出内层组织而能够清楚地观察到表面组织形貌。分别用500号、600号、800号、1000号、1200号、1500号砂纸进行打磨，在最后一道砂纸的打磨过程中，砂纸要选择合适，并且打磨过程中注意用力均匀，最后使所打磨的试样表面无太深的划痕。

（2）除油。除油主要是除去工件在机加工或存储过程中残留的润滑油、防锈油、抛光膏等油脂或污物。除油的主要方式有电化学除油、有机溶剂除油、碱洗除油等。本试验采用碱性除油和超声震荡除油相结合的方法。将制备好的试样在60~80℃的除油液中处理10~15min，然后用70℃的热水清洗，超声震荡10min，然后冷水清洗。

（3）酸洗和活化。酸洗又称为侵蚀，是将试样工件浸入到酸或酸性盐的溶液中，目的是除去金属表面的氧化皮、氧化膜、锈蚀产物等，酸洗分电化学酸洗和化学酸洗，本试验采用化学酸洗。

活化的实质是要剥离工件表面的加工变形层以及在前处理过程中生成的极薄的氧化膜，将试样基体的组织暴露出来以便于镀层在其表面进行生长，因而不需要酸洗那样长的时间。但是，这个工序对镀层和基材金属的结合起着十分重要的作用，工件经过酸洗活化后，应立即清洗并进行下一步的化学镀。

酸洗和活化配方及工艺如下：

在室温下，试样在10%的盐酸中酸洗，直到试样的表面充满均匀的气泡为止，这个时间为1~2min左右。试样在5%的盐酸中活化，直到试样的表面充满均匀的气泡为止，这个时间为2~5min。

5.1.5 镀液的配置

化学镀镀液极易发生分解，在镀液配制时严格按照如下原则进行，具体步骤如下：

（1）化学镀镍溶液使用去离子水，配制溶液时不能将主盐和还原剂的溶液混合，避免分解。

（2）分别称量好各药剂质量，包括镍盐、还原剂、络合剂、缓冲剂、稳定剂、表面活性剂。

（3）将镍盐溶解在一定的去离子水中，不断搅拌，加速镍盐在水中溶解，可以通过水浴加热来提高镍盐的溶解速度。

（4）将除还原剂以外的络合剂和其他添加剂分别溶解于去离子水中，待完全溶解后，与主盐溶液搅拌混合。

（5）将溶解有还原剂的溶液在搅拌条件下倒入含有主盐及络合剂溶液的烧杯中，将混合的总液体量控制在低于需要的溶液总体积以下。

（6）用 NaOH（10%）溶液作为镀液 pH 值调整剂。

（7）用去离子水稀释混合溶液至计算体积。

在镀液配置过程中应特别注意 $NiSO_4$溶液与 NaH_2PO_2溶液不能直接混合，否则会使镀液性能不合格。在溶液的混合过程中必须要搅拌，即使各种药品已经预先完全溶解，但在混合时，搅拌不充分也会生成难以发现的镍的化合物。在进行 pH 值调整时，药品要缓慢加入，搅拌要快速、均匀，否则会使镀液中局部的 pH 值过高，产生氢氧化镍沉淀。

5.1.6 分析方法

5.1.6.1 组织形貌和成分分析

利用蔡司显微镜和扫描电镜对镀层的表面形貌进行分析。蔡司显微镜可以对镀层的表面形貌进行简单的观察，对镀层的致密度和镀层晶胞的大小进行初步观察，在镀层工艺的优化过程中起到重要作用。扫描电子显微镜（scanning electron microscope，SEM）是观察和研究物质微观形貌的重要工具。利用 SEM 成像清晰、高放大倍数的优点对单层 Ni-P 镀层、双层 Ni-P/Ni-Zn-P 镀层进行表面微观形貌观察，为进一步的配方选择和耐蚀性实验提供组织形貌依据。

采用能谱仪（EDS）对镀层表面成分进行分析。

5.1.6.2 耐蚀性分析

采用静态挂片腐蚀的方法测试 Ni-Zn-P 合金镀层、Ni-P/Ni-Zn-P 双层复合镀层分别在 5%的 NaCl 溶液与 5%的 H_2SO_4溶液中的耐蚀性。

5.2 化学镀 Ni-Zn-P 合金镀层的工艺优化

根据前期的工作基础[23, 24]，本章主要通过 4 组实验探究镀液配方中硫酸铵和柠檬酸钠的用量对 Ni-Zn-P 合金镀层表面组织形貌的影响。采用金相显微镜观察 Ni-Zn-P 合金镀层的表面形貌，得到连续、致密的 Ni-Zn-P 合金镀层，为下一步 Ni-P/Ni-Zn-P 双层复合镀层的制备做准备。

5.2.1 柠檬酸钠用量（硫酸铵 30g/L）对 Ni-Zn-P 合金镀层表面形貌的影响

5.2.1.1 镀液成分

采用控制单一变量的方法，固定硫酸铵量为 30g/L，柠檬酸钠用量为 50g/L、60g/L、70g/L、80g/L，具体镀液成分见表 5-1。镀液 pH 值为 9，温度控制在 85℃。

表 5-1 镀液成分（一） (g/L)

组数	硫酸镍	硫酸锌	次亚磷酸钠	柠檬酸钠	硫酸铵
1	27	0.6	16	50	30
	27	0.6	16	60	30
	27	0.6	16	70	30
	27	0.6	16	80	30

5.2.1.2 Ni-Zn-P 合金镀层的表面形貌

图 5-2 为硫酸铵 30g/L，柠檬酸钠用量分别为 50g/L、60g/L、70g/L、80g/L 的 Ni-Zn-P 合金镀层金相图。可以发现，随着柠檬酸钠用量的增加，镀层表面胞状组织逐渐消失。图 5-2a（柠檬酸钠 50g/L）镀层表面胞状组织多而细小、分布均匀、排列较为致密，仅有少量片状组织；图 5-2b、c 镀层表面大部分胞状组织消失，呈现不规则片状组织；图 5-2d（柠檬酸钠 80g/L）镀层表面胞状组织消失，呈现少量不规则片状组织和大部分裸露基体，基体没有被完全覆盖。可见，柠

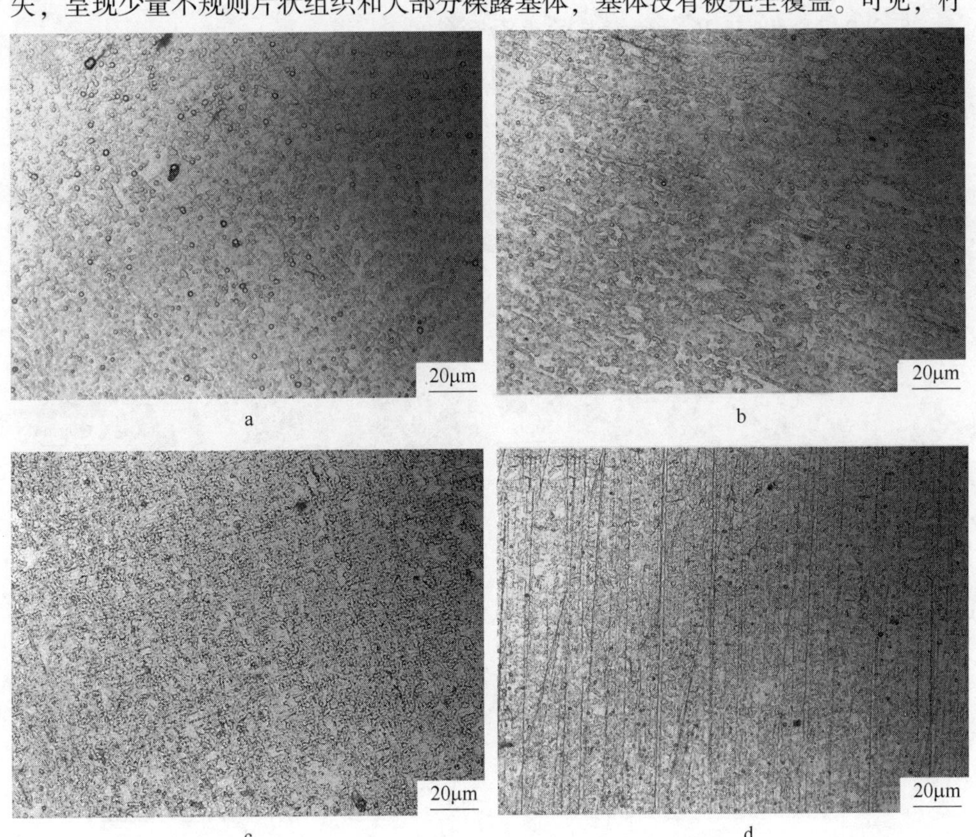

图 5-2 硫酸铵 30g/L 时不同用量柠檬酸钠得到的 Ni-Zn-P 合金镀层金相图

a—50g/L；b—60g/L；c—70g/L；d—80g/L

檬酸钠用量为 50g/L 时，Ni-Zn-P 合金镀层表面形成连续、均匀、致密的胞状组织，对基体保护性好。

5.2.2　柠檬酸钠用量（硫酸铵 40g/L）对 Ni-Zn-P 合金镀层表面形貌的影响

5.2.2.1　镀液成分

采用控制单一变量的方法，固定硫酸铵量为 40g/L，柠檬酸钠用量为 50g/L、60g/L、70g/L、80g/L，具体镀液成分见表 5-2。镀液 pH 值为 9，温度控制在 85℃。

表 5-2　镀液成分（二）　(g/L)

组数	硫酸镍	硫酸锌	次亚磷酸钠	柠檬酸钠	硫酸铵
2	27	0.6	16	50	40
	27	0.6	16	60	40
	27	0.6	16	70	40
	27	0.6	16	80	40

5.2.2.2　Ni-Zn-P 合金镀层的表面形貌

图 5-3 为硫酸铵 40g/L，柠檬酸钠用量分别为 50g/L、60g/L、70g/L、80g/L

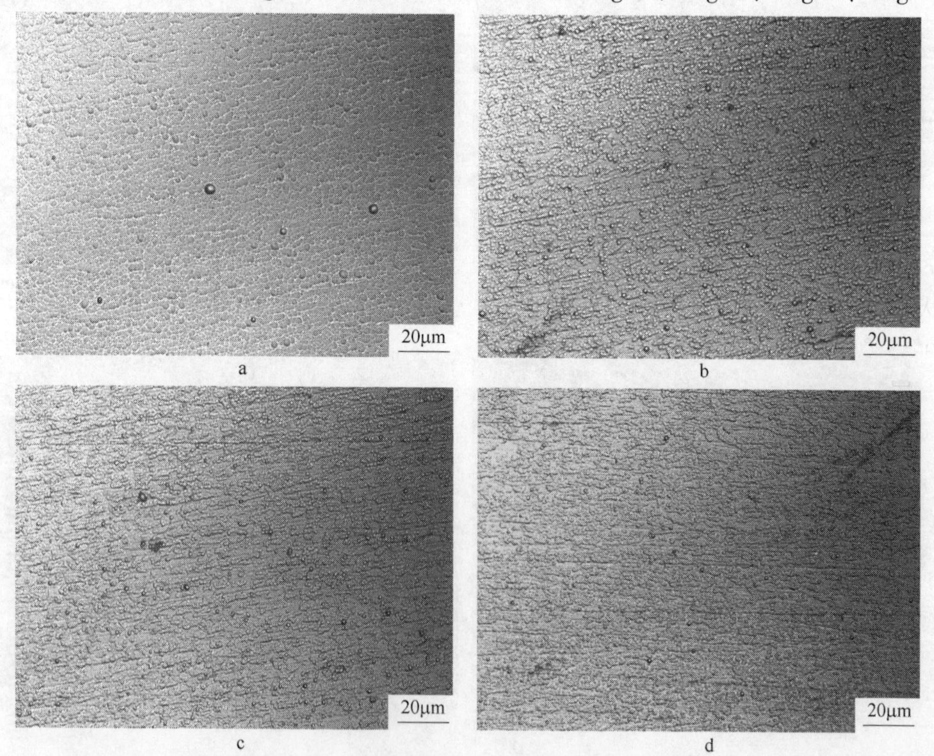

图 5-3　硫酸铵 40g/L 时不同用量柠檬酸钠得到的 Ni-Zn-P 合金镀层金相图

a—50g/L；b—60g/L；c—70g/L；d—80g/L

的 Ni-Zn-P 合金镀层表面形貌金相图。从图 5-3 中可以看出，Ni-Zn-P 合金镀层表面都呈现胞状组织，随着柠檬酸钠用量的增加，镀层表面胞状组织略微变得细小，但是镀层表面变得越来越不平整。所以，柠檬酸钠 50g/L 时得到的镀层表面呈现连续、致密、平整的胞状组织。

5.2.3 柠檬酸钠用量（硫酸铵 50g/L）对 Ni-Zn-P 合金镀层表面形貌的影响

5.2.3.1 镀液成分

采用控制单一变量的方法，固定硫酸铵量为 50g/L，柠檬酸钠用量为 50g/L、60g/L、70g/L、80g/L，具体镀液成分见表 5-3。镀液 pH 值为 9，温度控制在 85℃。

表 5-3 镀液成分（三） (g/L)

组数	硫酸镍	硫酸锌	次亚磷酸钠	柠檬酸钠	硫酸铵
3	27	0.6	16	50	50
	27	0.6	16	60	50
	27	0.6	16	70	50
	27	0.6	16	80	50

5.2.3.2 Ni-Zn-P 合金镀层的表面形貌

图 5-4 为硫酸铵 50g/L，柠檬酸钠用量分别为 50g/L、60g/L、70g/L、80g/L 的 Ni-Zn-P 合金镀层表面形貌金相图。从图 5-4 中可以看出，镀层表面呈现胞状和片状混合组织，镀层表面凹凸不平且有明显未被镀层覆盖的划痕。所以，在硫酸铵 50g/L 时，四种柠檬酸钠用量都不能得到连续、致密的 Ni-Zn-P 合金镀层。

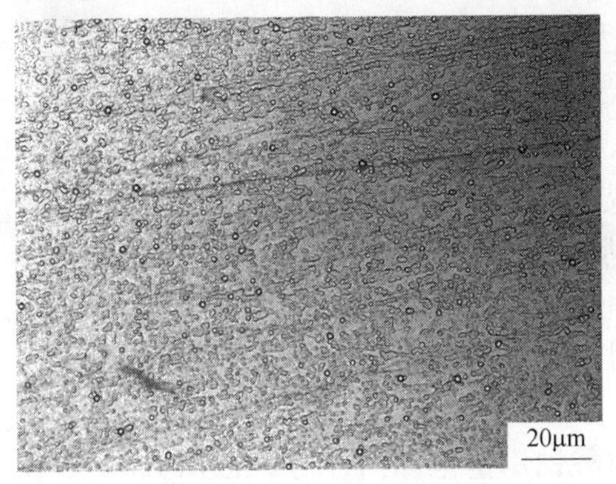

a

20μm

b

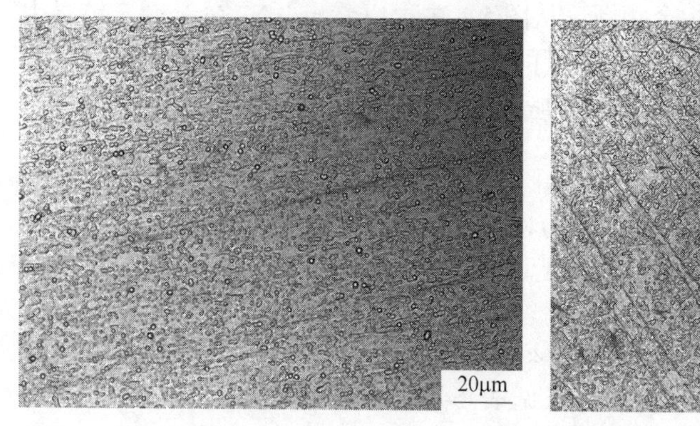

c

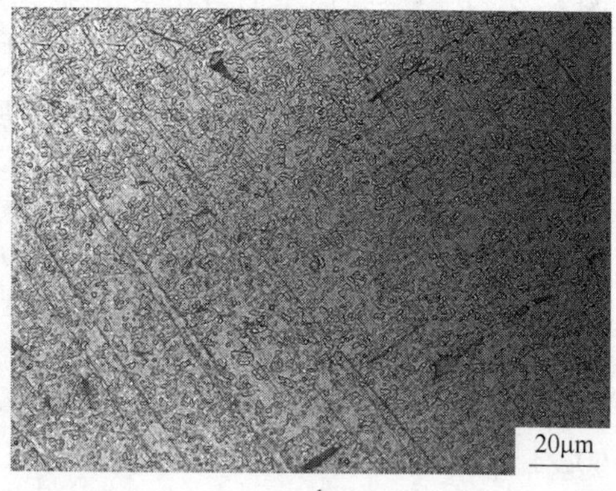

d

图 5-4　硫酸铵 50g/L 时不同用量柠檬酸钠得到的 Ni-Zn-P 合金镀层金相图

a—50g/L；b—60g/L；c—70g/L；d—80g/L

5.2.4　柠檬酸钠用量（硫酸铵 60g/L）对 Ni-Zn-P 合金镀层表面形貌的影响

5.2.4.1　镀液成分

采用控制单一变量的方法，固定硫酸铵量为 60g/L，柠檬酸钠用量为 50g/L、60g/L、70g/L、80g/L，具体镀液成分见表 5-4。镀液 pH 值为 9，温度控制在 85℃。

表 5-4　镀液成分（四）　（g/L）

组数	硫酸镍	硫酸锌	次亚磷酸钠	柠檬酸钠	硫酸铵
4	27	0.6	16	50	60
	27	0.6	16	60	60
	27	0.6	16	70	60
	27	0.6	16	80	60

5.2.4.2　Ni-Zn-P 合金镀层的表面形貌

图 5-5 为硫酸铵 60g/L，柠檬酸钠用量分别为 50g/L、60g/L、70g/L、80g/L 的 Ni-Zn-P 合金镀层表面形貌金相图。从图 5-5 中可以看出，随着柠檬酸钠用量增加，镀层表面形貌从胞状组织逐渐变成片状组织。图 5-5a 镀层表面呈现连续、致密胞状组织；图 5-5b 镀层表面是细小胞状组织和片状组织的混合形貌，镀层不够致密；图 5-5c、d 镀层表面完全是不连续的片状组织，基体不能被完全覆盖，镀层不致密。所以，硫酸铵 60g/L 时，柠檬酸钠用量为 50g/L 得到的 Ni-Zn-P 合金镀层连续致密，对基体保护性好。

综上所述，在所考察的硫酸铵和柠檬酸钠用量范围内，得到的 Ni-Zn-P 合金镀层表面形貌主要以胞状组织和片状组织为主，而且胞状组织较片状组织要连

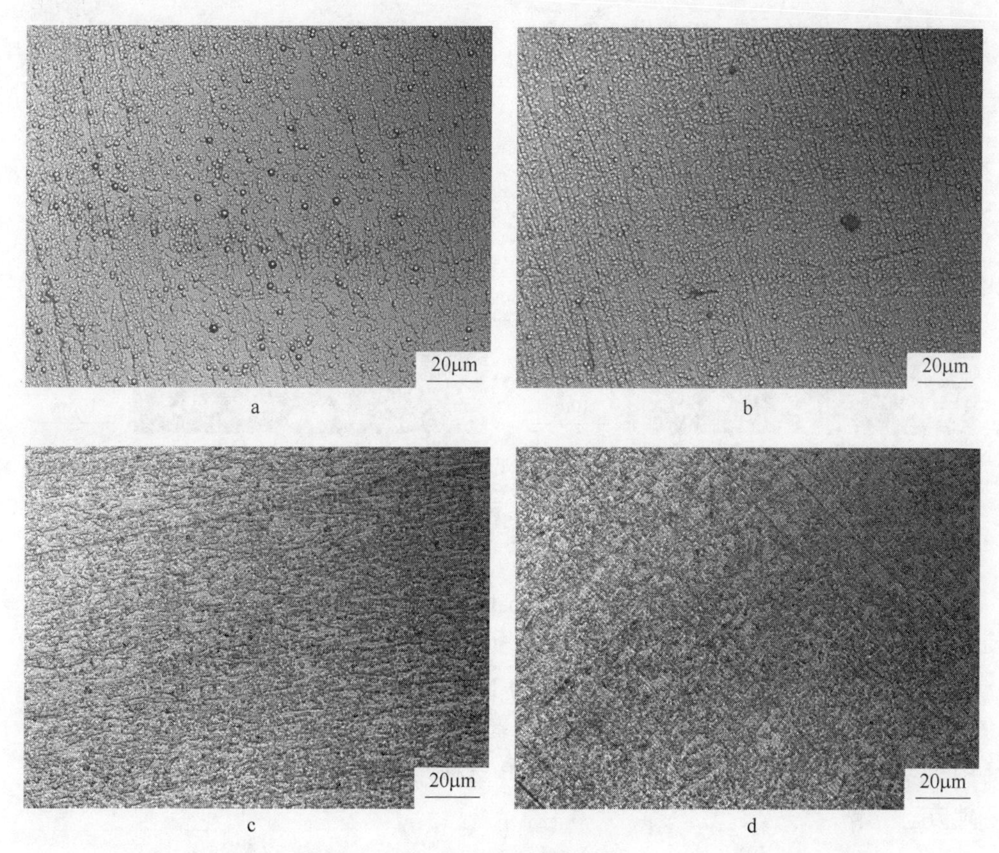

图 5-5 硫酸铵 60g/L 时不同用量柠檬酸钠得到的 Ni-Zn-P 合金镀层金相图

a—50g/L；b—60g/L；c—70g/L；d—80g/L

续、致密，对基体覆盖能力强。对比四组试验结果，发现能够得到连续致密胞状组织镀层的镀液配方有两组：第 1 组。硫酸镍 27g/L、硫酸锌 0.6g/L、次亚磷酸钠 16g/L、柠檬酸钠 50g/L、硫酸铵 40g/L；第 2 组。硫酸镍 27g/L、硫酸锌 0.6g/L、次亚磷酸钠 16g/L、柠檬酸钠 50g/L、硫酸铵 60g/L。

5.2.5 Ni-Zn-P 合金镀层表面分析

通过金相显微镜对镀层表面初步观察得到两组较好的工艺配方，为了进一步确定最佳工艺配方，采用 SEM 和 EDS 对 Ni-Zn-P 合金镀层表面形貌和成分作了分析。

图 5-6 是两组较优镀液配方下 Ni-Zn-P 合金镀层的 SEM 图。可以看到，镀层表面均呈现连续、致密的胞状组织，但是图 5-6a（硫酸铵 40g/L、柠檬酸钠 50g/L）比图 5-6b（硫酸铵 60g/L、柠檬酸钠 50g/L）镀层胞状组织大小更均匀、表面更平整。

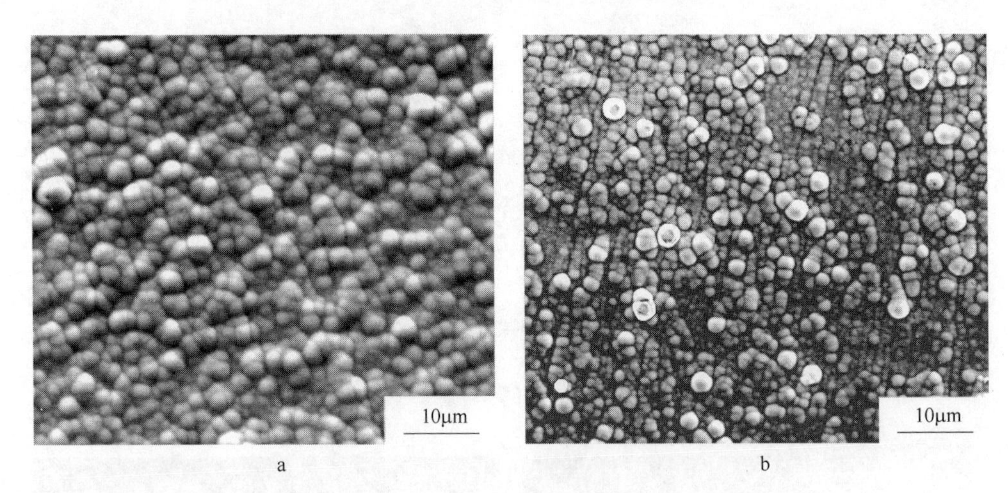

图 5-6　Ni-Zn-P 合金镀层 SEM 图

a—硫酸铵 40g/L、柠檬酸钠 50g/L；b—硫酸铵 60g/L、柠檬酸钠 50g/L

图 5-7 为两组较优镀液配方下 Ni-Zn-P 合金镀层的成分分析结果（EDS 图）。其中图 5-7a 为硫酸铵 40g/L、柠檬酸钠 50g/L 的 Ni-Zn-P 合金镀层 EDS 图，图 5-7b 为硫酸铵 60g/L、柠檬酸钠 50g/L 的 Ni-Zn-P EDS 图。可以看出，图 5-7b 的 Ni-Zn-P 合金镀层成分中含有 Fe 和 O 元素，说明该镀层有漏镀的地方；而图 5-7a 中 Ni-Zn-P 合金镀层成分只有 Ni、Zn、P 三种元素，说明该镀层均匀没有漏镀的地方。

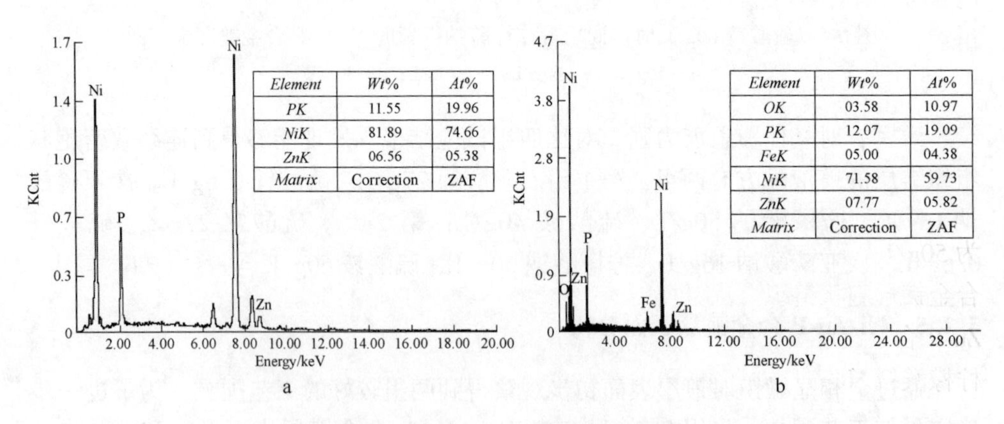

Element	*Wt%*	*At%*
PK	11.55	19.96
NiK	81.89	74.66
ZnK	06.56	05.38
Matrix	Correction	ZAF

Element	*Wt%*	*At%*
OK	03.58	10.97
PK	12.07	19.09
FeK	05.00	04.38
NiK	71.58	59.73
ZnK	07.77	05.82
Matrix	Correction	ZAF

图 5-7　Ni-Zn-P 合金镀层 EDS 图

a—硫酸铵 40g/L、柠檬酸钠 50g/L；b—硫酸铵 60g/L、柠檬酸钠 50g/L

鉴于以上结果，选择较优的第 1 组 Ni-Zn-P 合金镀层工艺配方用于制备双层复合镀层，配方为：硫酸镍 27g/L、硫酸锌 0. 6g/L、次亚磷酸钠 16g/L、柠檬酸钠 50g/L、硫酸铵 40g/L。

5.2.6 小结

本节主要研究镀液配方中硫酸铵和柠檬酸钠的用量对 Ni-Zn-P 合金镀层表面组织形貌的影响，得到连续、致密的 Ni-Zn-P 合金镀层，为下一步 Ni-P/Ni-Zn-P 双层复合镀层的制备做准备。得到以下结论：

（1）硫酸铵用量 30g/L，柠檬酸钠用量分别为 50g/L、60g/L、70g/L、80g/L 的 Ni-Zn-P 合金镀层表面形貌随着柠檬酸钠用量的增加，镀层表面胞状组织逐渐消失。柠檬酸钠 50g/L 镀层的表面胞状组织多而细小、分布均匀、排列较为致密，仅有少量片状组织；柠檬酸钠用量在 60g/L 以上，镀层表面胞状组织消失，呈现不规则片状组织和大部分裸露基体，基体没有被完全覆盖。

（2）硫酸铵用量 40g/L，柠檬酸钠用量分别为 50g/L、60g/L、70g/L、80g/L 的 Ni-Zn-P 合金镀层表面形貌都呈现胞状组织，随着柠檬酸钠用量的增加，镀层表面胞状组织略微变得细小，但是镀层表面变得越来越不平整。所以，柠檬酸钠 50g/L 时得到的镀层表面呈现连续、致密、平整的胞状组织。

（3）硫酸铵用量 50g/L，柠檬酸钠用量分别为 50g/L、60g/L、70g/L、80g/L 的 Ni-Zn-P 合金镀层表面形貌呈现胞状和片状混合组织，镀层表面凹凸不平且有明显未被镀层覆盖的划痕。所以，硫酸铵 50g/L 时，四个柠檬酸钠用量都不能得到连续、致密的 Ni-Zn-P 合金镀层。

（4）硫酸铵用量 60g/L，柠檬酸钠用量分别为 50g/L、60g/L、70g/L、80g/L 的 Ni-Zn-P 合金镀层表面形貌随着柠檬酸钠用量增加，从胞状组织逐渐变成片状组织。柠檬酸钠用量 50g/L 的镀层表面呈现连续、致密胞状组织；柠檬酸钠用量在 60g/L 以上，镀层表面是细小胞状组织和片状组织的混合形貌或完全不连续片状组织形貌，镀层不致密。所以，柠檬酸钠用量为 50g/L 得到的 Ni-Zn-P 合金镀层连续、致密，对基体保护性好。

（5）能够得到连续、致密胞状组织镀层的两组镀液配方都是柠檬酸钠用量为 50g/L、硫酸铵用量分别为 40g/L 和 60g/L，硫酸铵用量 40g/L 得到的 Ni-Zn-P 合金镀层胞状组织大小更均匀、表面更平整。用于制备双层复合镀层较优的 Ni-Zn-P 合金镀层工艺配方为：硫酸镍 27g/L、硫酸锌 0.6g/L、次亚磷酸钠 16g/L、柠檬酸钠 50g/L、硫酸铵 40g/L。

5.3 施镀时间对 Ni-P 合金镀层形貌和厚度的影响

化学镀 Ni-P 合金镀层时，沉积时间是施镀过程中需要考虑的参数之一。为了研究沉积时间对 Q235 钢化学镀 Ni-P 合金镀层组织和镀层厚度的影响，本试验采用酸式化学镀方法，通过控制单一变化因素时间，获得不同施镀时间下的 Ni-P 合金镀层，分析施镀时间对 Ni-P 合金镀层表面形貌和镀层厚度的影响。

5.3.1 镀液成分和施镀工艺

施镀时使用的镀液成分和工艺参数见表 5-5。镀液的 pH 值为 5.1，温度控制在 85℃，为了探究施镀时间对镀层组织和厚度的影响，本试验采用控制单一变量的方法，施镀时间分别为 3min、5min、10min、20min、30min、60min。

表 5-5 镀液成分和试验工艺参数

名 称	1	2	3	4	5	6
硫酸镍/$g \cdot L^{-1}$	20	20	20	20	20	20
次亚磷酸钠/$g \cdot L^{-1}$	24	24	24	24	24	24
苹果酸/$g \cdot L^{-1}$	16	16	16	16	16	16
丁二酸钠/$g \cdot L^{-1}$	18	18	18	18	18	18
pH 值	5.1	5.1	5.1	5.1	5.1	5.1
施镀时间/min	3	5	10	20	30	60
温度/℃	85	85	85	85	85	85

5.3.2 化学镀 Ni-P 合金镀层的表面形貌

在金相显微镜下观察了施镀不同时间 Ni-P 合金镀层的表面形貌，如图 5-8 所示。图 5-8 中 a～c 分别为施镀时间为 3min、5min、10min 时 Ni-P 合金镀层的金相图，由图可以看出，由于施镀时间短，镀层并没有完全覆盖试样表面，镀层表面不致密均匀且无明显的胞状组织。图 5-8 中 d～f 分别为施镀时间为 20min、30min、60min 时 Ni-Zn-P 合金镀层的金相图，从图中可以看出明显的胞状结构，随着施镀时间的增加，镀层表面组织越来越均匀、致密。

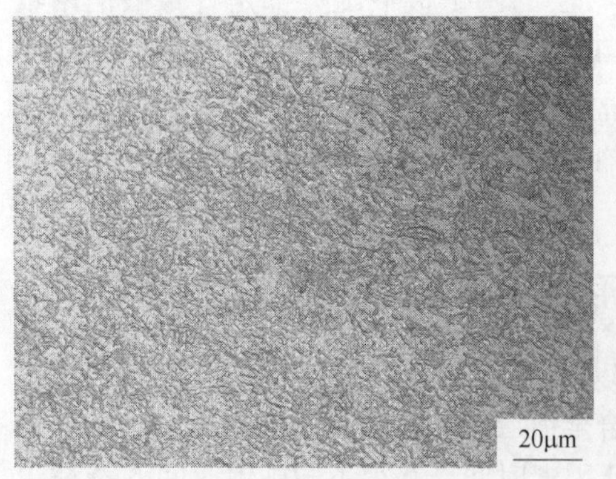

a

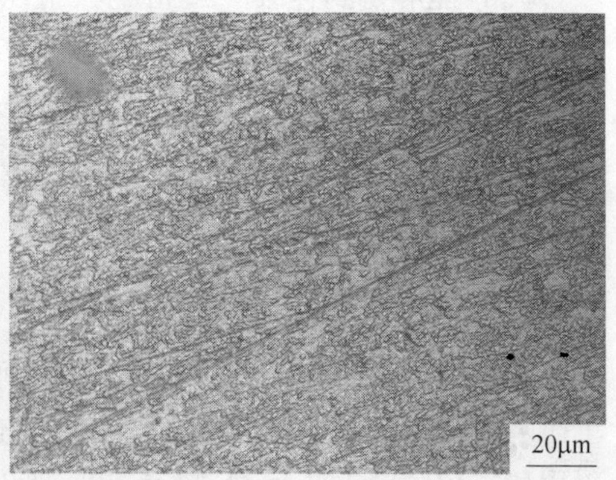

b

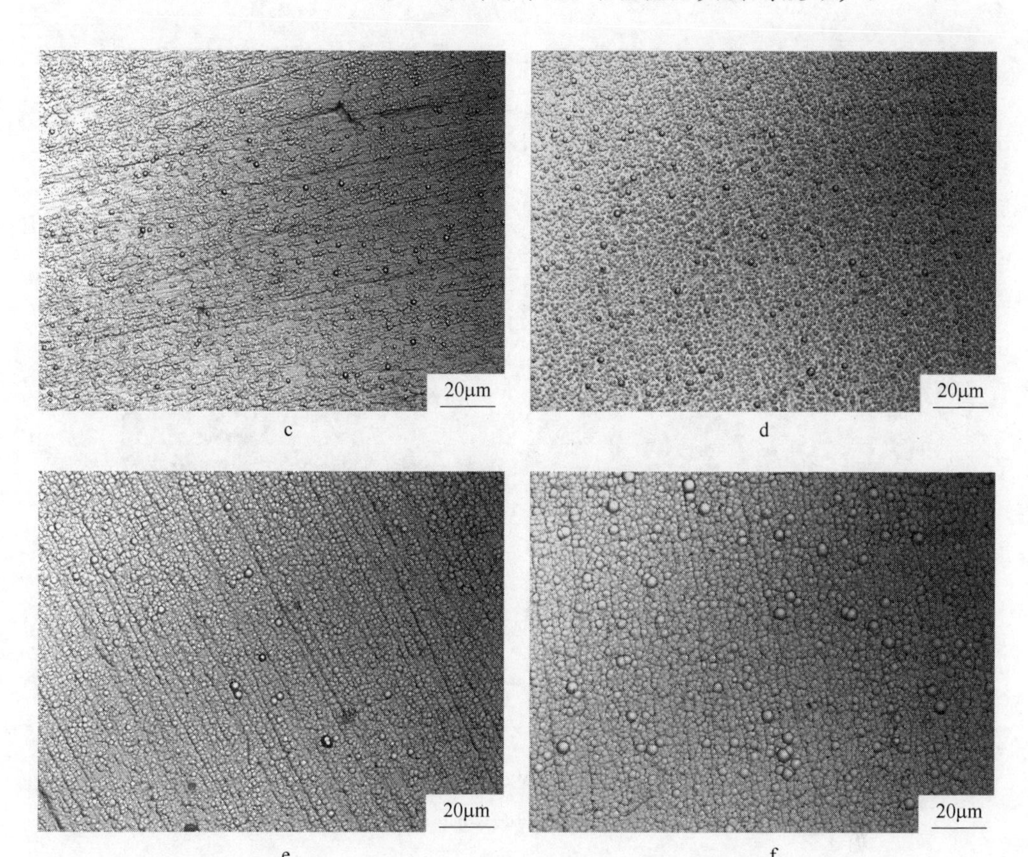

图 5-8 施镀不同时间 Ni-P 合金镀层的金相图

a—3min；b—5min；c—10min；d—20min；e—30min；f—60min

5.3.3 化学镀 Ni-P 合金镀层的断面形貌

为了进一步分析施镀时间对化学镀 Ni-P 合金镀层厚度和基体结合情况的影响，对 Ni-P 合金镀层进行断面形貌的观察，结果如图 5-9 所示。

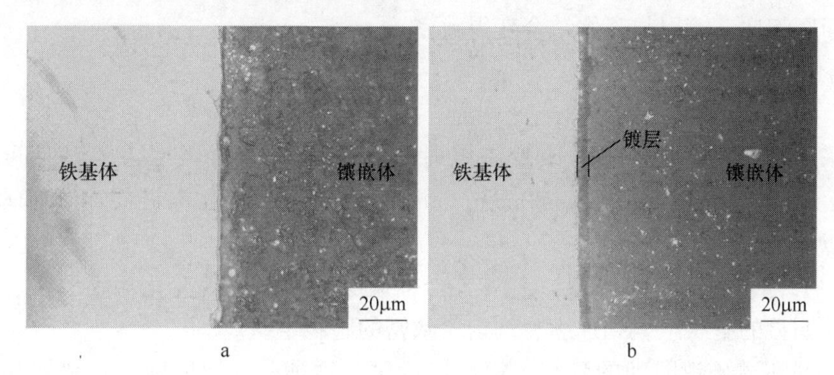

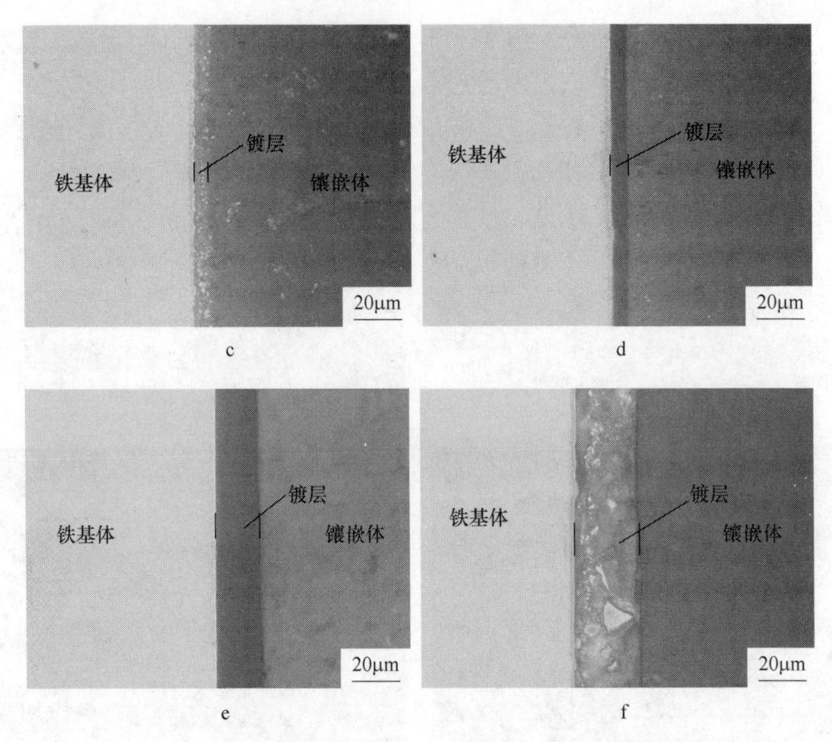

图 5-9　不同施镀时间 Ni-P 合金镀层断面形貌图

a—3min；b—5min；c—10min；d—20min；e—30min；f—60min

图 5-9 中粗实线之间的部分即为镀层。由图 5-9 可知，随着施镀时间的延长，镀层厚度明显增加。图 5-9a 为施镀时间 3min 的断面形貌图，由于时间较短，从金相显微镜中看不出镀层厚度。图 5-9b、c 为施镀时间 5min、10min 镀层的断面形貌图，从图中可以看出镀层厚度大约为 2μm 和 3μm，但是镀层与基体结合疏松，有明显的漏镀现象。图 5-9d~f 是施镀时间 20min、30min 和 60min 镀层的断面形貌图，厚度分别增加到 5μm、10μm 和 17μm 左右，与施镀时间 10min 镀层的断面图相比，镀层与基体结合变得致密。

5.3.4　小结

采用酸式化学镀方法，改变施镀时间获得 Ni-P 合金镀层，施镀时间选择 3min、5min、10min、20min、30min、60min，分析 Ni-P 合金镀层组织和厚度，得出以下结论：

（1）随着施镀时间的增加，Ni-P 合金镀层的表面形貌变化从不致密、不均匀且无明显的胞状组织到连续、均匀、致密的胞状组织。

（2）随着施镀时间的延长，镀层厚度明显增加。施镀时间短，镀层与基体结合不致密，比较疏松；施镀时间 20min、30min 和 60min 的镀层厚度分别为 5μm、10μm 和 17μm 左右，镀层与基体结合变得致密。

5.4 化学镀 Ni-P/Ni-Zn-P 双层复合镀层

单纯地增加 Ni-P、Ni-Zn-P 合金镀层的厚度，在一定程度上可以降低镀层孔隙等缺陷，使得镀层的耐蚀性得到提高，但这无疑会增加生产成本。双层镀技术就是利用两种镀层在电化学性质和硬度方面的差异，通过优化组合而得到的在较薄情况下就具有优异耐蚀性或耐磨性的镀层，采用双层或多层化学镀在基本不增加成本的前提下，可以降低发生孔蚀的几率，是一种比较经济适用的方法。其中 Ni-P 作为阴极镀层、Ni-Zn-P 合金镀层作为阳极镀层，通过两种镀层电位差能够更好地保护基体。

本研究在 Q235 基体表面进行双层化学镀，试图获得具有一定耐磨、耐腐蚀的双层复合镀层，其中 Ni-P 镀层为内层、Ni-Zn-P 镀层为外层。通过改变内层的施镀时间，获得不同厚度的 Ni-P/Ni-Zn-P 双层复合镀层，分析镀层的断面形貌和成分，选择出合适的 Ni-P/Ni-Zn-P 双层镀层用于后续的耐腐蚀性实验。

5.4.1 Ni-P/Ni-Zn-P 双层复合镀层的制备

Ni-P/Ni-Zn-P 双层复合镀的制备过程主要是通过控制内层的施镀时间来进行的，第一层施镀时间过短可能导致第一层没有镀上，而时间过长可能造成第二层不能镀上[21]。本研究选取第一层的施镀时间为 5min、10min、20min，第二层的施镀时间为 60min。具体内、外层镀液成分和工艺参数见表 5-6。

表 5-6 Ni-P/Ni-Zn-P 双层复合镀的镀液成分与工艺参数

名 称	Ni-P（内层）	Ni-Zn-P（外层）
硫酸镍/$g \cdot L^{-1}$	20	24
次亚磷酸钠/$g \cdot L^{-1}$	24	16
硫酸锌/$g \cdot L^{-1}$	—	0.6
硫酸铵/$g \cdot L^{-1}$	—	40
柠檬酸钠/$g \cdot L^{-1}$	—	50
苹果酸/$g \cdot L^{-1}$	16	—
丁二酸钠/$g \cdot L^{-1}$	18	—
pH 值	5.1	9
温度/℃	85	85

5.4.2 Ni-P/Ni-Zn-P 双层复合镀层的表面形貌

图 5-10 是内层 Ni-P 镀层施镀时间分别为 5min、10min、20min 时，外层 Ni-

Zn-P 合金镀层施镀时间为 1h 的复合镀层表面形貌图。从图中可以看出，镀层表面都呈现胞状组织，当内层 Ni-P 镀层施镀时间为 5min 和 10min 时，胞状组织更细小，但是胞状组织分布不均匀且镀层表面不平整（图 5-10a、b 中箭头所示）；当内层 Ni-P 镀层施镀时间为 20min 时，镀层表面形成连续、均匀、致密、平整的胞状组织。可见，内层 Ni-P 镀层施镀时间为 20min、外层 Ni-Zn-P 镀层施镀时间为 60min 时，得到的复合镀层表面组织对基体保护性好。

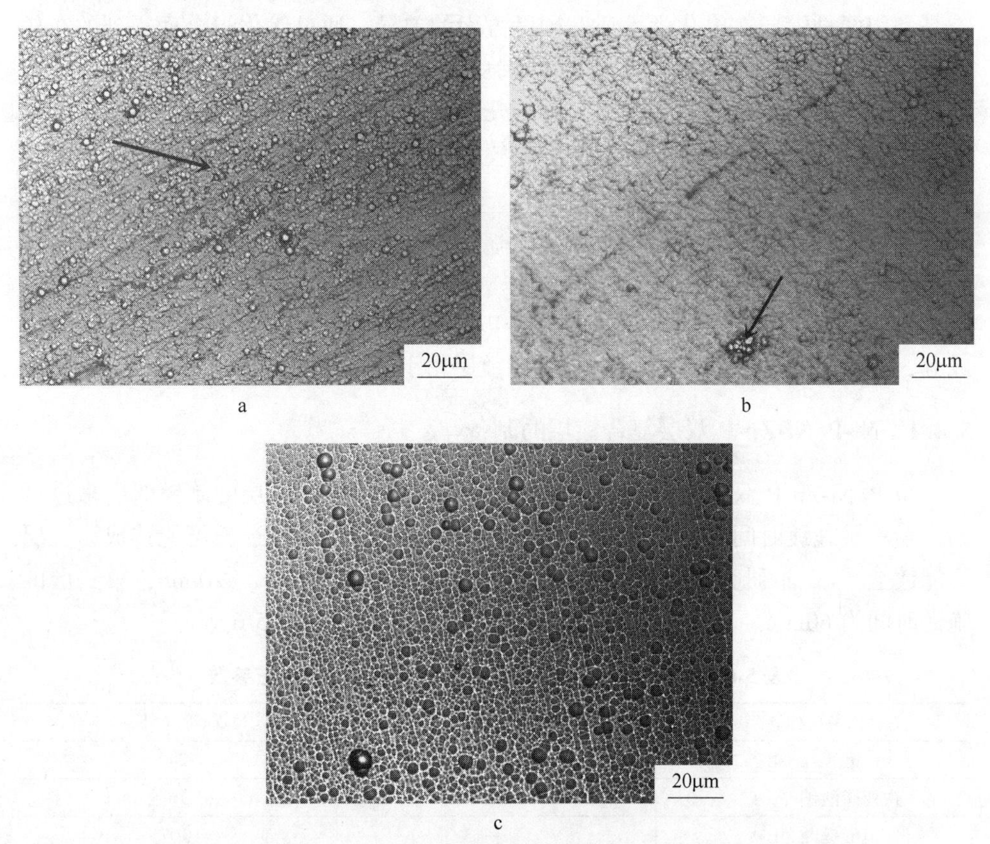

图 5-10　不同 Ni-P 施镀时间的 Ni-P/Ni-Zn-P 双层镀层表面形貌图

a—Ni-P 施镀时间 5min；b—Ni-P 施镀时间 10min；c—Ni-P 施镀时间 20min

5.4.3　Ni-P/Ni-Zn-P 双层复合镀层成分分析

为了探讨施镀时间对复合镀层厚度和成分的影响，采用 SEM 和 EDS 分析 Ni-P/Ni-Zn-P 双层复合镀层的断面形貌和成分，结果如图 5-11～图 5-13 所示。

图 5-11 是在内层 Ni-P 镀层施镀 5min 所得 Ni-P/Ni-Zn-P 双层复合镀层的断面形貌图和成分图。从图 5-11（b）中 1 的位置发生 Fe 含量迅速增加和 Ni、P 含量迅速下降的现象，说明此处是基体和镀层的分界线。在 1 的位置之前 P 含量在

8%左右，而且也没有出现 Zn，镀层厚度为 3μm，与第 5 章所得镀层厚度一样（图 5-9b），可判断 Ni-P 施镀时间为 5min 时所得 Ni-P/Ni-Zn-P 镀层只有单层 Ni-P 镀层。

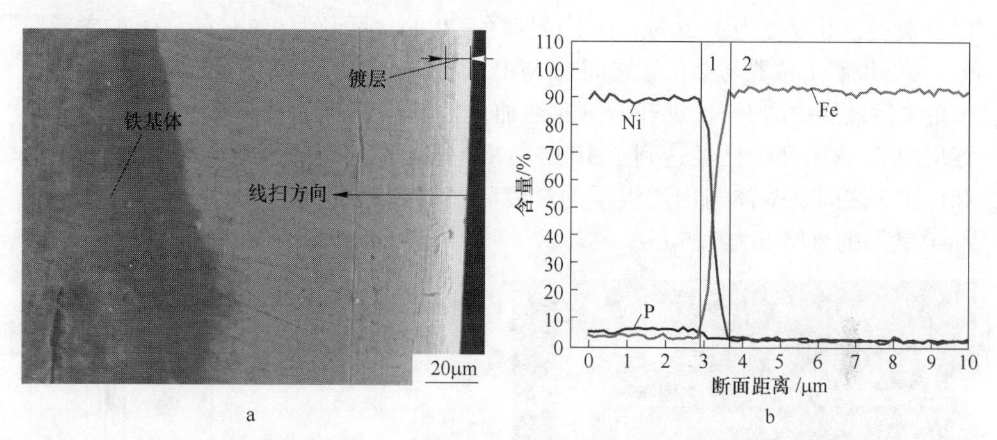

图 5-11 内层 Ni-P 镀层施镀 5min 所得 Ni-P/Ni-Zn-P 双层复合镀层的断面形貌图和成分图
a—断面形貌图；b—断面成分图

图 5-12 是内层 Ni-P 施镀 10min 所得 Ni-P/Ni-Zn-P 双层镀的断面形貌图和成分图。从图 5-12（b）中 1 的位置发生 Fe 含量迅速增加和 Ni、P 含量迅速下降的现象，说明此处是基体和镀层的分界线。在 1 的位置之前 P 含量在 9%左右，而且也没有出现 Zn，镀层厚度为 6.2μm，与 Ni-P 施镀时间为 10min 所得镀层厚度差不多（图 5-9c），可判断 Ni-P 施镀时间为 10min 时所得 Ni-P/Ni-Zn-P 镀层只有单层 Ni-P 镀层。

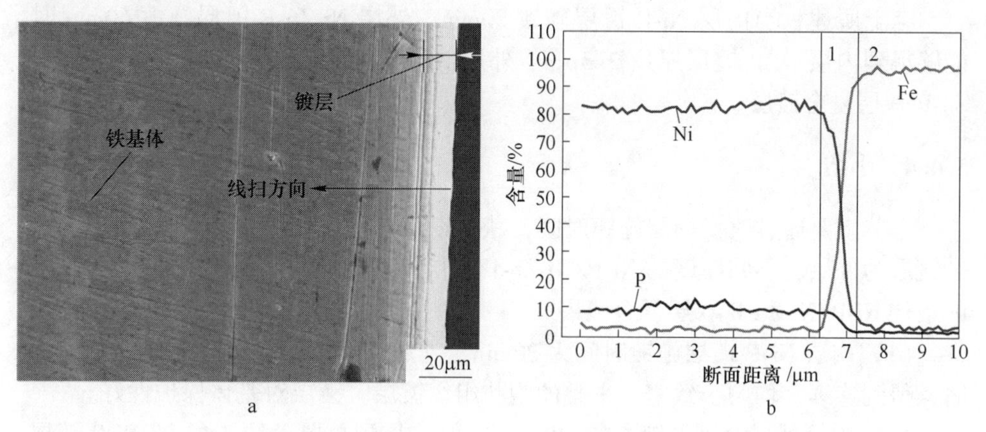

图 5-12 内层 Ni-P 镀层施镀 10min 所得 Ni-P/Ni-Zn-P 双层复合镀层的断面形貌图和成分图
a—断面形貌图；b—断面成分图

图 5-13 是内层 Ni-P 镀层施镀 20min 所得 Ni-P/Ni-Zn-P 双层复合镀层的断面

形貌图和成分图。图 5-13（b）中 1 的位置之前 P 的含量在 11%左右，Zn 含量在 5%左右，Ni 含量在 84%左右与最佳工艺条件下得到 Ni-Zn-P 成分相差不多，而且 1 的位置处 P、Zn 的含量都出现了下降趋势，说明 1 位置之前为 Ni-Zn-P（外层）镀层，其厚度为 5.2μm。在 1 位置之后 P 的含量变为 9%左右，Zn 的含量变为 0%，说明 1 位置与 2 位置之间是 Ni-P（内层）镀层，其厚度为 2.3μm。在 2 位置之后镀层中的 Fe 含量开始迅速增加，Ni 含量则迅速地降低，到 3 位置处，镀层中 Fe 含量几乎已经达到了 100%，Ni、P 含量则均降至约 0%，说明位置 2 和位置 3 之间是基体与内层镀层的过渡区。Ni-P 镀层施镀 20min 所得 Ni-P/Ni-Zn-P 镀层的总厚度为 7.5μm。

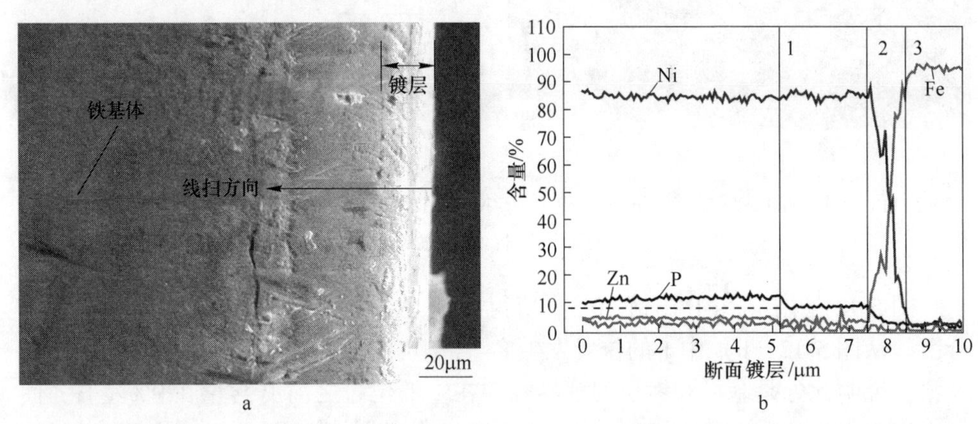

图 5-13　内层 Ni-P 镀层施镀 20min 所得 Ni-P/Ni-Zn-P 双层复合镀层的断面形貌图和成分图
a—断面形貌图；b—断面成分图

综上所述，当内层 Ni-P 镀层施镀 20min、外层 Ni-Zn-P 镀层施镀 60min 时，能够得到内层 Ni-P 镀层厚度 2.3μm、外层 Ni-Zn-P 镀层厚度 5.2μm 的 Ni-P/Ni-Zn-P 双层复合镀层。

5.4.4　小结

本节主要通过改变内层施镀时间，获得以 Ni-P 合金镀层为内层、Ni-Zn-P 合金镀层为外层，不同厚度的 Ni-P/Ni-Zn-P 双层复合镀层，选择出用于探究耐蚀性的最佳 Ni-P/Ni-Zn-P 双层复合镀层。

（1）内层 Ni-P 镀层施镀时间为 20min、外层 Ni-Zn-P 镀层施镀时间为 60min 时，得到连续、均匀、致密、平整的胞状组织镀层，镀层对基体保护性好。

（2）内、外层分别施镀 5min 和 60min 时，得到总厚度约 3μm 的 Ni-P 镀层。磷含量约为 8%，镍含量约为 90%。

（3）内、外层分别施镀 10min 和 60min 时，得到总厚度约 6.2μm 的 Ni-P 镀层。磷含量约为 9%，镍含量约为 84%。

（4）内、外层分别施镀 20min 和 60min 时，得到总厚度约 7.5μm 的 Ni-P/Ni-Zn-P 双层复合镀层。内层镀层的厚度约 2.3μm，磷含量约为 9%，镍含量约为 86%；外层镀层厚度约 5.2μm，锌含量约为 5%，磷含量约为 11%，镍含量约为 84%。

5.5 Ni-P/Ni-Zn-P 双层复合镀层耐腐蚀性能研究

根据相关文献［7］，Ni-P 镀层在保护基体时起到阴极保护作用，Ni-Zn-P 在保护基体时起到阳极保护作用；在腐蚀介质中，Ni-P 镀层可以通过微孔与基体形成原电池，加速基体腐蚀，Ni-Zn-P 镀层电极电位高，能够很好地保护基体。探究单层 Ni-Zn-P 合金镀层与 Ni-P/Ni-Zn-P 双层复合镀层的耐 Cl^- 腐蚀性能和耐酸腐蚀性能。

5.5.1 耐蚀性试验方法

以获得的最佳高磷单层 Ni-Zn-P 合金镀层和获得的最佳 Ni-P/Ni-Zn-P 双层复合镀层为研究试样，进行如下试验：

（1）以浸泡时间为变量，将试样垂直浸泡在 5% 的 NaCl 溶液中，温度为 25℃，进行 6h、12h、24h、48h、72h、96h、120h、144h、168h 的腐蚀。记录试样浸泡前后的质量变化，利用失重法计算试样在 5%的 NaCl 溶液中的腐蚀速率。观察试样腐蚀前后形貌的变化，分析镀层的腐蚀性能。

（2）将试样在 5%的 H_2SO_4溶液中浸泡 3h，记录试样浸泡前、后的质量，利用失重法计算出试样在 5%的 H_2SO_4溶液中的腐蚀速率。

两种溶液的浸泡试验采用的均是垂直全浸挂片。根据 GB5667—2005 要求，试样在浸泡前采用以下工艺依次进行处理：洗净除油—去离子水冲洗—无水酒精浸泡脱水—吹干，放干燥器中备用。浸泡结束，试样依次按如下工艺处理：酸液清洗—去离子水冲洗—无水酒精浸泡脱水—吹干，放置于干燥器，24h 后称重。

5.5.2 Ni-P/Ni-Zn-P 双层复合镀层在 5%NaCl 溶液中耐蚀性研究

5.5.2.1 Ni-P/Ni-Zn-P 双层复合镀层在 5%NaCl 溶液中腐蚀后的宏观形貌

图 5-14 和图 5-15 分别为 Ni-Zn-P 合金镀层在 5%的 NaCl 溶液腐蚀不同时间后的宏观形貌和 Ni-P/Ni-Zn-P 复合镀层在 5%的 NaCl 溶液腐蚀不同时间后的宏观形貌。

图 5-14a、b 腐蚀的宏观图只有孔下方有黄褐色的锈层，但是在两边没有腐蚀锈层，图 5-14d~f 上都有明显的腐蚀坑，图 5-14g、h 上镀层有明显的裂纹，说明镀层在 48h 时已经开始了腐蚀，在 48~120h 腐蚀加剧，在 144h 之后镀层遭到

了严重破坏。图 5-15a～c 腐蚀的宏观图只有孔下方有黄褐色的锈层。图 5-15e 上都有明显的腐蚀坑，说明镀层在 72h 时已经开始了腐蚀，在 98h 腐蚀加剧。

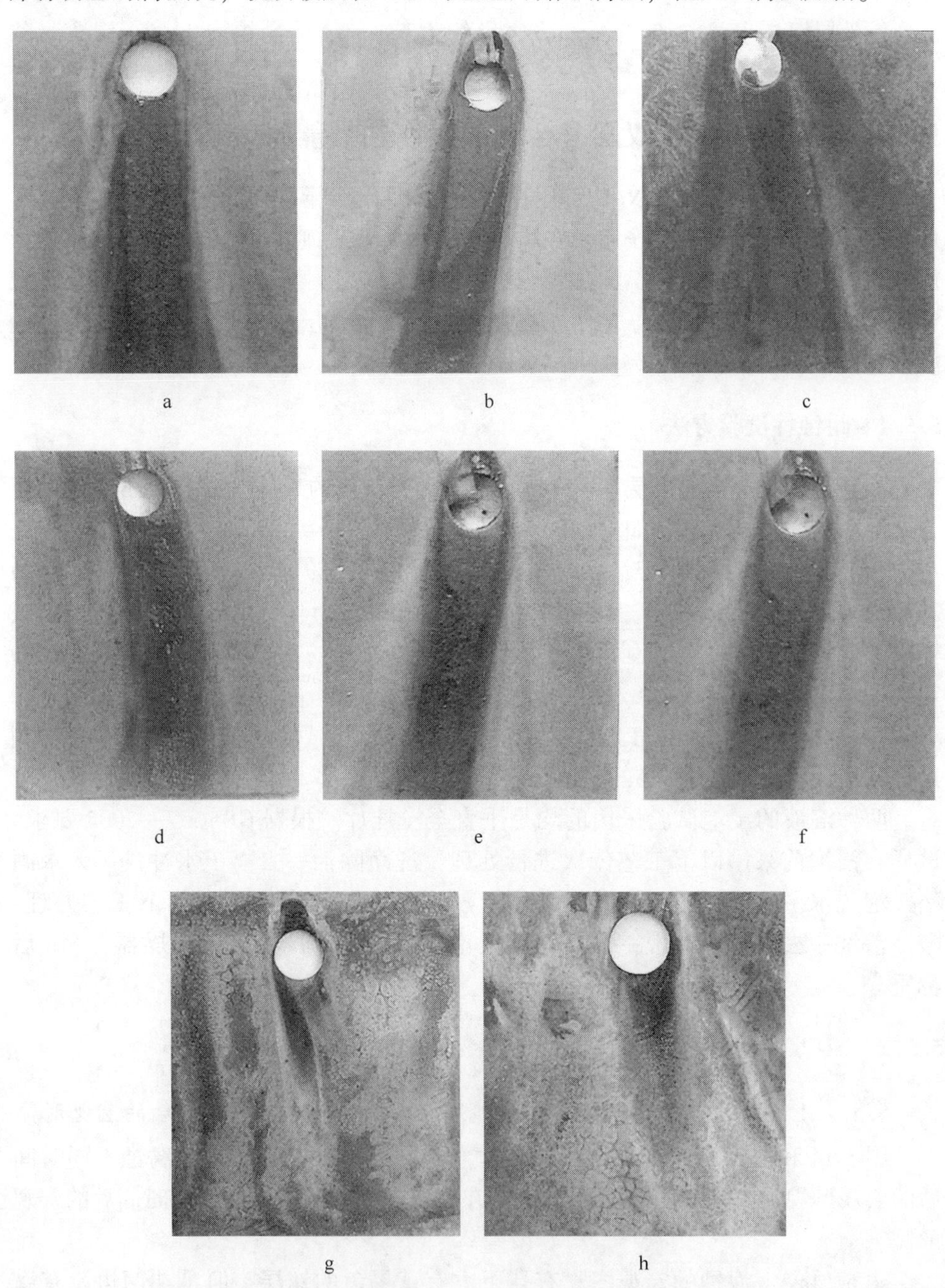

图 5-14　Ni-Zn-P 合金镀层在 5%的 NaCl 溶液腐蚀后的宏观形貌

a—12h；b—24h；c—48h；d—72h；e—96h；f—120h；g—144h；h—168h

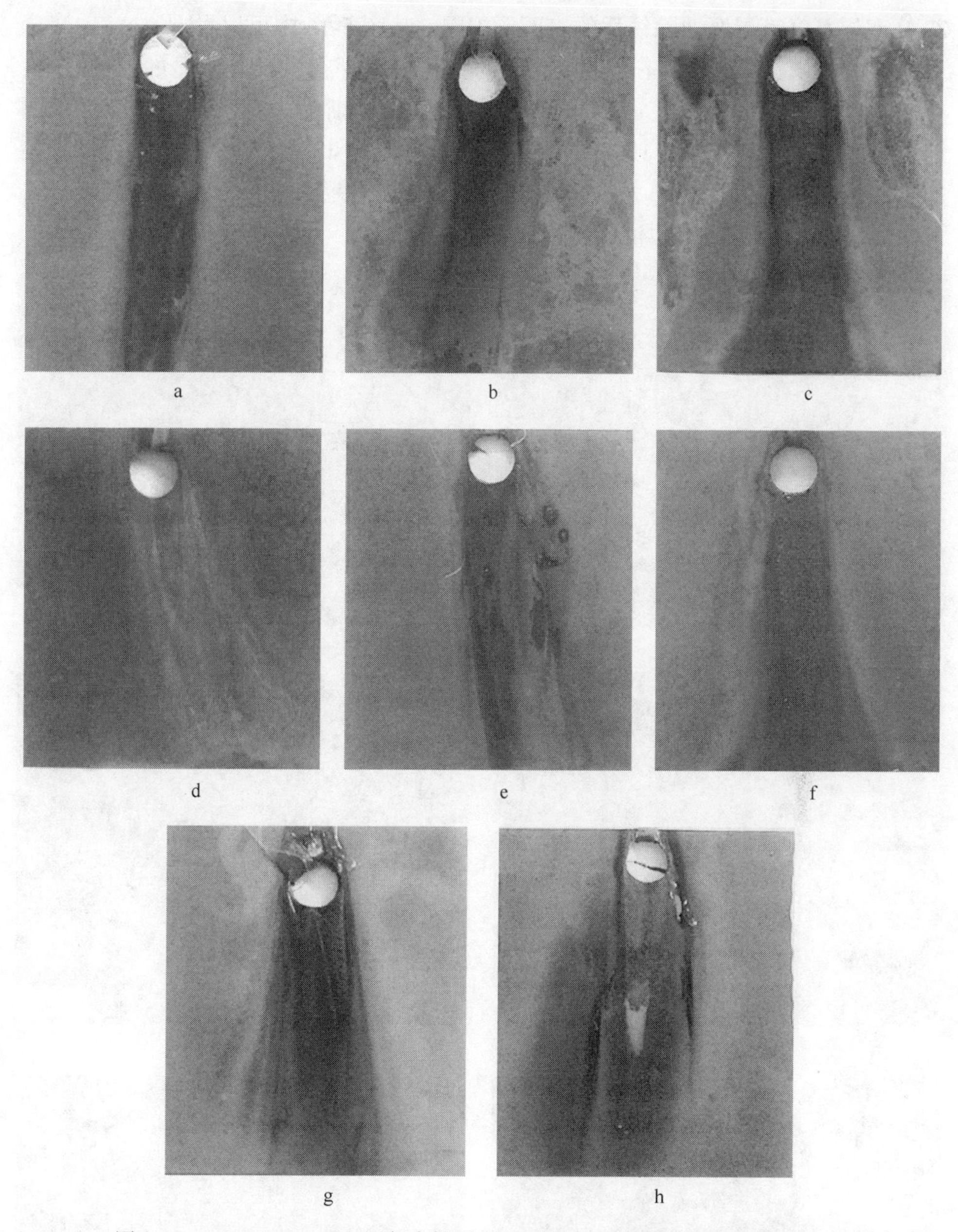

图 5-15　Ni-P/Ni-Zn-P 双层复合镀层在 5%的 NaCl 溶液腐蚀后的宏观形貌
a—12h；b—24h；c—48h；d—72h；e—96h；f—120h；g—144h；h—168h

5.5.2.2　Ni-P/Ni-Zn-P 双层复合镀层在 5%NaCl 溶液中腐蚀除锈后的微观形貌

图 5-16 为 Ni-Zn-P 合金镀层的腐蚀除锈后的表面形貌图，图 5-17 为 Ni-P/Ni-

Zn-P 双层复合镀层腐蚀除锈后的表面形貌图。从图 5-16 中可以发现，Ni-Zn-P 合金镀层在 48h（图 5-16a～c）之前镀层的胞状组织存在，没有明显的腐蚀现象；在 72h 和 96h（图 5-16d、e）可以看到胞状组织逐渐消失，胞状周围逐渐被腐蚀，局部出现腐蚀坑；在 120h（图 5-16f）镀层开始出现了裂纹，说明腐蚀开始加剧；在 144h（图 5-16g）、168h（图 5-16h）裂纹变多，裂缝变大，镀层脱落，说明镀层遭到了严重的破坏。

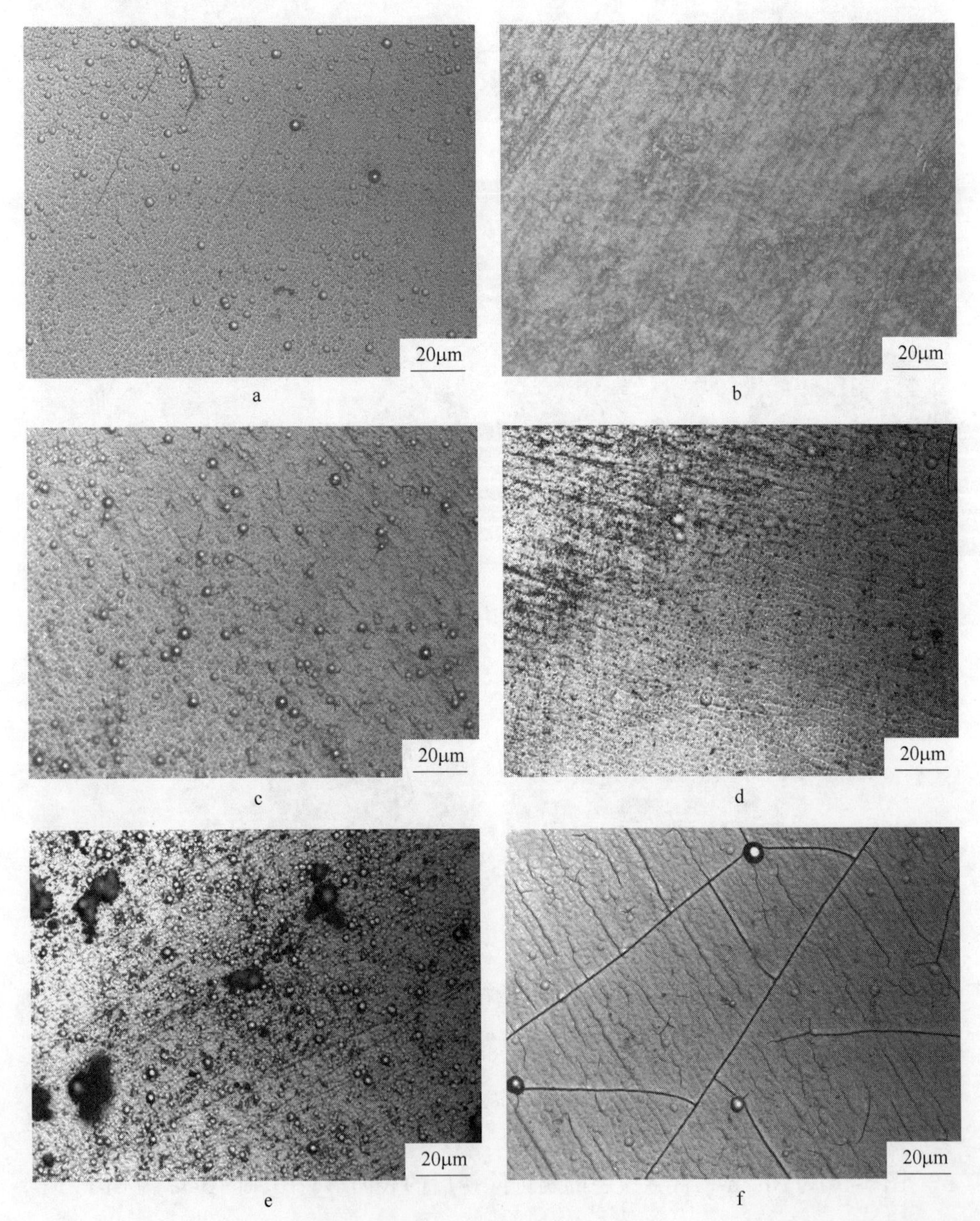

a b
c d
e f

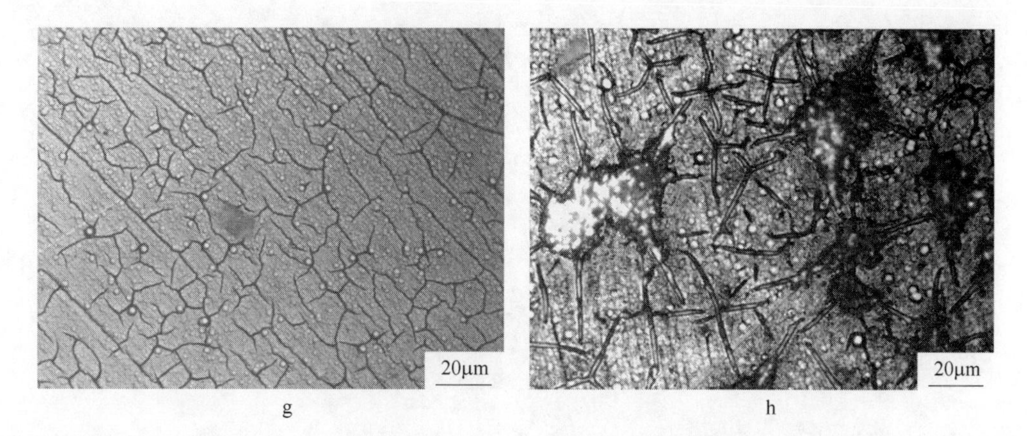

图 5-16 Ni-Zn-P 合金镀层在 5%的 NaCl 溶液腐蚀除锈后金相图

a—12h；b—24h；c—48h；d—72h；e—96h；f—120h；g—144h；h—168h

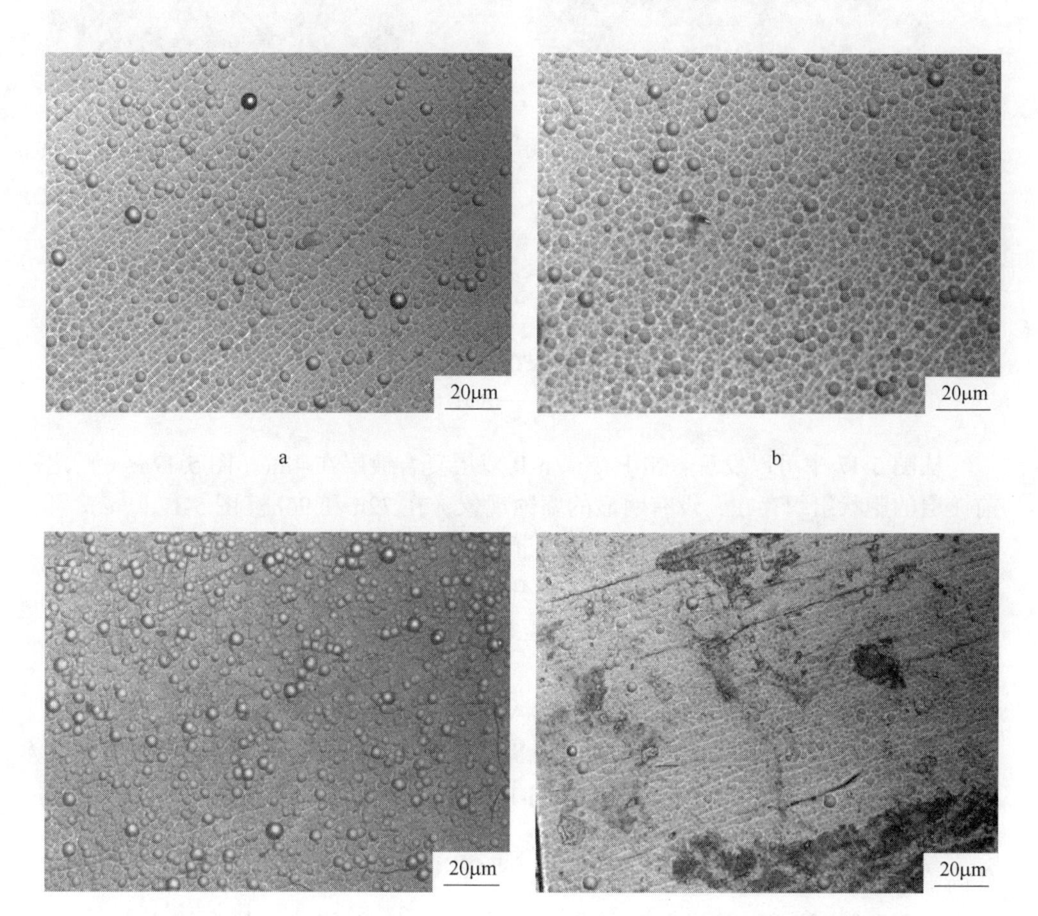

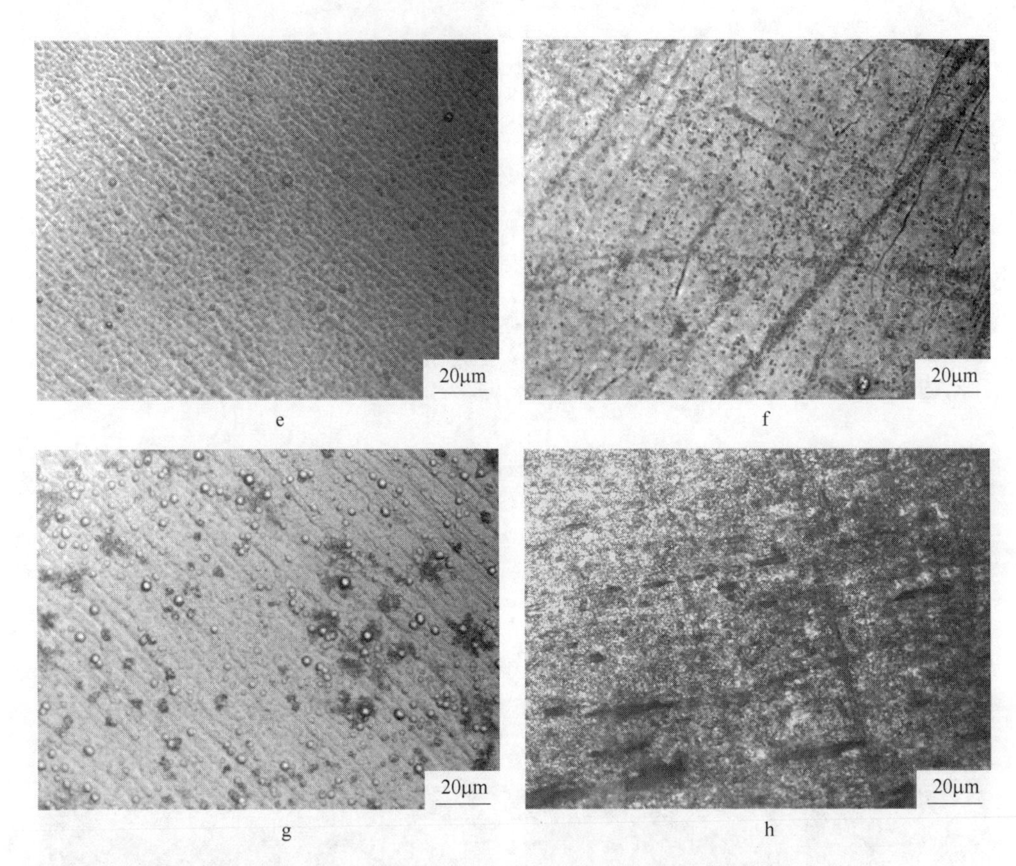

图 5-17 Ni-P/Ni-Zn-P 双层复合镀层在 5%的 NaCl 溶液腐蚀除锈后金相图
a—12h；b—24h；c—48h；d—72h；e—96h；f—120h；g—144h；h—168h

从图 5-17 中可以发现，Ni-P/Ni-Zn-P 双层复合镀层在 48h（图 5-17a～c）之前镀层的胞状组织存在，没有明显的腐蚀现象；在 72h 和 96h（图 5-17d、e）可以看到胞状组织逐渐消失，胞状周围逐渐被腐蚀；在 120h（图 5-17f）镀层开始出现了裂纹，说明腐蚀开始加剧；在 144h（图 5-17g）镀层出现胞状组织，可能是由于外层被腐蚀破坏，内层 Ni-P 镀层暴露出来；在 168h（图 5-17h）镀层胞状组织消失，出现腐蚀坑。

综上所述，Ni-Zn-P 合金镀层在 5% NaCl 溶液中腐蚀 120h 镀层开始出现裂纹，失去对基体的保护作用；而 Ni-P/Ni-Zn-P 双层复合镀层在 120h 外层镀层开始出现裂纹，被腐蚀破坏，但是内层 Ni-P 镀层对基体继续起到保护作用，直到 168h，镀层胞状组织消失，出现腐蚀坑。可见，Ni-P/Ni-Zn-P 双层复合镀层耐蚀性高于 Ni-Zn-P 合金镀层。

5.5.2.3 Ni-P/Ni-Zn-P 双层复合镀层在 5%NaCl 溶液中的腐蚀速率

为了对比单层 Ni-Zn-P 合金镀层和 Ni-P/Ni-Zn-P 双层复合镀层的腐蚀速率，

本试验采用全浸的方法对镀层进行腐蚀。根据国标 GB/T5776—2005，采用失重法对腐蚀速率进行分析，探究镀层的耐蚀性。计算公式见式（2-2）。

实验中 Ni-Zn-P 合金镀层与 Ni-P/Ni-Zn-P 双层复合镀层腐蚀前后的质量变化分别见表 5-7 和表 5-8。

表 5-7 Ni-Zn-P 合金镀层腐蚀前后质量的变化

时间/h	浸泡前 M_0/g	浸泡后 M_1/g	质量差 ΔM/g
6	3.471	3.471	0
12	3.494	3.491	0.003
24	3.324	3.316	0.008
48	3.112	3.102	0.010
72	3.468	3.447	0.011
96	3.099	3.085	0.014
120	3.572	3.552	0.020
144	3.086	3.052	0.034
168	3.527	3.210	0.316

表 5-8 Ni-P/Ni-Zn-P 双层复合镀层腐蚀前后质量的变化

时间/h	浸泡前 M_0/g	浸泡后 M_1/g	质量差 ΔM/g
6	3.675	3.675	0
12	3.408	3.406	0.002
24	3.206	3.200	0.006
48	3.747	3.740	0.07
72	3.272	3.258	0.014
96	3.703	3.689	0.014
120	3.756	3.742	0.014
144	3.523	3.505	0.018
168	3.756	3.735	0.021

根据式（2-2）计算腐蚀速率，结果见表 5-9 和图 5-18。

表 5-9 Ni-P/Ni-Zn-P 双层复合镀层在 5%NaCl 溶液中腐蚀速率

时间/h	单层腐蚀速率/mg·$(cm^2 \cdot h)^{-1}$	双层腐蚀速率/mg·$(cm^2 \cdot h)^{-1}$
6	0	0
12	0.0160	0.0140
24	0.0250	0.0190

续表 5-9

时间/h	单层腐蚀速率/mg·$(cm^2 \cdot h)^{-1}$	双层腐蚀速率/mg·$(cm^2 \cdot h)^{-1}$
48	0.0330	0.0250
72	0.0190	0.0190
96	0.0140	0.0150
120	0.0160	0.0110
144	0.0140	0.0120
168	0.1900	0.0120

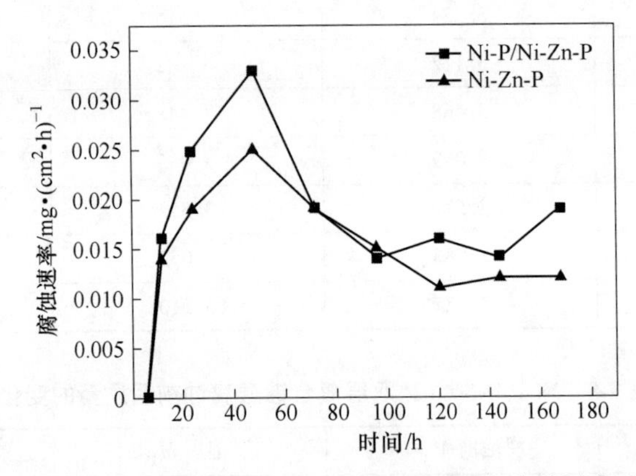

图 5-18　Ni-Zn-P 合金镀层与 Ni-P/Ni-Zn-P 双层复合镀层腐蚀速率图

从图 5-18 中可以看出：两种镀层腐蚀速率的总体变化趋势相同，腐蚀初期，腐蚀速率为零；腐蚀 6h 后，Ni-Zn-P 和 Ni-P/Ni-Zn-P 双层复合镀层的腐蚀速率都开始迅速增加；Ni-Zn-P 合金镀层的腐蚀速率比 Ni-P/Ni-Zn-P 双层复合镀层的腐蚀速率快，在 48h 后 Ni-Zn-P 和 Ni-P/Ni-Zn-P 镀层的腐蚀速率都达到最大，分别为 0.033mg/$(cm^2 \cdot h)$ 和 0.025mg/$(cm^2 \cdot h)$，之后开始下降，在 96h 后 Ni-Zn-P 镀层腐蚀速率基本稳定在 0.016mg/$(cm^2 \cdot h)$ 上下，在 120h 后 Ni-P/Ni-Zn-P 镀层腐蚀速率基本稳定在 0.012mg/$(cm^2 \cdot h)$ 上下。两种镀层呈现这种趋势的原因使腐蚀初期 Ni-Zn-P 和 Ni-P/Ni-Zn-P 镀层保护基体材料，基体基本上不发生腐蚀；腐蚀 12h 后，腐蚀速率迅速增加是由于 O 元素的作用，镀层被腐蚀破坏；到腐蚀后期，开始腐蚀钢铁，所以两种镀层的腐蚀速率处于平缓而且相差不大。

5.5.3　Ni-P/Ni-Zn-P 双层复合镀层在 5% H_2SO_4 溶液中耐蚀性研究

5.5.3.1　Ni-P/Ni-Zn-P 双层复合镀层在 5%H_2SO_4溶液中腐蚀除锈后的微观形貌

图 5-19 为 Ni-Zn-P 合金镀层与 Ni-P/Ni-Zn-P 双层复合镀层在 5%的 H_2SO_4溶

液中腐蚀 3h 后的金相图，图 5-19a 为 Ni-Zn-P 合金镀层腐蚀后的金相图，图 5-19b 为 Ni-P/Ni-Zn-P 双层复合镀层腐蚀后的金相图。

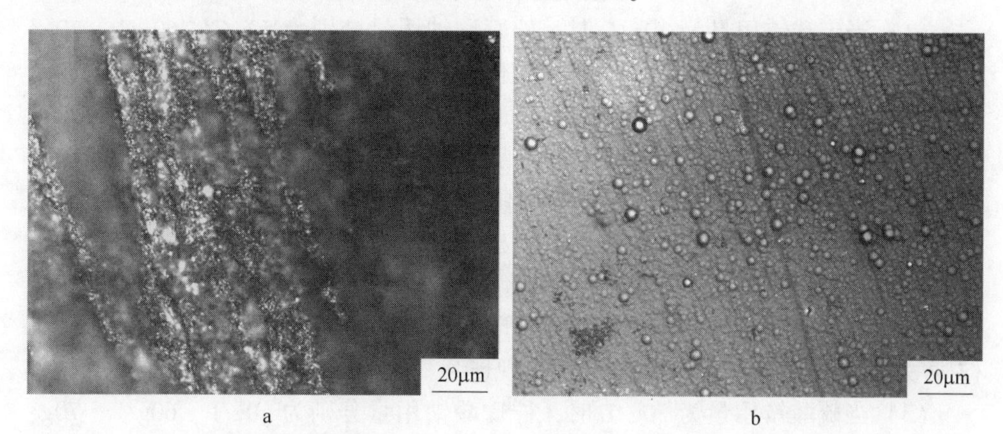

a b

图 5-19 镀层在 5% H_2SO_4溶液中腐蚀 3h 后的金相图

a—Ni-Zn-P 合金镀层；b—Ni-P/Ni-Zn-P 双层复合镀层

从图 5-19a 中可以看出，Ni-Zn-P 合金镀层已经遭到了严重的破坏，表面的镀层组织已经看不见了，而图 5-19b 中 Ni-P/Ni-Zn-P 双层复合镀层晶胞形状还是比较明显，只是刚开始从晶胞周围腐蚀，说明 Ni-P/Ni-Zn-P 双层复合镀层比 Ni-Zn-P 合金镀层更耐酸腐蚀。

5.5.3.2 Ni-P/Ni-Zn-P 双层复合镀层在 5% H_2SO_4溶液中的腐蚀速率

将镀有 Ni-Zn-P 合金镀层的试样和镀有 Ni-P/Ni-Zn-P 双层复合镀层的试样浸泡在 5%的 H_2SO_4 溶液中进行腐蚀性能研究，并利用式（2-2）计算试样的腐蚀速率，结果见表 5-10。

表 5-10 Ni-P/Ni-Zn-P 双层复合镀层在 5% H_2SO_4 溶液中腐蚀速率

镀层	浸泡前 M_1/g	浸泡后 M_2/g	浸泡时间 T/h	质量损失 ΔM/g	腐蚀速率 v/g·$(cm^2 \cdot h)^{-1}$
Ni-Zn-P 镀层	3.439	3.043	9	0.396	0.0132
Ni-P/Ni-Zn-P 镀层	3.578	3.552	9	0.026	0.0008

从表 5-10 中发现，单层 Ni-Zn-P 合金镀层在 5%H_2SO_4溶液中的腐蚀速率是 Ni-P/Ni-Zn-P 双层复合镀层的 16 倍多，说明在较短浸泡时间下，Ni-P/Ni-Zn-P 镀层比 Ni-Zn-P 镀层更耐酸腐蚀。

5.6 总结

通过改变柠檬酸钠和硫酸铵的量对 Ni-Zn-P 合金镀层的工艺进行了优化，然后研究了内层施镀时间对 Ni-P/Ni-Zn-P 镀层的影响，得到较优的 Ni-P/Ni-Zn-P

双层镀层。研究 Ni-P/Ni-Zn-P 镀层在 5%NaCl 与 5%的 H_2SO_4溶液中的腐蚀性能。结论如下：

（1）当硫酸铵用量为 30g/L 时，柠檬酸钠用量分别为 50g/L、60g/L、70g/L、80g/L 的 Ni-Zn-P 合金镀层表面形貌随着柠檬酸钠用量的增加，镀层表面胞状组织逐渐消失。柠檬酸钠 50g/L 镀层表面胞状组织多而细小、分布均匀、排列较为致密，仅有少量片状组织；当柠檬酸钠用量为 60g/L 以上时，镀层表面胞状组织消失，呈现不规则片状组织和大部分裸露基体，基体没有被完全覆盖。

（2）当硫酸铵用量为 40g/L 时，柠檬酸钠用量分别为 50g/L、60g/L、70g/L、80g/L 的 Ni-Zn-P 合金镀层表面形貌都呈现胞状组织，随着柠檬酸钠用量的增加，镀层表面胞状组织略微变得细小，但是镀层表面变得越来越不平整。所以，柠檬酸钠为 50g/L 时得到的镀层表面呈现连续、致密、平整的胞状组织。

（3）当硫酸铵用量为 50g/L 时，柠檬酸钠用量分别为 50g/L、60g/L、70g/L、80g/L 的 Ni-Zn-P 合金镀层表面形貌呈现胞状和片状混合组织，镀层表面凹凸不平且有明显未被镀层覆盖的划痕。所以，当硫酸铵 50g/L 时，四个柠檬酸钠用量都不能得到连续、致密的 Ni-Zn-P 合金镀层。

（4）当硫酸铵用量 60g/L 时，柠檬酸钠用量分别为 50g/L、60g/L、70g/L、80g/L 的 Ni-Zn-P 合金镀层表面形貌随着柠檬酸钠用量增加，从胞状组织逐渐变成片状组织。柠檬酸钠用量为 50g/L 的镀层表面呈现连续、致密的胞状组织；柠檬酸钠用量为 60g/L 以上时，镀层表面是细小胞状组织和片状组织的混合形貌或完全不连续片状组织形貌，镀层不致密。所以，柠檬酸钠用量为 50g/L 得到的 Ni-Zn-P 合金镀层连续、致密，对基体保护性好。

（5）能够得到连续、致密胞状组织镀层的两组镀液配方都是柠檬酸钠用量为 50g/L、硫酸铵用量分别为 40g/L 和 60g/L。硫酸铵用量 40g/L 得到的 Ni-Zn-P 合金镀层胞状组织大小更均匀、表面更平整。用于制备双层复合镀层较优的 Ni-Zn-P 合金镀层工艺配方为：硫酸镍 27g/L、硫酸锌 0.6g/L、次亚磷酸钠 16g/L、柠檬酸钠 50g/L、硫酸铵 40g/L。

（6）随着施镀时间的增加，Ni-P 合金镀层的表面形貌变化从不致密、不均匀且无明显的胞状组织到连续、均匀、致密的胞状组织。

（7）随着施镀时间的延长，镀层厚度明显增加。施镀时间短，镀层与基体结合不致密，比较疏松；施镀时间 20min、30min 和 60min 镀层厚度分别为 5μm、10μm 和 17μm 左右，镀层与基体结合变得致密。

（8）内层 Ni-P 镀层施镀时间为 20min、外层 Ni-Zn-P 镀层施镀时间为 60min 时得到连续、均匀、致密、平整的胞状组织镀层，镀层对基体保护性好。

（9）内、外层分别施镀 5min 和 60min 时，得到总厚度约 3μm 的 Ni-P 镀层。磷含量约为 8%，镍含量约为 90%。

（10）内、外层分别施镀10min和60min时，得到总厚度约6.2μm的Ni-P镀层。磷含量约为9%，镍含量约为84%。

（11）内、外层分别施镀20min和60min时，得到总厚度约7.5μm的Ni-P/Ni-Zn-P双层复合镀层。内层镀层的厚度约2.3μm，磷含量约为9%，镍含量约为86%；外层镀层厚度约5.2μm，锌含量约为5%，磷含量约为11%，镍含量约为84%。

（12）单层Ni-Zn-P合金镀层在24h之前可以看出所有镀层的胞状组织存在，没有明显的腐蚀现象；在48h之后可以看到晶胞周围已经有腐蚀坑，说明腐蚀已经开始了；在120h镀层开始出现了裂纹，说明腐蚀开始加剧；在144h、168h裂纹变多裂缝变大，镀层脱落，说明镀层遭到了严重的破坏。

（13）Ni-P/Ni-Zn-P双层复合镀层在72h之前可以看出所有镀层的胞状组织存在，没有明显的腐蚀现象；在96h可以看到晶胞周围已经有腐蚀坑，说明腐蚀已经开始了；在168h镀层的胞状组织看不见了，说明镀层已经遭到了破坏。

（14）两种镀层的腐蚀速率的总体变化趋势相同。腐蚀初期，腐蚀速率为零；腐蚀6h后，Ni-Zn-P镀层和Ni-P/Ni-Zn-P双层复合镀层的腐蚀速率都开始迅速增加；Ni-Zn-P合金镀层的腐蚀速率比Ni-P/Ni-Zn-P双层复合镀层的腐蚀速率快，在48h，Ni-Zn-P和Ni-P/Ni-Zn-P镀层的腐蚀速率都达到了最大，分别为0.033mg/(cm^2·h）和0.025mg/(cm^2·h），之后开始下降；在96h后Ni-Zn-P镀层腐蚀速率基本稳定在0.016mg/(cm^2·h）上下；在120h后Ni-P/Ni-Zn-P镀层腐蚀速率基本稳定在0.012mg/(cm^2·h）上下。

（15）单层Ni-Zn-P合金镀层在5%H_2SO_4溶液中的腐蚀速率是Ni-P/Ni-Zn-P双层复合镀层的16倍多，说明Ni-P/Ni-Zn-P镀层比Ni-Zn-P镀层更耐酸腐蚀。

参 考 文 献

[1] Durairajan A, Haran B S, White R E, et al. Development of a new electrodeposition process for plating of Zn-Ni-X（X＝Cd，P）alloys. 1. Corrosion characteristics of Zn-Ni-Cd ternary alloys [J]. Journal of the Electrochemical Society, 2000, 147（5）：1781~1786.

[2] 方建军，李素芳，查文珂，等. 镀镍石墨烯的微波吸收性能 [J]. 无机材料学报，2011，26（5）：467~471.

[3] 胡光辉，唐锋，黄华娥，等. 碱金属阳离子对化学镀镍的影响 [J]. 电镀与涂饰，2011，30（4）：19~22.

[4] 蒋柏泉，公振宇，杨苏平，等. 预化学镀石英光纤表面电镀镍层的研究 [J]. 南昌大学学报：工科版，2009，31（3）：210~214.

[5] 蒋柏泉，胡素芬，曾庆芳，等. 木材表面化学镀Ni-P电磁屏蔽材料的制备和性能 [J].

南昌大学学报：工科版，2008，30（4）：325~328.

[6] 蒋柏泉，李春，白立晓，等. 石英光纤表面化学镀 Ni-P 的工艺研究及其表征 [J]. 南昌大学学报：工科版，2008，30（3）：205~208.

[7] 李宁. 化学镀实用技术 [M]. 北京：化学工业出版社，2012.

[8] 万丽娟，蒋柏泉，魏林生. 氧化镱对碳钢表面化学镀 Ni-Zn-P 合金的影响 [J]. 表面技术，2015（7）：11~15.

[9] 王梓杰，王帅星，周海飞，等. 快速化学镀 Ni-Zn-P 合金工艺及镀层性能 [J]. 表面技术，2015，44（8）：25~30.

[10] Tai F C, Wang K J, Duh J G. Application of electroless Ni-Zn-P film for under-bump metallization on solder joint [J]. Scripta Materialia, 2009, 61（7）: 748~751.

[11] 王森林，徐旭波，吴辉煌. 化学沉积 Ni-Zn-P 合金制备和腐蚀性能研究 [J]. 中国腐蚀与防护学报，2004，24（5）：297~300.

[12] 柳飞，朱绍峰，林晓东，等. 热处理对化学沉积 Ni-Zn-P 合金组织与性能的影响 [J]. 金属热处理，2010，35（10）：21~24.

[13] 付川. 电镀 Zn-Ni-P 合金工艺的优化 [J]. 材料保护，2003，36（12）：29~31.

[14] 魏林生，章亚芳，蒋柏泉. 化学镀镍-磷-锌合金工艺条件的优化及其动力学研究 [J]. 电镀与涂饰，2012，31（9）：12~16.

[15] Gu C, Lian J, Li G, et al. High corrosion-resistant Ni - P/Ni/Ni - P multilayer coatings on steel [J]. Surface & Coatings Technology, 2005, 197（1）: 61~67.

[16] Narayanan T S N S, Krishnaveni K, Seshadri S K. Electroless Ni-P/Ni-B duplex coatings: preparation and evaluation of microhardness, wear and corrosion resistance [J]. Materials Chemistry & Physics, 2003, 82（3）: 771~779.

[17] Wang Y, Shu X, Wei S, et al. Duplex Ni-P-ZrO_2/Ni-P electroless coating on stainless steel [J]. Journal of Alloys & Compounds, 2015（630）: 189~194.

[18] 高荣杰，杜敏，孙晓霞，等. 双层 Ni-P 化学镀工艺及镀层在 NaCl 溶液中耐蚀性能的研究 [J]. 腐蚀科学与防护技术，2007，19（6）：435~438.

[19] 张会广. 双层 Ni-P 镀层及 Ni-P/PTFE 复合镀层的制备及性能研究 [D]. 成都：西南交通大学，2010.

[20] 刘景辉，刘建国，吴连波，等. Ni-P/Ni-W-P 双层化学镀的研究 [J]. 热加工工艺，2005（6）：72~74.

[21] 张翼，方永奎，张科. 酸性 Ni-Mo-P/Ni-P 双层化学镀工艺研究 [J]. 中国表面工程，2003，16（1）：34~37.

[22] 江茜. 化学复合镀 Ni-P/Ni-P-PTFE 的工艺优化及镀层性能研究 [D]. 武汉：武汉理工大学，2012.

[23] 赵丹，杨立根，徐旭仲. 低碳钢表面化学镀 Ni-Zn-P 合金镀层的沉积行为及沉积机理 [J]. 表面技术，2016，45（1）：69~74.

[24] 赵丹，徐旭仲，杨立根. 磷含量对 Ni-Zn-P 合金镀层组织及成分的影响 [J]. 热加工工艺，2017，46（2）：161~163.

6 典型的镍基化学复合镀

化学复合镀是在化学镀液中添加固体微粒，在搅拌力的作用下，这些固体微粒与金属或合金共沉积，从而获得一系列具有独特的物理、化学和力学性能的复合镀层。这些固体微粒是元素周期表中Ⅳ、Ⅴ、Ⅵ族的金属氧化物、碳化物、氮化物、硼化物以及有机高分子微粒等。化学复合镀层既具有镀层金属（或合金）的优良特性，又具有固体微粒的特殊功能，从而满足人们对镀层性能的特定要求。目前化学复合镀层已广泛用于汽车、电子、模具、冶金、机械、石化等行业[1]。

化学复合镀在复合材料制备工艺中具有很大的优势，为复合材料的制备开辟了广阔的前景。利用化学镀镍方法可制备出一系列性能广泛变化的复合镀层。复合化学镀镍是在化学镀镍的溶液中加入不溶性微粒，使之与镍磷合金共沉积从而获得各种不同物理、化学性质镀层的一种工艺。由于加入的粒子表面积很大，复合化学镀首先应解决的问题是镀液的稳定性；其次，选用微粒的种类、大小、数量、结合力以及共沉积数量等。目前人们已经实现的镍基复合镀层有如下几种：Al_2O_3、Cr_2O_3、Fe_2O_3、TiO_2、ZrO_2、ThO_2、SiO_2、CeO_2、BeO_2、MgO、CdO、SiC、WC、VC、ZrC、TaC、Cr_3C_2、B_4C、BN、ZrB_2、TiN、Si_3N_4、WSi_2、PTFE、MoS_2、WS_2、CaF_2、$BaSO_4$、$SrSO_4$、ZnS、CdS、TiH_2等[2]。

目前，关于化学复合镀的分类主要以复合镀层的形成过程和功能进行分类。复合镀层的基本成分有两类：一类是通过还原反应而形成镀层的金属，可称为基质金属，基质金属是均匀的连续相。另一类则为不溶性固体颗粒，它们通常是不连续地分散于基质金属之中，组成一个不连续相。所以，复合镀层属于金属基复合材料。如果不经过特殊的加工处理，基质金属和不溶性固体颗粒之间在形式上是机械地混杂着，两者之间的相界面基本上是清晰的，几乎不发生相互扩散现象。但是它们可以获得基质金属与固体颗粒两类物质的综合性能。例如，金刚石、碳化硼等材料的硬度很高、耐磨性很好，但它们的抗拉强度低、抗冲击能力差，不易加工成型，妨碍了它们获得广泛的应用。若通过化学复合镀把金刚石、碳化硼等颗粒镶嵌在镀镍层中，制成各种磨具（钻头、滚轮等），则能在很大程度上克服金刚石和碳化硼等的缺点，保持并发扬其耐磨的优点。这些工具已在成型磨削、高速磨削、地质钻探、石油开采等领域中获得了广泛应用。如果把石墨、聚四氟乙烯等具有减磨功能的颗粒沉积到金属镀层中，这种复合镀层就成为既有耐磨性能，又有自润滑性能的优异材料[3]。

按用途将目前开发出的镀层进行分类，可分为三类：自润滑镀层、耐磨镀层及脱模性镀层[2]。

自润滑镀层主要用在汽缸壁、活塞环、活塞头、轴承等一些方面。这类镀层中所分散的往往是一些固体润滑剂。

耐磨镀层主要应用在汽缸壁、压辊、模具、仪表、轴承及其他一些方面。在这类镀层中主要分散的是一些高硬度的粒子。利用粒子自身的硬度及其共沉积所引起的镀层金属的结晶细化来提高其耐磨性。

脱模性镀层分散的主要是那些能够提高模具脱模性的改变表面润湿状态的粒子。

在化学镀的过程中受各种因素影响，如温度、pH 值等，而化学复合镀除了受这些因素影响外，由于第二相粒子的引入，破坏了体系的平衡状态，且形成了催化核心，这样会促使镀液分解，所以必须提高镀液的稳定性。通常提高稳定性的方法有添加稳定剂、减少固相颗粒的量以及连续过滤镀液等。但在化学复合镀中含有固相颗粒，连续过滤镀液这种方法不能采用。可以通过增加稳定剂的量，或者在保证固相颗粒含量的情况下，尽量减少固体微粒的量来提高镀液的稳定性。

由于第二相粒子的加入，因此复合镀层需考虑固体颗粒的种类、第二相粒子的分散方式、粒子的含量等因素。常用的粒子分散方法有物理分散和化学分散。物理分散需要一直施加外力，外力消失，粒子会由于相互之间的作用力，又重新聚集。化学分散改变了粒子的表面性质，会使粒子更好地分散。物理分散主要采用机械搅拌和超声波振荡两种分散方法，化学分散是在化学复合镀液中加入表面活性剂。机械搅拌时间和分散剂的种类选择依据是通过分散体系的稳定性来表征的。

不同的固体微粒，对化学镀液的催化分解能力存在相当大的差别。一般来讲，金属微粒的催化活性较高，对镀液稳定性的影响较大。在复合化学镀中，尤其不能选用比基质金属更活泼的金属作为共沉积的微粒；否则，这种金属微粒会从镀液中置换出一层基质金属膜，化学镀过程将在此置换膜上迅速进行下去，使镀液很快失效。因此，在化学复合镀中，应尽量选用对基质金属催化活化较低的物质（如碳化物、氧化物、氮化物等作为固体微粒）。在满足镀层中微粒含量要求的前提下，应尽量减少化学镀液中固体微粒的浓度。

6.1　化学镀 Ni-P-SiC 复合镀层

化学镀镍磷合金具有独特的物理和化学性能，已经应用到很多领域。但是，镍磷镀层的耐磨潜力还有待发挥。化学镀 Ni-P-SiC 表面抗磨层是在化学镀镍的基础上复合碳化硅微粒形成的表面镀层。化学复合镀层不仅具有化学镀层的优异特性，而且当第二相不溶性硬质微粒 SiC 复合在化学镀镍层内时，其复合镀层将获得更高的耐磨性。

提高机械零件的耐磨性是延长机械产品使用寿命的措施之一。改善机械零件耐磨性的方法有多种，在机械制品表面沉积一层高耐磨性的 Ni-P-SiC 复合镀层是一种较好的方法。它不仅施工简单、成本较低，而且也方便用户，有必要大力推广应用[3]。

6.1.1 化学镀 Ni-P-SiC 复合镀层的工艺

综合文献资料，试样表面需要经过清理、碱性除油清洗、浸酸活化预处理，才可以进行化学镀，镀液的组成见表 6-1，施镀温度 91~94℃，pH 值 4~6。

表 6-1 化学镀 Ni-P-SiC 复合镀层镀液组成 (g/L)

镀液成分	用量
氯化镍（$NiCl_2 \cdot 6H_2O$）	26
次亚磷酸钠（$NaH_2PO_2 \cdot H_2O$）	24
乳酸（$C_3H_6O_3$）	27
丙酸（$C_3H_6O_2$）	2.2
氢氧化钠（NaOH）	适量
SiC 微粒（1~5μm）	8

Ni-P-SiC 复合镀工艺的原理就是悬浮于化学镀镍液中的 SiC 粉颗粒在镀件表面上吸附，不断沉积的化学镀镍层将其镶嵌而形成 Ni-P-SiC 复合镀层。因此，确保 SiC 微粒在镀液中均匀悬浮和微粒粒径大小是获得复合镀层的保证。

固体 SiC 颗粒要干净，不带活性质点，并要求预先浸润良好。在试验过程中，先用浓度为 1∶1 的盐酸充分浸洗 SiC 颗粒，然后水洗至中性，蒸馏水洗后加入镀液中。进行复合镀时，先将一定量的化学镀镍液注入烧杯中，加入 SiC 后并搅拌 1h，使 SiC 粒子充分分散和润湿。然后打开电热开关，在温度为 91~94℃ 条件下进行镀覆。搅拌方式采用间隙搅拌。

6.1.2 工艺参数的影响

所用镀液与 Ni-P 合金镀液一样，不同的是在镀液中加入一定量的 SiC 微粒，所以下面只讨论影响 SiC 共析量的因素。

6.1.2.1 SiC 加入量与共析量的关系

化学复合镀共析过程，一般认为分两个步骤完成：第一步是镀液中的分散粒子随溶液流动（如搅拌）传送到镀件表面，实现冲击吸附（物理吸附）；第二步是吸附的微粒在活性金属表面上被还原析出的金属或合金埋没在镀层中，逐步形成复合镀层。

根据文献报道，随着镀液中 SiC 添加量的增多，镀层中 SiC 共析量增大，当添加量增大到一定程度时，镀层中 SiC 共析量变化不大，镀液的稳定性能变差，甚至发生严重分解。

6.1.2.2　SiC 粒径与共析量的关系

根据文献报道，镀液中 SiC 加入量为 8g/L，在其他工艺条件一定的情况下，SiC 粒径过大和过小时，共析量都很小，只有 SiC 粒径适中（大约 3.5μm 左右）时，SiC 微粒共析量最大。

6.1.2.3　搅拌速度与 SiC 共析量

用磁力搅拌器使镀液中 SiC 微粒均匀悬浮，在其他条件不变的情况下，镀层中 SiC 共析量有如下规律：当搅拌速度小于 400r/min 时，随搅拌速度增大，SiC 共析量增加；当搅拌速度大于 400r/min 时，搅拌速度增大，SiC 共析量下降，这是因为吸附的微粒一定要在镀件表面停留一定的时间才能被析出金属埋没，实现共沉积。所以，保证镀液中 SiC 微粒以一定速度缓慢的循环游动而避免高速冲刷是必要的。

6.1.3　Ni-P-SiC 复合镀层的表面形貌

将碳化硅粒子悬浮在镀液中，在加热情况下，镀液中的次磷酸钠与氯化镍反应生成镍磷合金，这种合金与悬浮的碳化硅粒子共同析出，共同沉积在试样表面上，形成了 Ni-P-SiC 复合镀层。

文献研究表明，碳化硅颗粒的共沉积，改变了镍磷合金的表面形貌，随着碳化硅在镀液中添加量的增加，镀层粗糙度提高；但是，添加量增加到一定浓度时，复合镀层的表面粗糙度反而有所降低。这说明碳化硅添加量增加，其在复合镀层中的共沉积量提高，粗糙度增大；而浓度太高，会阻碍粒子的析出量，表面粗糙度则降低。

6.1.4　Ni-P-SiC 复合镀层的性能

6.1.4.1　硬度

A　镀层硬度随热处理温度的变化

化学沉积 Ni-P 镀层和 Ni-P-SiC 复合镀层的硬度随热处理温度的变化而发生改变。研究发现，两种镀层的硬度开始时均随热处理温度的升高而增大，当加热到 350℃时，Ni-P-SiC 复合镀层的硬度最大，而 Ni-P 镀层则是以 400℃时的最高，然后又都随温度的上升而降低；在相同热处理温度下，复合镀层的硬度明显比

Ni-P 镀层的高，而且前者在较高处理温度下的硬度降低也较缓慢。

B 镀层的硬化机理

Ni-P 合金镀层在加热过程中，磷原子扩散偏聚，引起晶格畸变，故使固溶体硬度提高，当磷原子扩散到镍的（111）面，迫使适应镍的结构，形成共格关系引起应力场，造成更大畸变，故硬度大大增加；达到一定温度时，镍和磷满足一定数量时，过饱和固溶体脱溶分解，析出第二相 Ni_3P，Ni_3P 是金属间化合物，提高镀层硬度；当 Ni_3P 不断析出，然后聚集粗化，晶粒长大，镀层软化，故硬度又下降。Ni-P 合金的硬化过程符合沉淀硬化机制。

Ni-P-SiC 复合镀层中的 SiC 粒子与 Ni-P 合金基质系机械结合，粒子分布均匀，且不改变 Ni-P 合金层的组织结构。这种镀层既保持着基质的固溶强化和沉淀强化作用，又具有由高硬度 SiC 粒子产生的弥散强化作用，故其硬度比 Ni-P 镀层的高。热处理温度高于 350℃时，复合镀层的硬度降低，这可能由于经热处理或受热负荷作用下，SiC 有可能分解，影响其弥散强化效果。较高温度处理后，SiC 阻碍了晶粒长大和 Ni_3P 聚集粗化，故复合镀层仍保持较高硬度，且下降缓慢。

6.1.4.2 耐磨性

热处理温度对 Ni-P 镀层和 Ni-P-SiC 复合镀层耐磨性有一定的影响。研究表明，两种镀层的磨损体积均随热处理温度的升高而减小。当热处理温度超过 400℃时，Ni-P 镀层的硬度虽然降低，但其磨损体积减小却趋于缓慢。在 350℃下处理的 Ni-P-SiC 复合镀层的硬度最高，它在此时的磨损体积最小，说明硬度是控制磨损的重要因素；在 350℃以上处理的复合镀层，其磨损体积比较低温度处理的小，这与 Ni-P 合金基质的组织变化及 SiC 的作用有关。热处理后，复合镀层的 SiC 体积分数增大，在具有良好强化效果和耐磨性能的 Ni-P 合金基质的支撑下，硬质相 SiC 的弥散分布起着抗磨作用，因而复合镀层的耐磨性能比相同温度下热处理的 Ni-P 镀层好。

Ni-P-SiC 复合镀层的耐磨性得到提高的原因主要有以下两方面：（1）硬质相 SiC 硬度高；屈服极限大，塑变抗力高，耐磨性优于 Ni-P 合金基质；（2）SiC 粒子起到弥散强化作用，加强了 Ni-P 合金基质的沉淀强化效果。

6.2 化学镀 Ni-P-Al_2O_3 复合镀层

Al_2O_3 微粒是一种价廉易得的磨料，具有很高的硬度和化学稳定性。通过化学镀方法获得的 Ni-P-Al_2O_3 复合镀层，在镀态时具有比 Ni-P 镀层高得多的硬度，经 400℃×1h 热处理后，其 HV 硬度可达 1143，是一种极有潜力的耐磨材料。在稀盐酸介质中，是一种集耐磨抗蚀于一体的有用材料。虽然国内外目前尚处于试验阶段，但不久可望在工模具、轴承、纺织机械、汽车和电子计算机行业中获得广泛的应用[3]。

6.2.1　镀液的组成和工艺条件

选用Ni-P合金为主体金属，以固态 Al_2O_3 微粒为分散相进行化学复合镀。常用的镀液组成和操作条件见表6-2，施镀温度（86±1）℃，pH值4~5，搅拌速度400r/min。

表6-2　化学镀Ni-P-Al_2O_3 复合镀层镀液组成　（g/L）

镀液成分	用量
硫酸镍（$NiSO_4 \cdot 6H_2O$）	25
次亚磷酸钠（$NaH_2PO_2 \cdot H_2O$）	21
乳酸（$C_3H_6O_3$）	20
硝酸铅（$Pb(NO_3)_2$）	0.002
Al_2O_3 微粒（3~4μm）	6

按上述的镀液组成，所用试剂均为化学纯，以蒸馏水配成化学复合镀溶液，pH值用pH计测定，镀覆的基体试样应经机械抛光、化学去油、盐酸活化、水洗、蒸馏水洗后施镀。在镀覆过程中，用集热式控温磁力搅拌器进行搅拌和控制温度。

6.2.2　工艺参数的影响

6.2.2.1　施镀温度

温度是化学复合镀一个至关重要的工艺参数，直接影响到镀液的稳定性，镀速和镀层质量。温度低，镀速慢，直至不发生反应；温度过高，反应速度快，但镀液稳定性差，乃至失效报废。通常情况下，施镀温度在85~92℃之间是适宜的。

6.2.2.2　pH值

镀液pH值不但影响到镀速，也影响到镀层中的微粒含量。通常情况下，在温度、搅拌速度、微粒加入量一定的情况下，镀速和镀层中微粒含量均随pH值的升高而增加。当pH值超过5.5时，镀液将产生分解。因此，在上述条件下，pH值应控制在3.5~5.5之间，能满足施镀工艺的要求。

6.2.2.3　微粒的加入量

增加微粒加入量，可以增加镀层中的微粒含量。微粒的增加不但影响到镀速，还将严重影响到镀液的稳定性。研究表明，随着 Al_2O_3 微粒加入量增加，镀速减小；当 Al_2O_3 微粒增加到一定量时，镀液出现分解，产生黑色沉积。因此，Al_2O_3 微粒的加入应该适量。

6.2.2.4 搅拌速度

搅拌一方面使镀液成分均匀，使微粒悬浮于镀液之中，并创造微粒与镀件各表面有足够均等的碰撞机会；另一方面有利于排出附在镀件表面上的微小气泡，保证正常的镀速。试验发现，搅拌速度过低或过大，都不利于施镀的正常进行，电磁搅拌控制在 300~500r/min 之间，能获得最大的镀速。而镀层中微粒的含量受搅拌速度变化影响不大。

6.2.2.5 装载量

装载量即表示出镀件施镀面积与镀液体积之比。研究结果表明，在选用上述较佳工艺参数时，装载量控制在 100~200cm^2/L 之间，均获得良好的施镀效果。

6.2.2.6 镀速

镀速即单位时间内所获得的镀层厚度。镀速除与镀液配方有直接关系外，还与温度、微粒加入量、pH 值、搅拌速度、装载量等有密切关系，有些因素是相互制约的，因此，镀速应综合诸因素的影响。通过试验测定，采用上述确定的工艺，能获得 15~20μm/h 的镀速。

6.2.3 Ni-P-Al_2O_3 化学复合镀层的组织结构

研究发现，Ni-P-Al_2O_3 化学复合镀层的组织结构与相同磷含量的 Ni-P 化学镀层基本相同，非晶态结构所不同的是镀态下的 Ni-P-Al_2O_3 复合镀层是在非晶态的 Ni-P 合金里镶嵌着一些晶态 Al_2O_3 微粒。

Ni-P-Al_2O_3 化学复合镀层的组织结构不仅与镀层中的磷含量有关，还与热处理温度有非常密切的关系。

研究发现，Ni-P-Al_2O_3 化学复合镀层在各种不同温度下热处理 1h 空冷的组织结构发生变化。在 250℃热处理后，镀层的组织结构和镀态时基本相同，是非晶态和 Al_2O_3 微粒的晶态结构。经 300℃热处理，不但出现了 Al_2O_3 微粒尖锐衍射峰，同时还出现了许多其他尖锐的衍射峰，这些峰有 Ni 和 Ni_3P 的，还有一些衍射峰既不是 Ni 的，也不是 Ni_3P 的，而是一种亚稳定相 $Ni_{12}P_5$。这种亚稳定相在一定条件下将逐渐转变为 Ni_3P 和 Ni。随着温度的升高，原子获得的迁移能力增强，非晶态逐渐转变为亚稳定相 $Ni_{12}P_5$，继而转变为 Ni 和 Ni_3P 晶态。在 375℃，$Ni_{12}P_5$的衍射峰完全消失，这说明非晶态开始向亚稳定相 $Ni_{12}P_5$转化，并继而转化为 Ni 和 Ni_3P 晶态，即完成了自非晶态—亚稳定态—晶态的转变过程。温度升至 400℃左右，剩余非晶态不转变成亚稳态而是直接晶化，完成晶化全过程。Al_2O_3 在这个晶变过程中始终保持不变。

6.2.4　Ni-P-Al_2O_3 化学复合镀层的性能

6.2.4.1　硬度

Ni-P-Al_2O_3 复合镀层的硬度高于 Ni-P 合金镀层的硬度值。这是因为，当 Al_2O_3 微粒与主体金属 Ni-P 合金共沉积时，由于金属晶面上存在着这种微粒，使晶面上出现了比 Ni-P 合金更多的缺陷，这样就使晶格的位错密度增大，微粒对镀层起到了分散强化的作用。

两种镀层的硬度都随热处理的温度升高而增加，均在 400℃ 达最高值，当温度高于 400℃ 时，硬度却开始下降。产生上述硬度变化规律的原因是：在镀态下，两种镀层中的 Ni-P 合金是非晶态结构，故镀态镀层硬度低，当热处理时，Ni 要进行重结晶并析出金属间化合物 Ni_3P，随温度升高，这种非晶态结构向晶态结构的转变逐渐趋完全，达 400℃ 时，完全转变成晶态 Ni 和 Ni_3P，且析出的 Ni_3P 呈高度分散状态，对镀层起分散强化作用，故此温度下镀层硬度最大。当热处理温度高于 400℃ 时，高度分散的 Ni_3P 开始聚集粗化，温度再上升，聚集粗化的程度提高，在镀层里的分散度逐渐减小，导致镀层硬度逐渐降低。

6.2.4.2　耐磨性

研究发现，在相同条件下，Ni-P-Al_2O_3 化学复合镀层的磨损量最小，只有电镀铬层的 22%、离子氮化层的 6%。也就是说，复合镀层的耐磨性是镀铬层的 4.5 倍、是氮化层的 16 倍。

6.3　化学镀 Ni-P-B_4C 复合镀层

化学镀 Ni-P 合金镀层具有耐蚀性、平滑性和耐磨性等许多优点。在此基础上发展的复合镀层中共沉积固相粒子 B_4C，可进一步提高其硬度和耐磨性，这对较大幅度提高机械零部件的耐磨损、耐腐蚀性能有很大的适用性。

在复合镀层中选用碳化硼（B_4C）为弥散相，这是因为 B_4C HV 硬度很高（3700）、自润滑性能好、耐腐蚀，在镀液中比其他粒子易于悬浮施镀[3]。

化学镀 Ni-P-B_4C 复合镀层的硬度不受摩擦热的影响，所以复合镀层具有优良的耐磨性和热稳定性。电镀硬铬由于不具备这些特性，因而耐磨性远不及化学镀 Ni-P-B_4C 复合镀层。另外，Ni-P-B_4C 复合镀层在 NaCl 盐浆中，具有较优越的抗磨蚀性能，可以和不锈钢材料媲美，因此，在工业应用中效果明显[3]。

6.3.1　镀液组成和工艺条件

大部分文献采用的镀液是以硼酸为络合剂，以次磷酸钠为还原剂的化学镀镍液。其配方见表 6-3。施镀温度（85±2）℃，pH 值 4.8~5。

表 6-3 化学镀 Ni-P-B_4C 复合镀层镀液组成 (g/L)

镀 液 成 分	用 量
硫酸镍（$NiSO_4 \cdot 6H_2O$）	10
次亚磷酸钠（$NaH_2PO_2 \cdot H_2O$）	15
乙酸钠（$CH_3COONa \cdot 3H_2O$）	15
硼酸（H_3BO_3）	5
B_4C（≤3.5μm）	15

镀液配制：把硫酸镍、硼酸加入到蒸馏水中溶解，再将次磷酸钠、乙酸钠另行溶解，然后将两种溶液混合搅拌即成镀液。

碳化硼（B_4C）微粒预处理：热盐酸浸洗→碱洗→亲水处理→少量镀液中搅拌润湿化一加入镀液中搅拌悬浮。

为了使 B_4C 微粒在镀液中分散均匀并吸附在基材上与 Ni-P 合金共沉积，镀覆过程中必须进行间歇搅拌。试验表明，搅拌 15s 停 3min 可获得良好的复合镀层。

6.3.2 工艺参数的影响

6.3.2.1 影响沉积速度的因素

在镀液成分、pH 值、温度等因素确定的条件下，镀液中 B_4C 微粒的添加量、试样装载量及镀覆时间对沉积速度的影响较大。B_4C 添加量和装载量越大，镀速越小。

6.3.2.2 镀液中 B_4C 添加量对析出量的影响

研究发现，随镀液中 B_4C 添加量的增加，镀层中 B_4C 的析出量也增加。但是，增加规律不一样，最初 B_4C 析出量随添加量增加较快，然后逐渐减缓。

6.3.3 化学镀 Ni-P-B_4C 复合镀层的性能

6.3.3.1 硬度和耐磨性

电镀铬层在镀态时的显微硬度很高，但加热后，镀层的硬度急剧下降，这表明电镀硬铬层不适合作为高温镀层使用。然而，所有的化学镀层在镀态时的硬度较低，随着温度的升高，硬度迅速增加，400℃左右达到最大值；其中复合镀层的硬度超过了电镀铬的最大硬度，继续提高加热温度，镀层硬度开始下降。在所有的镀层中，Ni-P-B_4C 复合镀层的 HV 硬度最高，最大值达到 1360 左右。

化学复合镀层 Ni-P-B_4C 的耐磨性不仅高于 Ni-P 合金层，而且比电镀硬铬层要好。除此之外，化学复合镀具有良好的工艺性能，可在任何形状复杂的机械零件表面上获得致密而厚度均匀的镀层，因此，化学复合镀层是很有前途的表面改性方法。

6.3.3.2　抗磨蚀性能

镀态 Ni-P 合金层是非晶态镀层，不存在位错缺陷，具有优异的耐蚀性和一定的硬度，在 NaCl 溶液中只有轻微的磨蚀，试样表面仍然光亮、无锈点、无明显磨痕。经 400℃×1h 热处理以后，Ni-P 镀层的硬度大大提高，从而使磨蚀量下降。

B_4C 硬质相对于 Ni-P 镀层的弥散强化，使镀层的硬度增大，降低了磨损量，热处理后 HV 硬度提高到 1360 左右，使磨蚀量进一步降低。由于 Ni-P-B_4C 镀层的费用远低于不锈钢材料，因此这种镀层应用于磨蚀场合具有重大意义。

6.4　化学镀 Ni-P-TiN 复合镀层

近年来，复合化学镀技术在开发新材料的探索中已为人们所关注。为了扩展其应用范围，人们进行了许多新尝试，即把一些具有不同性能的不溶性微粒悬浮在化学镀溶液中，使微粒与金属共沉积，形成各种各样的功能性镀层[3]。

在化学镀 Ni-P 合金的基础上，筛选硬度高、抗磨性能好，且耐高温性能优良的 TiN 微粒为分散剂，制备出一种新型的 Ni-P-TiN 复合镀层。这种复合镀层比 Ni-P 镀层及硬铬镀层的硬度高、耐磨性好。经 400℃热处理后耐磨性更佳，特别适合于高温条件下的磨损。这一特性正好弥补了硬铬镀层在高温条件下耐磨性较差的不足[3]。

6.4.1　镀液的组成和工艺条件

Ni-P-TiN 复合镀层溶液组成及工艺条件见表 6-4。施镀温度 92℃，pH 值 4.5。

表 6-4　化学镀 Ni-P-TiN 复合镀层镀液组成

镀液成分	用量
硫酸镍（$NiSO_4 \cdot 6H_2O$）/$g \cdot L^{-1}$	21
次磷酸钠（$NaH_2PO_2 \cdot H_2O$）/$g \cdot L^{-1}$	24
乳酸（$C_3H_6O_3$）/$mL \cdot L^{-1}$	30
丙酸（$C_3H_6O_2$）/$mL \cdot L^{-1}$	2
稳定剂/$mL \cdot L^{-1}$	1.5
TiN 微粒/$g \cdot L^{-1}$	0.2~20

在镀液配制时，采用硫酸镍为主盐、次磷酸钠为还原剂，并添加一定量的乳酸和丙酸的酸性化学镀 Ni-P 合金的镀液为基液，所用的试剂均为分析纯，以蒸馏水配制。将一定量的 TiN 微粒经润湿处理后，加入到镀液中，采用电热恒温水

浴锅恒温。在机械搅拌下使微粒均匀的悬浮在镀液中。试样经打磨、除油、除锈、水洗后施镀。

6.4.2 工艺参数

镀层中微粒含量与微粒添加量的关系：当镀液中微粒添加量增加时，镀层中微粒的体积百分含量也增加，当微粒添加量达到 10g/L 以上，镀层中的微粒含量则趋于定值。

镀层中微粒含量与镀液 pH 值的关系：研究发现，镀层中微粒的含量随 pH 值的升高而下降。众所周知，基质金属 Ni-P 合金的沉积速度是随镀液 pH 值的升高而增加的，而且其增加的幅度远比微粒绝对沉积速度增加的幅度大。因此，当镀液中微粒悬浮量一定时，镀层微粒的含量将随 pH 值的升高而下降。

镀层微粒含量与镀液温度的关系：研究发现，在相同的微粒添加量下，镀液温度升高，镀层中微粒的含量下降。不同温度下，Ni-P 合金的沉积速度均是随温度的升高而增加，但是 Ni-P 合金的沉积速度增加的幅度大于 TiN 增加的幅度，因而出现了随着温度的升高，镀层中微粒含量下降的情况。

6.4.3 Ni-P-TiN 复合镀层的性能

6.4.3.1 镀层的硬度

随着镀层中 TiN 微粒体积百分含量的增加，镀层的硬度增加。这是因为，当 TiN 微粒与基质金属 Ni-P 合金共沉积时，由于金属的晶面上存在着这种微粒，使晶面上出现了比 Ni-P 合金更多的缺陷，这样就使晶格的位错密度增加，微粒对镀层起到了弥散强化的作用。经过热处理的复合镀层，其硬度还可以进一步提高，热处理温度对该复合镀层硬度的影响与化学镀 Ni-P 合金相似，均在 400℃达到最高值，但 Ni-P-TiN 复合镀层的硬度却远远高于 Ni-P 合金层的硬度值。

6.4.3.2 镀层的耐磨性

研究发现，未经热处理的镀层以及经 400℃、600℃热处理 1h 的镀层耐磨性与镀层中 TiN 微粒含量间的变化趋势是一致的，即随着镀层中 TiN 微粒含量的增加，镀层的磨损量降低，也就是镀层的耐磨性提高。

Ni-P-TiN 复合镀层的耐磨性大大地超过了 Ni-P 合金镀层的耐磨性，也优于硬铬镀层的耐磨性。Ni-P-TiN 复合镀层不仅从硬度上，而且从耐磨性上都可以代替硬铬镀层，尤其在高温条件下更是如此。

Ni-P-TiN 复合镀层耐磨性好的原因在于：第一，硬微粒 TiN 在镀层中的弥散强化作用，提高了复合镀层的硬度，从而提高了镀层的耐磨性；其次，当复合镀层与摩擦面接触时，镀层中的基质金属被磨损后，露出的 TiN 微粒起着支承载荷的作用，阻止了镀层被进一步磨损。

6.5 化学镀 $Ni-P-Si_3N_4$ 复合镀层

气缸套和活塞环是内燃机零件中一对很重要的摩擦副，它的质量好坏对内燃机功率的稳定性、燃油润滑及其备件的消耗和内燃机工作过程中其他技术经济指标有重大影响，它的工作条件十分恶劣，一方面在往复运动和燃烧气体的高温作用下，产生很大的机械应力和热应力；另一方面，由于它们受润滑条件的限制，工作表面处于半干摩擦、干摩擦状态，易发生磨损，缩短了使用寿命。因此，提高气缸套活塞环的耐磨性成了许多研究工作者的主攻方向。所采用的方法有多种，除了改变材质以外，更多的是采用表面强化处理，如镀铬和离子氮化等各种处理方法，这些方法有各自的优缺点，有待于进一步改善。针对这种情况，最近，我国研制了一种新的化学复合镀层 $Ni-P-Si_3N_4$，其中采用了高硬度、高耐磨性及化学稳定性极强的固体润滑剂 Si_3N_4 作为复合镀层的分散微粒，以期强化活塞环的表面层，提高耐磨性，从而延长其使用寿命[3]。

6.5.1 镀液的组成和工艺条件

试样经过砂纸打磨、有机溶剂（丙酮）脱脂、化学除油和酸浸蚀以后，在镀液中进行镀覆，镀液配方和工艺条件见表 6-5。施镀温度 90～94℃，pH 值 5～5.5。

表 6-5 化学镀 $Ni-P-Si_3N_4$ 复合镀层镀液组成

镀液成分	用量
硫酸镍（$NiSO_4 \cdot 6H_2O$）/$g \cdot L^{-1}$	26
次磷酸钠（$NaH_2PO_2 \cdot H_2O$）/$g \cdot L^{-1}$	20～35
柠檬酸钠（$Na_3C_6H_5O_7 \cdot 2H_2O$）/$g \cdot L^{-1}$	25
乳酸（$C_3H_6O_3$）/$mL \cdot L^{-1}$	30
添加剂/$g \cdot L^{-1}$	2.2
Si_3N_4 微粒（3μm）/$g \cdot L^{-1}$	0～10

在镀覆过程中，镀液需要定时搅拌，以保证 Si_3N_4 颗粒均匀悬浮在镀液中，从而达到 Si_3N_4 颗粒和 Ni-P 合金共沉积的目的。

Si_3N_4 颗粒的预处理工艺为：20%盐酸除杂质—蒸馏水冲至中性—除去底部沉淀物—吹干备用。

6.5.2 工艺参数的影响

6.5.2.1 次磷酸钠的影响

次磷酸钠在 20～35g/L 范围内变化时，镀层质量最好；浓度过低，基本上很难形成镀层；浓度过高，镀层无光泽，镀液中生成镍粉，镀液发生分解，试样表面上沉积速度急剧下降，原因是镍盐和次磷酸钠的比例失调，降低了次磷酸钠的还原能力，使沉积速度降低，产生过多的 HPO_3^{2-}，导致镀液不稳定。

6.5.2.2 镀液 pH 值的影响

研究发现，Ni-P-Si_3N_4沉积速度明显地随镀液 pH 值的升高而加快。当 pH 值升高至 6.0 附近，沉积速度最高，但是镀液稳定性明显下降。只有在 pH 值为 5~5.5 时，可获得外观光亮的镀层。

6.5.2.3 镀液温度的影响

镀液温度对沉积速度的影响十分显著。随着温度的升高，沉积速度上升。为了保证有较高的沉积速度，镀液温度应控制在 90~94℃范围内。

6.6 化学镀 Ni-P-Cr_2O_3复合镀层

化学镀 Ni-P 合金镀层经热处理后，HV 硬度可高达 1000 左右，但是，如果热处理温度继续升高（大于 400℃），则硬度迅速下降，而且最佳的耐磨性能也必须根据镀层中磷的含量来选定不同的热处理温度。

Cr_2O_3 的物理、化学性质非常稳定，其硬度达 HV2940，熔点在 2000℃以上。如果将它作为化学镀 Ni-P 的第二相不溶性微粒加入镀液，可与 Ni-P 共沉积，形成 Ni-P-Cr_2O_3复合镀层[3]。由于 Cr_2O_3微粒很小（5μm 以下），在镀层中呈弥散分布，这对提高镀层的硬度和耐磨性是有益的。

6.6.1 镀液的组成和工艺条件

化学镀 Ni-P-Cr_2O_3 复合镀工艺流程为：

钢试样—有机除油—水洗—热碱洗—热水洗—冷水—酸洗—水洗—活化—施镀—水洗—烘干。

镀液配方和工艺条件见表 6-6。施镀温度（86±2）℃，pH 值 4.5~5。

表 6-6 化学镀 Ni-P-Cr_2O_3复合镀层镀液组成 (g/L)

镀 液 成 分	用 量
硫酸镍（$NiSO_4 \cdot 6H_2O$）	20
次磷酸钠（$NaH_2PO_2 \cdot H_2O$）	25
醋酸钠（$NaAC \cdot 3H_2O$）	20
苹果酸（$C_4H_6O_5$）	10
Cr_2O_3微粒（3μm）	5~30

6.6.2　工艺参数的影响

6.6.2.1　Cr_2O_3添加量对镀层中Cr_2O_3沉积量和镀速的影响

随镀液中Cr_2O_3加入量的增加，镀层中Cr_2O_3沉积量（体积百分比）先迅速增加后趋于平缓。随镀液中Cr_2O_3加入量的增加，镀速先加快后缓慢。

6.6.2.2　pH 值的变化对镀速的影响

适当提高 pH 值能显著地提高镀速。当 pH 值由 4.5 提高到 5.0 时，镀速达 18～20μm/h，但镀后杯底有沉淀物产生。因此，pH 值在 4.7 比较好。

6.6.3　Ni-P-Cr_2O_3复合镀层的组织结构

Ni-P-Cr_2O_3化学复合镀层的表面呈胞状凸起分布，胞的尺寸比粒子的尺寸大得多。经抛光后发现，胞状物实际上是由其内部的几个Cr_2O_3粒子和其外部所包裹的 Ni-P 构成的。胞状物产生的原因可能是由于在已形成镀层的地方镀液浓度下降，使还原反应难以进行，因而有利于在其他部位形核。当复合镀时，由于Cr_2O_3粒子突出于镀层表面成为具有催化活性的核心，造成有利的生长环境，易于长大。研究表明，使用以上配方得到的镀层为非晶态。

6.6.4　Ni-P-Cr_2O_3复合镀层的性能

6.6.4.1　结合力和孔隙率

为了保证镀层有良好的结合力和低的孔隙率，进行双层复合镀。先在 Ni-P 基础镀液中进行施镀，内层得到 Ni-P 镀层，而后在添加Cr_2O_3的配方中施镀，外层得到 Ni-P-Cr_2O_3复合镀层。经高于 400℃ 热处理 1h 后，发生了外层与内层的原子间扩散，同时内层与基体之间原子扩散，这有利于复合镀层结合力的提高。

经孔隙率的测定表明，双层复合镀层可有效防止由于Cr_2O_3微粒的沉积造成的镀层疏松，从而防止镀层产生孔蚀。

6.6.4.2　硬度

Ni-P 镀层随热处理温度升高，在 400℃ 附近达最大硬度值 HV1000，随后硬度急剧下降。这是因为在加热过程中，镀层由非晶态转变为过饱和晶态组织，随加热温度升高和保温时间延长，镀层中不断析出 Ni_3P 相，故硬度不断提高。当沉淀第二相 Ni_3P 转变为基本相，而 Ni 的过饱和固溶体成为分散相时，Ni_3P 相开始粗化，镀层中磷也被烧损，硬度急剧下降。Ni-P-Cr_2O_3复合镀层随热处理温度升高，硬度升高，350℃时，硬度达到最高值 HV1250。由于Cr_2O_3在 Ni-P 合金基体中起到弥散强化作用，同时再加上 Ni_3P 的沉淀硬化作用，使复合镀层的硬度比 Ni-P 镀层高。值得注意的是，最高硬度所对应的热处理温度向低温偏移，这

与 Cr_2O_3 的沉积改变了镀层的磷含量，使非晶或微晶镀层的晶化温度下降有关。随热处理温度的升高，Ni-P-Cr_2O_3 复合镀层硬度下降，但硬度值比 Ni-P 镀层高。这是因为第二相弥散硬质点 Cr_2O_3 提高了镀层抵抗塑性变形的抗力，同时还阻碍了 Ni_3P 相的粗化。当热处理温度超过 700℃时，硬度回升，在 800℃时硬度仍达 HV900。经 X 射线衍射分析，800℃时由于原子扩散速度加剧，产生了 Ni-Cr-P 和 Fe-Ni-P 固溶体。由于它的沉淀硬化效应，使镀层硬度回升，当温度超过 800℃后，沉淀物聚集长大，硬度开始下降。

双层复合镀层的硬度随热处理温度变化趋势与 Ni-P-Cr_2O_3 复合镀层的变化趋势类似，但与在相同温度下的硬度值相比要高一些。这是因为 Ni-P 镀层的存在，使整个镀层中的磷含量不因为热处理温度升高而过快地烧损扩散，造成硬度下降。

6.6.4.3　耐磨性

复合镀层及双层复合镀层具有较好的耐磨性。这是因为 Cr_2O_3 颗粒露出基质金属表面，成为支撑载荷的滑动面，镀层具有较佳的储油能力，使磨损量显著下降。另外，热处理后镀层中沉淀析出的 Ni_3P 也对复合镀层的高耐磨性起着积极作用。由于复合镀层表面粗糙度比 Ni-P 镀层大，在磨损初始阶段的磨损率较高，但随时间延长，复合镀层及双层复合镀层的磨损量都远远低于 Ni-P 镀层的磨损量。

6.7　化学镀 Ni-P-PTFE 复合镀层

20 世纪 80 年代至今，欧美、日本相继对 Ni-P-PTFE 化学复合镀技术进行了研究，并已取得可喜的成功。近年来，PTFE 的干态润滑性已引起关注，当将它以颗粒分散于 Ni-P 镀层中时，就能使镀层表面呈不黏性和自润滑性，降低镀层表面的摩擦系数。PTFE 耐热、耐腐蚀，几乎在所有溶剂中都不溶解。其操作温度是 230℃，熔融温度是 327℃。此外，PTFE 的表面光滑致密，与其他聚化物相比，摩擦系数特别低。将 PTFE 掺和到化学镀硬镍层中，便得到紧密的结合和支撑，只要变化这种复合镀层的厚度，便能轻易控制其使用寿命，而化学镀镍层本身的均匀性和耐蚀性仍然存在，当这些复合镀层经热处理后，既可使 PTFE 材料得到烧结处理，又可使镀层的硬度得以提高。

由于 Ni-P-PTFE 复合镀层是一种不黏性、不磨损、较高固态润滑性和较低摩擦系数的镀层，因此，其应用领域很广。例如，Ni-P-PTFE 用于要求工作噪声低的汽车零件，其自润滑性能可降低镀覆差速齿轮所发出的噪声，使汽缸寿命从 30000 周期提高到 8000000 周期以上；在模制天然橡胶时，复合化学镀层由于不黏附，有利于脱模；此外，这种复合镀层还可用于精密仪器构件、汽车离合器零件、汽化器阻风门轴、球阀、汽车发动机阀门、轴承、齿轮、泵转子、螺母和螺栓等[3]。

6.7.1　镀液的组成和工艺条件

在化学镀Ni-P镀液中加入PTFE颗粒，使其与Ni、P共沉积，这需要满足下列条件：(1) PTFE颗粒的粒径要适当。粒径过大，不易进入镀层，且使镀层粗糙；粒径过小，在镀液中易结块，也不易进入镀层，一般在0.5~5μm范围内。(2) 颗粒在镀液中应是悬浮状态。(3) 颗粒在镀液中呈亲水性，带正电荷，这对PTFE尤为重要，因此要用表面活性剂和阳离子活性剂进行处理。

Ni-P-PTFE配方及工艺条件见表6-7。施镀温度85~90℃，pH值4.5~5.0。

表6-7　化学镀Ni-P-PTFE复合镀层镀液组成

镀液成分	用量
硫酸镍 ($NiSO_4 \cdot 6H_2O$)/$g \cdot L^{-1}$	25
次磷酸钠 ($NaH_2PO_2 \cdot H_2O$)/$g \cdot L^{-1}$	15
柠檬酸钠 ($Na_3C_6H_5O_7 \cdot 2H_2O$)/$g \cdot L^{-1}$	10
醋酸钠 ($CH_3COONa \cdot 3H_2O$)/$g \cdot L^{-1}$	20
表面活性剂/$g \cdot L^{-1}$	1.5
PTFE (60%悬浮液)/$mL \cdot L^{-1}$	7.5

6.7.2　工艺参数的影响

6.7.2.1　镀液温度的影响

随着温度的升高，PTFE在镀层中的含量降低，因为温度升高，镀速增大，镀层中的Ni、P含量升高，PTFE含量减小。故选择的温度范围为85~90℃。一般不要把温度选在85℃以下，因为此时反应速度太慢。

6.7.2.2　pH值的影响

随着pH值的升高，PTFE在镀层中的含量增加，但继续增大pH值时，PTFE在镀层中的含量又减少。故而该工艺选定的pH值为4.5~5.0，pH值太小或太大，镀液均不稳定。

6.7.2.3　镀液中PTFE含量的影响

镀层中PTFE的含量开始随镀液中PTFE含量升高而增加，在7.5mL/L处有最大值，过此点则下降。一般认为PTFE与阳离子表面活性剂按一定比例加入到镀液中，随着PTFE含量的增加，表面活性剂浓度也增大，它被镀件表面吸附，抑制了由粒子的表面电位决定的离子吸附，使镀层中的PTFE含量下降。

6.7.3 Ni-P-PTFE 复合镀层的性能

6.7.3.1 硬度

当 PTFE 粒子含量为零时，Ni-P 镀层的 HV 硬度约为 560。随镀层中的 PTFE 粒子含量的增加，复合镀层的硬度下降，当含量达到 11%时，HV 硬度降至 300。这是因为，Ni-P 合金镀层中分散大量的 PTFE 粒子，容易产生塑性变形，使硬度下降。

6.7.3.2 耐磨性

A 镀层在镀态情况下的摩擦系数

不含 PTFE 分散粒子的 Ni-P 合金镀层，从一开始就显示出较大的摩擦系数，而且曲线波动较大。复合镀层中 PTFE 含量越大，其摩擦系数越小，曲线的波动也较小。当 PTFE 的含量为 11%时，经 24000 次旋转后，摩擦系数才出现稍微上升的趋势，在这之前一直维持较低的摩擦系数。

镀层中含 PTFE 粒子越多，摩擦系数越小。当对镀层进行摩擦试验时，镀层产生磨耗粉屑。当镀层中 PTFE 粒子含量较小时，粉屑的研磨和附着作用，使镀层的摩擦系数较大。当 PTFE 粒子共沉积量较大时，PTFE 粒子直接暴露在镀层表面，并在滑动摩擦之间产生一层薄膜，这层膜的抗剪强度较弱，所以镀层表现出较低的摩擦系数。

B 热处理对 Ni-P-PTFE 复合镀层耐磨性的影响

Ni-P-PTFE 镀层的磨损率明显地比同样热处理的 Ni-P 镀层的低，这是 PTFE 软颗粒起着良好润滑作用的结果；200℃热处理对 Ni-P-PTFE 镀层的耐磨影响不大，分别在 300℃和 400℃下热处理后镀层的耐磨性都有明显的提高，并以 400℃热处理最好。

研究发现，镀态或经 200℃热处理的 Ni-P-PTFE 镀层的减磨作用都很不理想，300℃热处理的 Ni-P-PTFE 镀层的减磨作用较好；随着热处理温度的提高，Ni-P-PTFE 镀层的减磨作用逐渐增强，并以 400℃热处理镀层的减磨效果最好。这是由于高温热处理促使镀层硬化，形成了硬质基体上更多地分布着 PTFE 软质颗粒之复合镀层的缘故。一般情况下，在镀态或经低温热处理后，由于复合镀层的硬度较低且承载能力较弱，表面难以形成富集 PTFE 的润滑层，故其减磨作用较小。而经高温热处理后，出于充分晶化的 Ni-P 基体的承载能力和抗磨能力都比较高，以及 PTFE 富集表面层的形成，因而镀层表现出良好的减磨抗磨性能。

C 耐蚀性

众所周知，化学镀镍磷合金层在腐蚀环境中耐蚀性极好，而 Ni-P-PTFE 复合镀层也具有与 Ni-P 镀层相同的性能。化学镀镍的耐蚀性能因磷含量和暴露环境的类型而异。例如，高磷（11%~12%）镀层在酸性环境个耐蚀性优良，而低磷（1%~4.5%）镀层在碱性环境中耐蚀性能优异。但是，镍合金镀层对于钢铁或铝而言属于阴极镀层，要保护这些金属，镀层必须无孔隙。为了进一步增强对基体金属的保护，可采用双层化学镀，先镀一层含磷低或很高的化学镀镍层，再镀一层 Ni-P-PTFE 复合镀层。

参考文献

[1] 郭忠诚，杨显万. 化学镀镍原理及应用 [M]. 昆明：云南科学技术出版社，1982.
[2] 李宁，袁国伟，黎德育. 化学镀镍基合金理论与技术 [M]. 哈尔滨：哈尔滨工业大学出版社，2000.
[3] 闫洪. 现代化学镀镍和复合镀新技术 [M]. 北京：国防工业出版社，1999.